小林一穂 著

農本主義と農業者意識

――その理念と現実――

御茶の水書房

まえがき

日本の農村社会が近代にはいって大きく変化したのは、いわゆる高度経済成長期だといっていいだろう。もちろん、明治維新前後や昭和十五年戦争前後でも大きな社会変動があり、それがさまざまな影響を与えたが、しかし、農家や農村社会の生活実態までもが大きく変容したのは、一九六〇年代を中心とした高度経済成長期である。この高度経済成長の結果は、第二次産業の発展と、それに続く第三次産業の拡大、そしてそれとは反対に、第一次産業の衰退という大きな問題をもたらした。高度経済成長のなかで農工間格差が明らかになっていき、それにたいして農業の効率を求める機械化、化学化、大型化が推進された。それらは個別農家に多大な負担をかけ、現金収入が必要となった。そこで機械化による省力化と相まって兼業化が進行する。農業所得が低落し、農外所得によって家計をまかなうことが常態化した。

さらには、一九七〇年代初めから二〇一〇年代後半まで米の生産調整が続き、基幹作目である稲作すらが生産を抑え込まれ、しかも米価が下落するという、稲作農家にとって困難な状況となった。しかもこの減反政策も廃止されて、今後は農家、農協などの競争が激化することも予想される。そこで、現在取り組まれている対応の一つが集落営農政策である。この政策は、農業の担い手の減少という事態への対策であり、個別農家ではなく集落全体として農地保全ができるように、また農家所得を確保できるようにめざしている。しかも、最近では集落の範囲を大きく越えた大規模な組織化の動きがあり、集落営農組織の法人化も進められている。こうした大規模化が進むと、市場とのかねあいでいずれは企業的な経営も選択肢の一つになりうるだろう。

こうして、高度経済成長期に続いて、今日またもや日本の農業、農村、農家のあり方に大きな変化が訪れようとしているように思われる。それは戦後自作農体制の崩壊が現実化するのではないかということである。戦後自作農は旧地主制が解体されて創設され、家族農業経営、農業協同組合、集落単位の協同、などの基盤として存在してきた。戦後自作農は、現在の日本農業の担い手となり、村落構造の単位となっている。この戦後自作農の存在が揺らいできているように思われる。というのも、現時点においても以下のような諸問題が噴出し、今後も深刻化することが予想されるからである。

重大なのは高齢化である。全国的に高齢化問題が指摘されているが、農村ではすでに先取りされている。その大きな原因は後継者問題である。現在基幹労働力となっている農業者は六〇歳代を超えており、そののちの世代は、そもそも学卒直後に農外就労していて、農業に従事した経験をもたない。そこには、農業所得だけでは生活できないという重い事実が存在している。いわば農家の採算割れといえるだろう。後継者難はまた、農業の担い手の減少をもたらしている。後継者がいないなかで、現在の農業者が高齢となって農業に従事できなくなれば、請負耕作を委託するか耕作放棄することになる。さらには、離農して村外に移住してしまう農家が増えれば、農村社会の諸関係が解体していくという問題も発生する。日用品の購買、教育環境、医療設備、介護サービスといった日常生活を維持できるかという問題である。「限界集落」の問題が指摘されて久しいが、農業生産ということからだけではなく、農村生活の維持ということからしても、農村の変動が大きな問題となっている。これらは、戦後自作農体制の動揺をもたらすものといえるだろう。いわゆる企業的な経営が支配的になるというよりも、極端には絶家や廃村という事態が起こって、「限界集落」どころか消滅集落が生じて、自作農という農家のあり方、そうした農家の集合体としての村落というあり方が崩壊しかねない事態が迫っているように思われる。

以上からすれば、現代の農村においては、農業や農村の見直しが必要になっているというべきだろう。もはや、第二次・第三次産業と同様の、経済的効率性すなわち費用にたいする利益の多さを追求するのではなく、農業という生産活動を工業や商業の企業的活動とは異なるものとしてとらえ直すことが必要である。その要点は、一つには生業（なりわい）としての農業である。日本の農業経営は利潤を求めての企業的な経営が主流ではなく、家族の生計をまかなうということを主眼とした家族経営が中心となっている。また二つには、農村地域においては多面的な地域生活が営まれているという点である。農村においては生産活動と日常生活とが交錯していて、都市勤労者地域のように職住分離のもとで個別家族が相互に隔たった生活をおくるというものではない。村落という地域生活のあり方が個別家族の基本となっている。この両者、家族経営と村落の立て直しが図られなければならない。

しかし、家族経営と村落の内実は多岐にわたっている。そこで本書では、とくに農業者の主体的な起動力に着目したい。それは、担い手の問題を内面から問題にするということである。農業者の当事者としての意識がどのように農業への従事や日常生活での行動に影響しているのかをとらえることによって、農家や農村の今後を展望したい。農業者がもっている自分自身、家族、農業、農村にたいする積極的、能動的な意識に注目する。そのような内面性が担い手としての動機づけとしてどのように機能しているのか、また機能しうるのかを探る。こうした論点について、これまでは農民意識論という領域での問題として扱われてきた。しかし近年では「農業観」（祖田・大原　一九九四）というとらえ方もされていて、社会意識論の下位分類ではなく、農業にたいする理念というとらえ方が出てきている。また、筆者のこれまでの農村調査では「営農志向」（小林　一九九九）という表現をとってきている。さらには、農民運動リーダーの「思想と行動」（菅野ほか　一九八四）を実証した研究などもあった。本書では、農業者個人がどのような農業や生活にかかわる意識をもち、そのことで困難な状況を切り開いていこうとしているのか、を焦点としたい。

これまで、農村指導者の、農業生産や農家生活、農村社会を重視する行動理念、思想体系は農本主義と呼ばれてきた。いうまでもなく、農本主義とは「農は国の本なり」という命題にもとづいた理念や運動を指している。しかし、こうした農本主義者のあいだで、その内容にはさまざまな主張がみられ、その区別や位置づけをめぐる農本主義論もまた相異なる見解を示している。戦前日本では、農本主義が天皇制国家体制を支える日本主義や軍国主義に組み込まれていたので、反動的なイデオロギーとして否定的な評価を下す農本主義論が主張された。それが戦前日本のファシズム体制を支えるイデオロギーとなったことを批判したり、日本主義や精神主義という前近代的な非合理的な思考との結合を批判する、という論評が戦後も定着してきた。しかし近年では、とくに戦後から現代にかけての農本主義を取り上げて、農本主義が農業という生産活動に積極的な価値を見出そうとしていることを肯定的に評価しようとする農本主義論もあり、そこでは、農本主義が、第二次・第三次産業を重視する近代化の動きへの対抗として位置づけられている。企業経営による大規模な農業ではなく持続可能な農業を主張するものや、自然環境の保全を組み込んだ農業経営のあり方を生態系の維持という観点から唱えるものなどが注目されてきている。ところが、この農本主義をめぐる理論枠組みが確定されたものとはなっていない。したがって、現実の農業者がもつ意識を位置づける基準も定まっていない。農業者の実際の行動も評価しきれていない。

そこで本書では、まずはこれまでの農本主義研究を概観して、そこでの立論を検討していく。それは、農業者が農業そのものや家族、村落についてもつ意識や規範、あるいは行動の規準などについて、あらためて整理する作業であり、そのことによって農本主義の役割と機能を明らかにする。また、戦時と現代の農本主義者が唱える理念を分析し、それとの対照で、現実に営農活動に従事している農業者の価値観や行動様式を調査実証によって明らかにする。そして、農業者の現実とくにその意識のあり方から新たな農本思想を展望したい。

以下の第一章では、意識、思想、イデオロギーを扱う概念規定について整理する。それをふまえて、農本主義概念の再規定をおこなう。第二章では、日本農本主義について論じている諸説を取り上げて、日本農本主義を扱う視角を明らかにする。第三章では、戦前の農本主義者を取り上げて、その主張を分析する。第四章では、第三章で取り上げた戦前の農本主義者がかかわった実際の農村における農本主義の影響を実証調査によって解明する。第五章では、現代の農本主義者を取り上げて、その主張を分析する。第六章では、高度経済成長以降の現代農村で農業を営み農家生活をおくってきた農業者の生活史を追跡する。最後に第七章で、農本主義というイデオロギーを超えて、今後の農業や農村、農家や農業者にとって支えとなり行動規範となりうる農本思想を展望する。

なお本書は、日本学術振興会の科学研究費助成事業・基盤研究（C）「農家経営に基づく農村社会の持続的発展に関する日中比較実証研究」（研究代表者・小林一穂、課題番号一五K〇三八二九、二〇一五～七年度）による研究成果の一部を含んでいる。また本書は、同事業の研究成果公開促進費「学術図書」（課題番号一九HP五一五三、二〇一九年度）の交付を受けている。

農本主義と農業者意識——その理念と現実——目次

目次

農本主義と農業者意識

――その理念と現実――

第一章　農本主義概念の再検討

第一節　イデオロギー論の再構成

一　イデオロギー概念の問題性

イデオロギー概念の通説

本書では、農本主義をイデオロギーとして位置づける。ところが、このイデオロギー概念それ自体が明確に規定されたものとなっているとはいいがたい。イデオロギーという言葉はデステュット・ド・トラシに由来するとか、そのイデオロギーを振りまく者にたいしてイデオローグと言ってののしったのがナポレオンだったとかいうエピソードはよく取り上げられる。今日では一般に、イデオロギーという言葉そのものはよく知られているものの、人々の会話やメディアのなかに登場することはほとんどない。漠然と政治的な偏見というような意味合いで理解されている。さらに、イデオロギー論の研究者のあいだでも、厳密な概念規定を明示しないままで、各人が既定の概念としてイデオロギーという言葉を用いている。その結果、イデオロギーについての見解を述べる際に、議論がすれ違ったまま、あるいは各人が自分の考えを一方的に主張するという状況になっているように思われる。

イデオロギー論の基本的な方向を古典的に定めたマルクス（『ドイツ・イデオロギー』）とマンハイム（『イデオロギーとユートピア』）は、とくにイデオロギーがもつ虚偽性、すなわち現実をとらえて、その把握に依拠してみずからの立論を展開するのではなく、現実から遊離した言説を意図的に主張するというイデオロギーの特性を強調した。そこでのちには、イデオロギーがもつ欺瞞性とくに政治的現象における虚偽的な言辞をイデオロギーの本質とするような通説が一般的に流布することになった。ただし、マルクスとマンハイムとでは、イデオロギーがもつ虚偽性について若干の相違がある。マルクスは、あくまでイデオロギーが妄想あるいは幻想であって、現実とはまったく遊離したものであることを強調するが、マンハイムは、イデオロギーがもつ、人々にたいする現実的な影響力についても言及していて、イデオロギーが将来へと指向しているものとされるユートピアについて、架空の理念像というだけではなく、それを掲げて人々に現実に行動を起こさせるという機能に注目している。そこで、そののちのイデオロギー論では、イデオロギーの虚偽性について、全体社会や国家体制とのかかわりで論じたり、マスコミや芸術などでの機能を指摘したりする一方で、イデオロギーがもつ主体的な起動力としての機能に着目して、社会運動などとのかかわりで論じられたりしている。

問題の掘り下げ

イデオロギーが人間の思考の産物であることは誰も否定しないだろう。だが、なんらかの理念的なあるいは先験的な前提から出発すると、理念に照らして現実のあり方を賞賛するか批判することになってしまう。そうではなく、「存在被拘束性」（マンハイム）あるいは「社会的存在」がイデオロギーを規定する（マルクス）ということを考えざるをえない。というのも、イデオロギーは純粋に人間の内部から発生するものではなく、外的な要素すなわち自然や社会の影響を受けて成立するものだからである。つまり、われわれの目の前に存在している現代社会とのかかわりでイデオロギーを位置づけなければならない。

そこで以下では、マルクスの社会理論に依拠しながら、現代社会の把握から人間存在のあり方、そしてその精神的活動のあり方、その一つであるイデオロギーという順序で論じていく[1]。

二　現代社会のあり方

近代ブルジョア社会の二側面

われわれが目の前にしている現代社会は、近代ブルジョア社会としてとらえられる。近代ブルジョア社会は、近代以前の旧体制を打ち壊して共同体から個人が自立するという形で、自由、平等、独立した人格を身にまとった近代的市民が構成する市民社会として形成されてきた。そこでは、一方では、旧体制の身分社会とは異なり、出自や家柄、所属する地域などの制約からは解放されて、公民としての個々人が自由に行動し平等に関係しあうという関係が存立している。他方で、自由で平等な社会関係は、近代化のなかで社会的分業が拡大していき、等価交換にもとづく商品－貨幣関係が広範に展開することによって保持されている。商品と貨幣が等価で交換されるという商品－貨幣関係では、その当事者がみずからの自由意志で対等に交換行為を営んでいる。商品交換という行為のなかで、市民としての個々人が自由で平等な諸個人相互の関係を形成し、自由や平等が日々確証されている。

また、近代ブルジョア社会は資本制社会である。それは資本制的生産が支配的な社会である。資本制的生産は、資本家が生産手段をもち、資本家に雇われた賃労働者が資本家の生産手段を用いて生産を営むことで成り立っている。資本家と賃労働者とのあいだでは、賃労働者が自分の労働力を資本家に販売して資本家のもとで生産に従事し、労働力の対価として資本家から賃金を受け取る。つまり労働力が商品として販売される。労働力の商品化が資本制的生産を他とは区別する標識である。「資本制の時代を特徴づけるのは、労働力が労働者自身にとってはかれに属する商品という形態を受け取る」（マルクス　一九八三、二九一頁）[2]ということにほかならない。賃労働者の労働力が資本家によって購入され、資本家のもとで生産が営まれることで、資本制的生産で生み出される剰余価値は資本家が所有する。これを剰余価値の搾取というが、そのことによって資本制的生産は拡大していく。拡大再生産が急速に進むのが資本制的生産の特徴であり、それが資本家の利潤追求という欲求と行為として現れている。賃労働者は資本家のもとで生産に従事するのだから、そこでは資本－賃労働関係という階級関係ができている。個々人が個別的に階級間を移動する場合はあるとしても、資本家階級と賃労働者階級という存在は、資本制社会であるかぎり解消されない。

近代ブルジョア社会のこの市民社会と資本制社会という両側面は、無関係に並立しているのではなく相互にかかわりあっている。商品関係と資本関係は別々の事柄ではない。資本制的生産による生産物はそのすべてが商品として販売され、逆にいえば、賃労働者は自分の労働力以外は販売できるものをもっていず、自分が必要とする消費財は、そのすべてを購入しなければならない。労働力の商品化が確立することによって、商品－貨幣関係は全面的に展開するといえる。こうして、商品－貨幣関係が全面化するのと、資本－賃労働関係とが確立するのとは相即的に展開している。資本家と賃労働者とは、商品である労働力とその賃金とを対等に自分の意志で交換するという商品交換にもとづく市民関係を媒介して、資本－賃労働関係という階級関係の機構のもとに存在している。いいかえれば、自由で平等だという市民原理があるからこそ、剰余価値の搾取という階級原理が成り立っている。

発展の段階差

剰余価値の搾取すなわち利潤追求の結果、資本制的生産は拡大していく。この拡大再生産が資本制的生産を発展させ、地球規模で拡大させている。このような資本制的生産の機構は、西ヨーロッパで誕生した。それは特殊歴史的な出来事として発生し、しだいにヨーロッパ各地へと拡がり、南北アメリカ、アジア、さらにはアフリカへと世界史的に展開し、現代では地球規模で資本制的生産が営まれている。資本制的生産は、生産のための原材料や労働力、生産の結果である生産物を商品交換によって流通させるので、資本制的生産は商品交換の展開をともなう。商品交換が展開することで社会的分業は拡大していく。こうして資本制的生産は世界的「普遍的」（マルクス　一九九八、六七頁）[3]に展開している。現代では地球規模での社会的分業体系が形成されていて、世界市場ができあがっている。

しかし、資本制的生産は地球規模で拡がっているが、その発展の程度には段階差があり、世界全体が一様なわけではない。そこで、資本制的生産が著しく発展している地域の先進社会と、発展が先進社会ほどには進んでいない遅れた地域の後進社会とが区別される。先進社会では、資本制的生産が全面的に展開されていて、国内市場も統一され、拡大再生産過程が法則的に循環している。生産過剰から恐慌、そして不況から好況へという景気循環もいわば規則正しく進行していて、生産を破壊する恐慌さえもが景気循環のなかに組み込まれている。生産の拡大とともに、その市場は国内から国外へと拡がり、世界市場の形成に至っている。

それにたいして、後進社会では、資本制的生産が成立してはいるものの、それが全社会的な拡がりをみせるまでになっていない。たしかに国内においては、資本－賃労働関係が形成されて、労働力が商品化されてはいるものの、市場は非常に狭い範囲にとどまり、拡大再生産の規模や範囲はかぎられたものでしかない。資本制的生産が十全に働いていないで、地方的「局限的」（マルクス　一九九八、六七頁）なものにとどまっている。生産の規模や範囲もそうだが、労働力の商品化という資本制的生産の標識も不完全なものになってしまう。そのために、近代ブルジョア社会が成立しているといっても、近代以前の旧社会体制の残存物が存在し、近代的な資本制的生産に影響を与えざるをえない。自由、平等、独立した人格という市民原理の確立も不十分なままだし、資本－賃労働関係という階級原理も、近代以前の身分関係の残存物の影響を受けている。労働力の商品化が全面的に展開しておらず、商品－貨幣関係もまた社会の総体にいきわたっていない。したがって、着実な拡大再生産をめざすというよりも、一攫千金的な利殖や地縁血縁による市場開拓などが展開される。自由や平等といった市民原理が社会のなかで普及せずに、出自や家柄などが重視され、差別や不平等がまかり通る。それでも、こうした後進社会の資本制的生産は、先進社会の世界市場のなかに組み込まれている。先進社会の資本制的生産は、その外部に後進社会という遅れた部分があることで、そこから労働力を吸引したりそこへ排出したり、あるいは原材料の供給地や生産物の販売地としたりすることによって、みずからの生産を維持し拡大している。

こうして、資本制的生産が地球規模で拡大するとしても、それは発展の段階差を含んでいる。このことが、資本制的生産の先進的な地域と、後進的な地域という違いを生み出している。

ブルジョアジーと小ブルジョアジー

こうした先進社会と後進社会との違いは、そこでの資本制的生産の担い手においても大きな違いとなって現れている。先進社会の資本制的生産の担い手であるブルジョアジーは、その生産が地球規模の世界市場を展開させる普遍的な性格をもつことによって、ブルジョアジー自身もまた、世界的普遍的な性格をもつことになる。すべての地域を資本制的生産へ組み込んで、近代ブルジョア社会の構成原理を世界史的に普及させていく。人間にとって生産活動は存在に不可欠であり、その生産活動の効率を増進させるという人類史的な営為が歴史を形成してきたのだが、それをブルジョアジーは利潤追求という動機にもとづいておこなっている。それとともに、先進社会のブルジョアジーは、近代的な市民として、自由、平等、独立した人格という市民原理をも体現している。先進社会のブルジョアジーは、このような世界的普遍的な性格をもった存在である。

これにたいして、後進社会における資本制的生産の担い手は、その生産が地方的局限的な性格をもつために、担い手自身もまたそのような性格を帯びている。このような担い手を小ブルジョアジーという。ここで「小」というのは、必ずしも生産の規模が小さいということではなく、ブルジョアジーのような世界的普遍的な性格をもちえないという意味である。小ブルジョアジーもまた資本制的生産の担い手であり、そのかぎりで利潤追求を旨として行為している。しかし、資本制的生産を体現し、その普遍性を世界史的に普及させていこうとするブルジョアジーとは異なって、小ブルジョアジーは、近代以前の残存物の影響を受けて、地方的局限的な性格を帯びざるをえない。小ブルジョアジーは、自由や平等よりも、家系や土地柄、身内を重んじ、いわゆる同族会社やコネによる入社などが当たり前とされる。着実な拡大再生産を維持するというよりも、目先の利益に飛びつき、抜け駆けや偶然によって利益を得ることをよしとする。こうした特徴が小ブルジョアジーの地方的局限的な性格である。

非資本制としての小経営

さらに、近代ブルジョア社会は資本制的生産が支配的な社会だといっても、資本制的生産だけがおこなわれているのではない。資本制的な生産のあり方とは異なる生産も存在している。それは小経営的生産である。ここでいう「小」もまた、必ずしも生産の規模が小さいということではなく、資本制的生産のような無限の拡大をめざすのではないという意味である。資本制的生産では、生産手段と労働力とが分離されていて、その両者が労働力の売買を経て資本家のもとで結合して生産が営まれる。直接生産者である賃労働者が生み出す剰余価値すなわち利潤は資本家のものとなる。しかし、小経営的生産では、生産手段と労働力は同一の小経営的生産者のもとにある。いわゆる自己労働による自己所有である。労働力の商品化が資本制的生産の標識だが、小経営的生産にあっては労働力は売買されない。したがって、直接生産者である小経営的生産者が、みずから生産を営んでみずからその成果を手にする。そしてその成果である生産物を市場で販売する。

小経営的生産者は市場原理にもとづいて商品関係に入る。したがって、小経営的生産者もまた、現代社会のなかで自由で平等な独立した人格として、すなわち市民として行動する。この点では、小経営的生産者もブルジョアジーと共通性をもっているが、しかし、小経営的生産者は、資本家のように賃労働者の労働すなわち他人労働を搾取するのではないので、資本家の利潤追求とは異なり、みずからの経営が存続できる再生産をめざすことになる。限界のない拡大再生産をあくことなく追求するのではなく、みずからの経営に見あった生産を継続しようとする。したがって、必ずしもブルジョアジーのように無限に生産を拡大しようとするわけではない。そこで小経営的生産者は家族的地域的な性格を帯びることになる。

三　精神的活動としての知の営み

人間存在の基底的把握

以上の現代社会の把握をふまえて、イデオロギーをとらえる作業を進めていくわけだが、それにあたって、まずは前提としなければならない、もっとも基底的な人間存在のあり方を考えていく。というのも、イデオロギーを担うのは人間であり、その存在のあり方がイデオロギーのあり方を規定しているからである。以下ではマルクスの人間論（『一八四四年草稿』[4]）に依りながら検討していく。

人間は、生理的な身体をもった生命有機体であり、高度の知的な活動を営む存在であり、家族や国家などを組織し集団をつくる存在である。

第一に、人間は生命有機体だという点で自然的存在である。人間は、自分自身が自然存在であるとともに、外部の自然がなければみずからを維持することができない。人間は、空気や水、植物や動物を摂取することなしに生きていけない。「自然は人間が死なないためには、それとの不断の過程のなかにとどまらなければならないところの、人間の身体である……人間は自然の一部である」（マルクス　一九六四、九四～九五頁）。人間はその意味で自然的存在である。

第二に、人間は高度な知的活動を営むという点で意識的存在である。「人間は自分の生命活動そのものを、自分の意欲や自分の意識の対象にする」（マルクス　一九六四、九五頁）。人間は、自分が活動する対象、活動のための手段を意識している。そればかりか、活動の目的を意識していて、活動の結果として産み出されるものを意識している。活動をなんのためにするのかという自分の欲求を意識している。こうして人間は、自分の存在を維持するために外的対象に働きかける活動のなかで、活動の対象、目的、結果、そして活動そのもの、活動する自分自身をも意識している。

第三に、人間は他者にたいして働きかけるという点で社会的存在である。人間は単独で行動することはなく、「社会をなす存在」（マルクス　一九七五、三六五頁）として、つねに集団や組織のなかにいる。また今日の社会状況のなかでは、地球規模での活動とその結果の交換体系のなかで自分にとって必要なものを手に入れ、他者にとって必要なものを与えている。人間は、孤立した単独の存在として自然対象に働きかけているのではなく、社会をなして、人間総体として自然対象に働きかけている。

このように、人間は「自然的、精神的、社会的」（マルクス　一九六四、二〇頁）存在として生命活動すなわち生活を営んでいる。そして、この三つの側面は、人間自身の活動によって総体的なものとして包括されている。それは、自然にたいして働きかける生産的活動、知的に活動する意識的活動、他者にたいして働きかける社会的活動が包括されたものである。その意味では、人間とは活動的な存在であるといえるだろう。

日常知・学知・イデオロギー知

以上の初期マルクスの検討をふまえて、以下では人間の意識的活動という側面に焦点を絞って、筆者の考えを展開していく。

人間は活動的な存在である。それは生活を営む活動であり、したがって、さまざまな欲求を充足するための多様な活動である。そうした人間の総体的な活動は、物質的活動と精神的活動という側面から成り立っている。この二つの活動は、ともに人間がみずからの身体すなわち肉体と頭脳とを駆使する活動である。物質的活動が意識的ではないとか、精神的活動が物質的ではないということではない。いわばモノをつくる活動でも人間の頭脳は高度に活動しているし、芸術的な活動でも自然対象に働きかけない活動はない。それでは物質的活動と精神的活動とを区別するものはなにかというと、それは活動の所産である生産物が、人間のどのような欲求を充足するのかということによる。たとえば、人間が餅をつくるのは、基本的には食欲という物質的な欲求を満たすためであり、餅の絵を描くのは、基本的には美的鑑賞という精神的な欲求を満たすためである。餅の絵を描いても、その生産物は食欲を満たすことはなく「画餅」でしかない。しかし、餅の絵は美的鑑賞という欲求を満たすことができる。このように、物質的活動と精神的活動が区別される。もちろん、実際の餅が美的にとらえられることもある。和菓子やケーキがそれ自体美しいものとされるというのは、それが精神的欲求の対象になっているからである。

次に、総体的な活動を営む人間の精神的活動という側面すなわち精神的な欲求を充足するための活動について考えていく。人間が営む生活は多様な側面をもつ総体的なものだが、そのすべての側面で、意識的な活動が営まれている。たとえば、きわめて単純な作業やルーティンワークのような、決められたとおりに「頭を使わずに」やっているだけだとしても、そこでは自分の手足を制御して同一の動きをくり返すために頭脳がフル回転している。しかし、精神的な欲求たとえば芸術や思想、科学というものへの欲求を充足するための活動は、活動の所産が、物質的な欲求たとえば飢えや渇きを満たすための資財や、活動を営むための手段にはならないという点で、物質的活動とは異なる側面である。そうした、物質的活動とは異なる精神的活動の営みが産み出すものには、音楽や絵画、文学などの芸術的作品、哲学や思想、自然法則の発見やコンピュータ・プログラムの開発などの科学技術の成果、さらにはファッションや建築、ロゴなどのデザインに至るまで、多様な所産があるが、イデオロギーもまたその一つである。したがって、イデオロギーを考える際に注意すべきは、それがたんに虚偽意識にすぎないと批判したり、その幻想性を指摘するだけではなく、イデオロギーそのものが精神的活動の所産であり、人間の知の営みの結果であるということをおさえてなければならないということである。

そこで、人間の知的な営みについてだが、ここで知の営みというのは、人間活動の三つの側面について上述したところで指摘した意識的活動である。人間の意識的な活動というのは、たんに受動的に目の前の現象を受けとるだけではなく、生活を維持するための目的、手段、結果を意識し、その活動そのものや活動している自分自身をも意識している活動である。さらに、人間は知的な欲求をもち、その欲求を充足する活動もおこなっている。宇宙の果てを知ろうとするのは、今の生活を維持することとは直接には結びつかない。だが、はるかな太古から永遠の未来にまで想いをめぐらすというのも意識的な活動である。こうした活動を知の営みといいかえれば、人間は知の営みを総体的な生活を営む活動の一環としているといえるだろう。

生活を営む人間の活動は、きわめて多方面にわたる活動であり、全面的な生活活動である。したがって、その生活活動の総体において、人間の意識的な活動という側面が働いているということになる。すなわち人間の活動の総体において知の営みが働いている。生活の営みが総体的なものなので、この営みもまた総体的なものとして展開している。人間が生活している総体において知の営みが働いているのであって、人間が生きている、生活しているということの知的な側面なのである。

この知の営みは分化していて、それを本書では日常知、学知、イデオロギー知と名づける。日常知とは、日常生活のいわば身の回りの事柄についての知的な営みである。われわれは、日常生活のなかで、なにげなく毎日の生活を過ごしているが、こまごまとしたささいな出来事やなかば習慣化されて強く自覚していないような行為もまた、知の営みの一環をなしている。日常知の働きのおかげで、われわれは日常生活をとどこおりなく過ごすことができている。

学知とは、こうした日常生活の背後で働いている社会の機構をとらえ、そのことによって眼前の日常生活を深く理解しようとする知の営みである。たとえば「昔のロシアの農民は自分たちが栽培しているジャガイモの価格がどのように決まるのかを知らなかった」という逸話でいえば、その価格はシカゴの穀物取引所で決定されて、それが世界市場を通して伝わってロシアの農民が販売する価格となる。しかしこのことは、学知を働かせることによってわかることであって、そうした知の営みをなしえなかったロシアの農民にとっては、ジャガイモの価格は、わけの分からない動きをしているとしか見えない。この眼前の事実の背後で作動する不可視の機構を可視化するのが学知である。

イデオロギー知は、日常知が眼前の事実をありのままに受け取るのにたいして、その事実を論理的に分析してとらえようとする。しかし、学知のように背後の機構をつかみとるまでには至らない。イデオロギー知は、背後の機構をとらえないままで眼前の事実を整合的に説明しようとする。だが、眼前の事実と背後の機構との関連をとらえられないので、その説明は虚偽性を帯びざるをえなくなる。そこでイデオロギー知は、現実を虚偽的にとらえるという特性をもってくる。

日常意識・思想・イデオロギー

こうした知の営みの結果は、日常知による日常意識、学知による思想、イデオロギー知によるイデオロギーということができる。日常意識は、日常知の働きによって日々積み重ねられて形成されているものであり、この日常意識がまた根拠となって日常知が働くことになる。同様のことは、学知による思想、イデオロギー知によるイデオロギーについてもいえる。さらに、日常知は思想やイデオロギーによって影響を受けるし、学知やイデオロギー知もそうである。日常意識、思想、イデオロギーは、知の営みの結果ではあるが、できあがって固定したものなのではない。また、日常知、学知、イデオロギー知が相互に働きかけあうように、日常意識、思想、イデオロギーの相互でも影響を与えあっている。それらは総体的に相互に関連しあっているのであって、それぞれが他とは関係なく単独で存在しているのではない。

知の営みも、その結果である日常意識なども、それらは人間の諸活動のなかの一環であるのはいうまでもない。人間は生活の総体を営んでいて、知の営みを働かせている。知の営みは生活の総体の営みのなかで、そのあり方の一環となっている。したがって、知の営みは生活の総体のあり方の影響を受けざるをえない。日常意識、思想、イデオロギーもまた生活のあり方に照応している。ここで照応しているというのは、「存在が意識を決定する」というような、存在のあり方で一方的に意識のあり方が決定されるということではなく、生活の総体のなかに知の営みが組み込まれているので、知の営みとその結果は生活のあり方に関連しているということである。

生活の総体を営んでいるのは人間であり、知の営みを働かせているのは人間である。したがって、知の営みが生活のあり方に照応するというのは、その生活の総体を営んでいる人間のあり方が知の営みに照応しているということである。知の営みは人間がその担い手となっていて、その営みの結果である日常意識などが、その担い手である人間のあり方に照応している。そしで、人間のあり方そのものが社会的諸条件によって照応している。担い手のあり方は、社会のあり方、それぞれの社会の特殊歴史的な形態となっているあり方に照応している。知の営みもその結果も、万古不変なのではなく、社会構造、文化、歴史などによってそれぞれが独自の特性をもっている。

以上のように考えてくると、イデオロギーとは、日常意識がもつ特性や、イデオロギーを形成するイデオローグがもつ社会的諸条件の特徴に照応したものであり、そのうえで、社会の諸事象を整合的に説明しようと図るものである。イデオロギーは、すでに述べたように、眼前の事実を背後の機構との関連でとらえることができないままで日常意識を整合的に説明しようとするので、言いつくろいなどの虚偽性を帯びてしまう。その虚偽性が、イデオローグの特性によって、さまざまな特徴をもつことになる。多様なイデオロギーがお互いにみずからの正しさを主張しあうというイデオロギー闘争という現象が生じるのも、こうしたイデオロギーの特徴による。

四　現代のイデオロギーの特性

ブルジョア・イデオロギー

ここで、現代社会のイデオロギーの検討に入る。まずはイデオロギーの担い手を取り上げる。現代社会は近代ブルジョア社会であり、そこでのイデオロギーの担い手は、ブルジョアジー、小ブルジョアジー、小経営的生産者である。現代社会では、資本制的生産が支配的であり、商品－貨幣関係が世界規模で拡がっている。社会のなかで階級関係が形成されていて、その階級関係のあり方がイデオロギーの担い手にとっての特徴となっている。市民関係もまた形成されて、自由で平等な社会関係が存在し、それもイデオロギーの担い手に影響している。さらに、社会の階層が細分化されていて、担い手は下位分類された階層の特性をもっているし、性別、世代、民族などがもっている社会的な機能によっても担い手は特徴づけられる。このように、イデオロギーの担い手は多様な特性に分化している。それぞれが担う日常知、学知、イデオロギー知も異なっていて、それらの結果である日常意識、思想、イデオロギーもまた、それぞれに異なっている。

近代ブルジョア社会の日常知は、日常的な出来事として商品交換がおこなわれるなかで、「直接的一般的交換可能性の形態」（マルクス　一九八三、一二〇頁）をとっている貨幣の一般性を自明のものとみなしている。貨幣はつねに価値をもつ一般的なものであり、貨幣をもっている者は誰であれ、その貨幣を自分の意思で自由で平等に使うことができる。貨幣の一般性は、人々に個人の自由と平等という日常意識をもたらしている。また、貨幣さえもっていれば、いつでも資財を手に入れることができるので、貨幣を手に入れること、手に入れた貨幣を保持すること、それが第一の目的になる。貨幣こそがすべてという拝金主義が、近代ブルジョア社会の日常意識になっている。そこで、労働力の売買も、労働と労賃との等価交換のはずで、そうならば賃労働者が労働したにもかかわらず支払われない剰余労働はあるはずがないとなる。日常知では、利潤は直接生産者が生み出す剰余価値だとはとらえられない。資本家が手にする利潤は、資本家自身の努力にたいする正当な報酬だ、というのがブルジョア的な日常意識となる。

こうしたブルジョア的な日常意識をそのままに整合化しようとするのがブルジョア的なイデオロギー知であり、その結果がブルジョア・イデオロギーである。このブルジョア・イデオロギーは、近代ブルジョア社会の二面性、すなわち市民社会としての側面と資本制社会としての側面に照応しているブルジョア的な日常意識を整合化しようとした言説である。資本家はみずからの資金を生産に投下するのであって、そこから利潤を得るのはなんらやましいことではない。賃労働者が資本家の指揮監督のもとに入るのは、賃労働者が自分の労働力を自分の意思で販売したからであり、資本家の支配下で生産活動に従事するのは賃労働者の自由意志だ。このようにブルジョア・イデオロギーは、近代ブルジョア社会を正当化し、資本家が利潤を、労働者は賃金を、地主は地代を手に入れることで、調和的な社会が永続すると主張する。

小ブルジョア・イデオロギー

ブルジョアジーにたいして小ブルジョアジーとは、発展が遅れた後進社会で資本制的生産の経営に携わる資本家階級を指している。いわゆる新旧の中間層と言われるものとは異なる。発展が遅れた後進社会では、商品交換の拡がりや労働力の商品化が十分に進まず、自立的な再生産が十分におこなわれていない。そのため、資本制的生産が継続され発展していくためには、外的な契機を導入せざるをえない。つまり、外から介入してくる存在が必要となる。それは、たとえば旧勢力として衰退しながらも存続している地主階級であり、本来は資本制的生産に直接にはかかわらない国家権力の典型である官僚制と軍隊で、こうしたものに支えられて、なんとか生産が継続されている。資本家もまた十分に成長しているわけではなく、支配階級としての脆弱性をもっている。そこで、この資本家は先進的なブルジョアジーとは異なった特有の性格を帯びることになる。

先進社会の資本制的生産では、商品交換や資本輸出などが世界的に展開しているのにたいして、後進社会の資本制的生産は、商品交換の範囲の狭さと労働力商品の不完全さなどによって、地方的にかぎられた展開にならざるをえない。ブルジョアジーが世界的普遍性を獲得しているのにたいして、小ブルジョアジーは、狭い範囲内でしか通用しないという地方的局限性を突破できない。遅れた小ブルジョアジーの局限性は、先進的なブルジョアジーの普遍性と対比される特徴である。そこで、小ブルジョアジーは、節度のない不合理な利潤追求や、生産現場での作業の露骨な強制、旧勢力や国家権力との癒着などの行動をとることになる。たとえば、賃労働者を寄宿舎に入れて二四時間監視したり、行政との特別なコネによってみずからの経営を有利にしようとしたりする。

小ブルジョアジーの日常意識は、こうした存在のあり方から特有の性格を帯びてくる。一方では、先進的なブルジョアジーに追いつき追いこそうと、行動様式や生活態度を模倣する。他方では、その現実的基盤が整っていないために、ブルジョア的な生活態度や日常意識がうわべだけになってしまい、派手で華美な生活を好み、軽薄で過度なものになる。小ブルジョア・イデオロギーは、こうした小ブルジョアジーの日常意識を整合化しようとする。それは発展の遅れた後進社会のイデオロギーである。遅れたイデオロギーとして、小ブルジョア・イデオロギーは、遅れた後進社会という目の前の現実を、イデオロギーが示す理念のなかでとりもどし、さらに超越しようとする。すぐあとで詳しく述べるが、一方で、過去の遅れた社会のあり方を賛美して理想化し、それと比べて堕落した現在を批判する。他方では、先進社会から遅れた現実を理念で乗り越えようとする。理念のなかでは、立派な、できあがった社会のあり方を示すことができる。未来の理想社会を描き出して、それと比べて未熟な現在を批判する。こうして小ブルジョア・イデオロギーは、現実とはかけ離れた過去に回帰するか未来を空想するかというイデオロギーを示すことになる。

小経営イデオロギー

小経営的生産を営む直接生産者は、みずからの意思で、みずからが所持する生産手段を用いて、みずからの労働力を発揮して生産を営み、その生産物をみずから享受する。他人の労働力を購入することで生産を営むのではないということは、直接生産者を搾取するという仕組みをもたないことになる。生産手段を所持する者が直接に生産活動をおこなうのだから、そこには剰余労働の搾取は生じない。したがって小経営的生産は、その内部に支配と従属の階級関係を含まない。とはいっても、資本制的生産が支配的な社会では、そのあり方と無関係なわけではなく、さまざまな規制や影響を受ける。

小経営的生産は自己労働力あるいは家族労働力を用いた生産を営むので、家族経営が典型となる。それは、生産手段をみずから所持し、家族労働力によって生産を営み、みずからの生産物によって家族生活を維持する。労働は賃金を得るためではなく、家族生活を維持するためのものであり、生産と生活とが一体となって営まれる。経営によって得られる利益を求めるが、それは家計の維持のためのものであり、資本制的生産のように無限の拡大をめざすのではない。したがって、一定の限度をわきまえた行動という日常知を働かせる。「もうかるのであれば何をしても許される」というような貪欲な利益追求はしない。他方では、世界市場への参入にたいして消極的であり、地域における現状維持にとどまろうとする。

こうした小経営の日常意識をイデオロギー化したものが小経営イデオロギーである。それは、勤労を重んじ、家族のまとまりを重んじ、分に応じた生活態度をよきものとする。みずからの生産物を市場へ出荷するときにも、利益第一ではなくその質を重視する。そこで小経営イデオロギーは家族的地域的な性格を帯びる。

虚偽性と幻想性

ブルジョア・イデオロギーは近代ブルジョア社会の日常意識を整合化しようと図る。だが、近代ブルジョア社会では、商品の価値という社会的属性が貨幣で量られ、その貨幣の価値は貨幣そのものの使用価値たとえば貴金属という自然的属性で示されるという「入れ替わり」（マルクス　一九八三、九七頁）が生じているので、商品は人間労働の結晶として価値があるにもかかわらず、日常意識では、価値をもっているのは貨幣であり、貨幣は貨幣であることで価値があると取り違える。ブルジョア・イデオロギーは、この日常意識をそのままに整合化しようとするので、商品世界の背後で作動している機構をとらえられず、貨幣が富を体現しているという虚偽に陥ってしまう。また、商品と貨幣の交換から成り立つ商品世界をそのまま受けいれて、労働力の売買も当事者間の自由で平等な商品交換でしかなく、そこに搾取をともなう階級関係などは存在せず、現代社会が市民関係による自由で平等な社会であると主張する。ここにブルジョア・

イデオロギーの虚偽性が生じる。

ブルジョア・イデオロギーの特徴は、拝金主義と利益第一主義である。近代ブルジョア社会の商品－貨幣関係の展開のなかで、日常意識では貨幣が価値の唯一の審判者となる。ある物がよいものとされるのは、その有用性よりも商品価値の高さによる。その商品価値を明示するのが貨幣価格である。童話にあるように、ある家がよい家なのは、それが窓辺に花が飾ってある住みやすい家だからではなく、購入価格が高かった家で次に売却するときも高く査定されるからである。すべてのものが、その価格で良し悪しが示される。ある品物がよいものであるのは、それが高く売れるからである。知識が豊富なのはその習得のためにカネをかけたからである。ある人が好まれるのはその人柄ではなく高収入だからである。こうして「すべてはカネの世の中」であり、そうあるべきだというイデオロギーがブルジョア・イデオロギーとして唱えられている。

また、人は自由で平等なのだから、競争での勝敗は個々人の能力の問題である。能力主義と業績至上主義によって、競争の結果は自己責任だということになる。企業は高い利益を上げれば上げるほど優良企業であり、高収入を得ている人ほど能力が高い人だと賞賛される。しかも、その上限にかぎりはない。ほどほどに堅実にというのでは競争に勝てない。大企業はシェア争いにしのぎを削り、中小企業はいかに業績を拡大するかに血道をあげる。そしてそのことが現代社会では当然のこととされる。

これにたいして、小ブルジョアジーの地方的局限的な性格は、小ブルジョア・イデオロギーにも影響する。イデオロギーそのものが、眼前の事実の背後の機構をとらえられない点で虚偽性をもたざるをえないのだが、小ブルジョア・イデオロギーは、その虚偽性がさらに特殊な性質を帯びている。一つには、小ブルジョア・イデオロギーは、それが地方的局限的な性格をもつので、その知の営みがきわめて狭いものになってしまう。世界的普遍性ではなく、民族や国家という枠内での主張になる。民族精神や国家意志を鼓舞し、その独自性を際立たせようとする。また近代的な市民原理が社会の総体に貫徹していないので、人々の出自や素質、能力などの違いを優劣の格差とみなし、人々の間を上下に秩序づけようとする。

さらに小ブルジョア・イデオロギーは、資本制的な再生産の機構を十全に把握しえないので、拡大再生産過程を長期的に維持しようとする意志が弱く、短期的、短絡的になってしまう。着実な利潤追求よりも、偶然にまかせた「濡れ手に粟」的な利益の獲得を羨望するとともに、産み出された剰余価値を着実に再生産にふりむけるよりも、個人的な消費に回そうとして、むだな浪費をむしろ自慢する。こうしたいわばスノッブ的な行動様式が小ブルジョアジーの特徴となっている。小ブルジョア・イデオロギーは、世界的普遍的なブルジョア・イデオロギーとは異なって、偏狭で矮小な性格をもったイデオロギーとして、後進社会に特徴的なイデオロギーである。

先進社会に遅れている後進社会であっても、資本制的生産であるからには、それなりに拡大再生産過程を推進していくのであって、先進社会のあとを追って、なんとか追いつこうとする。遅れた後進社会の資本制的生産は「追いつけ追いこせ」というスローガンを掲げている。けれども、後進社会は、それ自体が先進社会の世界市場のなかに包摂されて組み込まれているので、先進社会にたいする従属的な位置を抜け出すのは困難である。また、自由、平等、独立した人格という市民原理も確立することができずに、むしろ近代以前からの残存物の影響を受けて歪んでしまう。そこで、小ブルジョア・イデオロギーは、イデオロギーの内部で、イデオロギーという精神的生産物のなかだけで資本制的生産の先進社会に追いつこうとする。イデオロギーの内部で、資本制的生産の確立と発展の成果を獲得し、あたかも後進社会において資本制的生産が十全に自立した過程を営んでいるかのように示そうとする。小ブルジョア・イデオロギーは、この点でも現実から遊離したものとならざるをえない。そもそもイデオロギーそれ自体が現実の把握を十分にはなしえていないのに加えて、小ブルジョア・イデオロギーは、現実そのものから遠ざかり、イデオロギーの内部だけで現実を追求しようとする。こうして、このイデオロギーに特有の幻想性が生じる。

小ブルジョア・イデオロギーが現実から遊離する方向は二つある。その一つは、イデオロギーのなかで現実を先取りするというものである。現実では達成できない事柄であるにもかかわらず、イデオロギーの内部ですでに完成したかのように示す。それがいわゆる理想主義である。理想を掲げて、その実現をめざそうとするユートピア主義は、現実には達成できない事柄をイデオロギーにおいて実現してしまう。それが極端になると、いわゆる急進主義として、現実を無理やり理想にあてはめようとする。このようにして小ブルジョア・イデオロギーは眼前の事実を否定する。

小ブルジョア・イデオロギーのもう一つの方向は、現実からの遊離がむしろ過去へと向かい、過去の事柄に執着するものである。現実から遠ざかることが未来へ向かうのではなく、後ろ向きとなり、過去の事柄をあるべき姿とする。いわゆる伝統主義がそれで、過去をよきものとするので、眼前の事実は過去からの衰退あるいは堕落だとみなされる。この伝統主義が強まると、いわゆる復古主義となって、眼前の事実を否定して過去に戻ろうとする。

理想主義も伝統主義も、眼前の事実をその背後の機構との関連でとらえられないので、イデオロギーのなかで眼前の事実を否定することによって現実を克服できると思い込む。現実から遊離し、現実はそのままであるにもかかわらず、イデオロギーのなかでそれを否定する。ここに小ブルジョア・イデオロギーの幻想性が現れている。イデオロギーそのものが虚偽性をもっているのだが、小ブルジョア・イデオロギーは、それにもまして幻想的性格を帯びている。それは、小ブルジョア・イデオロギーに特有な現実からの遊離がもたらしている。

小経営的生産は、賃労働者の労働力を購入して生産を営む資本制的生産ではなく、近代ブルジョア社会のなかで、みずから所有する生産手段と家族労働力によって、家族生活を維持するために生産を営む。みずからの行動をみずからの自由意志でおこないうるという点で、小経営的生産者は近代ブルジョア社会の市民としての行動をとっている。自由で平等な性格をもつ存在としてふるまう。そして、生産した成果は市場で販売するので商品市場にかかわっている。

こうした小経営的生産者がもつイデオロギーが小経営イデオロギーである。それは、自己労働にもとづいた自己所有という経営であるために、労働そのものを重視する。生産におけるいわゆるコストを厳密に考慮するよりも、「働くのはタダだ」という日常意識から、過重労働や長時間労働をいとわない。むしろ労働に没頭することを重んじる。資本制的生産のもとで賃労働者が労働を強いられるのとは異なるが、いわゆる自家労働評価すなわち賃金計算をしないために、みずからの意思で長時間労働を肯定する勤労主義となる。

また、小経営的生産は家族労働力によって生産を営み、家族生活の維持を目的とするために、小経営イデオロギーは家族主義となる。他方で、世界市場よりも身近な近隣関係や狭い範囲での市場展開にとどまる。そこで、家族的地域的な性格を帯びてくる。

このように、ブルジョア・イデオロギー、小ブルジョア・イデオロギー、小経営イデオロギーは、それぞれの担い手の社会的存在に照応したイデオロギーとして存在している。そして、本書で取り上げる農本主義は、このなかの小経営イデオロギーの一形態である。次節では、この農本主義について考察する。

第二節　農本主義をとらえる視角

一　担い手としての農業者

農業の特質

ここではまず、農業のあり方についてごく簡単に確認する。農業は人間が営む生産活動の一つである。だが、工業や商業などとは異なって、生物すなわち植物や動物を活動の対象としている。そこで、農業を生物管理生産ということもできるだろう。生物はそのものとしての生命サイクルをもっている。現代の科学技術では、これを大きく変えることは難しい。いくら米が足りなくても、現在の日本で年に三作することはできないし、牛乳の供給が過剰だとしても、乳牛の搾乳をやめるわけにはいかない。生物がもっている生命サイクルにあわせて生産を進めるしかない。したがって、農業においては自然的諸条件が重要になる。生物体そのものだけにとどまらず、気候や土壌、水利などが農業を営む際に不可欠の条件となる。その意味で農業生産は、その生産地の風土と密接に結びついている。農業は人間の自然にたいする働きかけのなかでもとりわけ自然的諸条件に制約されているといえるだろう。

他方で農業生産は、社会的諸条件とも密接な関係にある。人間は生産活動を社会をなして営む存在であり、つねに社会を構成している。この人間社会は歴史的に変遷してきた。というのも、人間だけが、余剰生産をおこなって財の蓄積をくり返してきた結果として、時代区分される歴史をもっているからである。この歴史形成は人間の活動全般にわたるものであり、農業生産や営農活動も例外ではない。さまざまな時代にそれぞれの農業の生産様式があり、農法がある。また農業者の日々の営みもまた時代によって変化している。全体社会の体制、技術、文化などと農業生産は密接に結びついている。

農家経営と農業者

現代においては資本制的生産が支配的であり、したがって現代社会は資本制社会といえるが、しかし、資本制的生産がすべてなのではなく、小経営的生産も存在している。家族労働力を用いて生産を営む小経営は、家族が経営の構成単位となって生産が営まれる家族経営である。本書で注目するのは、農業において、企業的な農業生産ではなく家族経営として営まれている生産である。そこでは家族労働力によって農業を営み家族の生計をまかなっている。より厳密には小農というが、家族という構成単位を重視するという意味合いで、家族農業経営ともいわれている。小農概念は、古典的には、資本制形成期の独立自営農民といわれる農業者をとらえる概念である。その規定では、耕作地を自己所有し、家族労働力によって農業生産を営み、家族生活を維持する、というあり方をとるのが小農とされる。したがって、「小」というのはかならずしも経営が小規模だということではない。眼目は、経営にあたって基本的に家族労働力だけを用いるということ、すなわち賃労働者を雇用して大規模な生産を展開するわけではないということである。本書では、資本制形成期にかぎらず、資本制的生産とは異なって家族を単位としている点を重視し、しかも家族内の労働力配分、それは必ずしも農業に従事するばかりではなく、農外就労によっても家族全体としての収入を得ようとするものだが、そうした労働力配分によって農業生産を維持し家族生活を維持しているという点を強調する意味で農家経営と呼ぶ。

農家経営の特徴は、今述べたように、家族単位で農業生産を営むことである。家族を単位としているとは、耕地や家畜などの生産手段を実質的には家族で所有し、生産活動を家族労働力でおこなっているということであり、生産の結果として手に入れる収入で家族の生計をまかなうということである。したがって、農家経営は基本的に自作であり、臨時や補助的な目的以外で家族以外の人間を雇用することはなく、また生産活動を雇用労働力だけでおこなうこともない。つまり、農業者が、みずから生産活動をおこない、みずからの生活の維持を目的とする、というのが農家経営である。ここで農業者というのは、営農活動に直接に従事する者のことである。これまで農民という表現が使われてきたが、とくに若手が農民と言われるのを好まないという事情があるので、本書では農業者と呼ぶ。

農家経営は、家族労働力によって営まれるから、そこでは家族員の作業分担やまとまり、統率が必要となる。また、家族生活の維持が経営の目的であって、資本制的生産のような際限のない利潤追求が目的ではないので、労働力の配分や燃焼は、生産だけではなく生活にとっても考慮される。そこで、家族周期にあわせて家族員の役割分担が決められる。農作業そのものが生活行動と未分離であることも多く、生産と生活の一体性が農家経営の大きな特徴となる。このような農家経営を営む主体となっているのが農業者である。農業者はみずからが所有する生産手段すなわち耕地や家畜を用いて農業生産を営むのであり、それと同時に、家族とともに日々の生活を過ごしている。賃労働者が雇用されて生産活動を営むときに生産と生活が分離されるのとは異なり、生産と生活とが一体となったなかで、日常的な営農活動に従事し、生活を維持している。

こうしたあり方は、資本制的生産のあり方とは大きく異なっている。資本制的生産は、生産手段を資本家が所持し、直接生産者である賃労働者は労働力しかもっていない。そこで労働力が商品として売買されて、資本家のもとで生産手段と労働力が結合される。農家経営は、それとは異なって、基本的に雇用労働力を用いない。また農家経営は、小作農を使用した農業生産を営む地主経営とも異なっている。地主経営では、地主はみずから農業生産に従事することはなく、小作農が農作業をおこなうのであり、ここでも農家経営が自作を基本とする点で異なっている。

二　農本意識と農本主義

農業者とその意識

すでにみてきたように、知の営みのあり方として、日常知、学知、イデオロギー知がある。日常知は、日々の日常的な生活において働くもので、眼前の事実をありのままにとらえようとする。学知は、眼前の事実の背後にひそむ機構を見抜き、眼前の事実と背後の機構の関連をとらえることで、論理的に体系化して眼前の事実をとらえ返す。イデオロギー知は、眼前の事実を整合的にとらえようとはするものの、背後の機構をとらえられずに、眼前の事実から遊離した説明を示すにとどまってしまう。それぞれの知の営みによる結果が、日常意識、思想、イデオロギーである。われわれは日常生活者として日常意識をもち、社会をとらえ直す思想を身につけ、イデオロギーの影響を受けて現実を誤認する。

こうしたことは農業者でも同様である。日常的な営農活動に携わり、あるいは家族生活の維持のために農外就労し、またそれぞれの家族内地位に応じた役割を分担し、家事をこなし、余暇活動を楽しむといった日々の生産と生活のなかで、農業者は日常知を働かせて目の前の現実をありのままに受けとって対応している。そうしたなかで、生産や生活についての日常意識が培われる。この意識を本書では農業者意識と呼ぶ。そのなかでも、とくに農業生産や営農活動、農家経営のあり方、すなわち「農」にかかわる農業者意識を農本意識と名づける。農本意識をもつ農業者は、学知を働かせて、農業の意義や社会的役割、世界的に拡がった農業生産の分業体系のなかでのみずからの農業生産の位置、地域社会のあり方や農民同士の結びつきへの取り組みなどに思いを致す、という思想を育んでいる。そうした農業者が学知を働かせた結果としての思想を農本思想と名づける。農本意識と農本思想が未分化なことも多く、その整理と農本意識から農本思想への論理的な体系化を専門職である研究者や思想家、評論家がおこなう場合もある。この農本意識と農本思想との関連でいえば、農本主義は、現実の表面的な把握にもとづいて整合化をはかるものの、現実を十全にとらえられないイデオロギーである。農業者が世の中に出回っているさまざまな農本主義に影響されて、あるいはみずからの学知が十全ではないために、農本主義的な行動をとることもある。国政などにかかわる政治的な活動や、農民運動といわれる社会活動、業界団体での行動などの社会的にかかわる行動において農本主義的な行動をとったり、日々の心構えや農耕行事と結びついた宗教的な心情でも農本主義的な態度をもつこともある。このようにして、農本意識、農本思想、農本主義が、農業者の農業観、生活観、世界観を構成している。

農本主義の再規定

これまで一般的に言われてきた農本主義とは、農業を重視し、農村、農民を尊重する考え方で、「農は国の本なり」という言葉が使われる。ここでの国とは、近代的な国家権力ではなく、むしろ自然生成的な社会のあり方を指している。われわれが社会をつくり日々の生活を過ごしている基礎は「農」という営みだ、ということである。自然対象である大地を耕し、家畜や樹林などの生物に働きかける営みを指している。

第一次産業、第二次産業、第三次産業というが、農本主義は、工業や商業と並んで農業があるというとらえ方ではなく、人間が社会を形成できている根本には農業があるということを強調する。資本制的生産は商工業の発展を主とするので、逆に農本主義は工業や商業などの発展にたいして距離をもつか、あるいは対抗する姿勢を示す。農本主義は反資本制的な考え方をもつことになり、工業における無秩序な生産拡大や環境破壊、商業における利ざや稼ぎや金融業での株式投資などを嫌悪する。資本制的生産は利潤追求が第一であり、投資先には特定の関心をもたないが、農本主義は農耕こそが重要であって、利益があればなんでもよいというのではない。

また、自然にたいしてみずからの力を発揮して働きかけることを重視し、勤労を重んじるので、農業を営むといっても他人に働かせて利益を得るというようなやり方にも対立する。これは自作農主義ともいえるだろう。自分自身が所有する耕地や家畜を、自分の家族をも含む労働力を駆使して耕したり飼育して、自分の家族の生計をまかなう。この自作農主義と地主制度は対立する。したがって農本主義は反地主制という立場をとる。地主的農本主義という言い方があるが、地主制においては、地主自身が農業を営むことで富を得るというよりも、小作農を収奪することで利益を得るのであるから、農本主義の基本的なあり方からは外れていると言わなければならない。こうして、農本主義は、農業を社会存立の基礎として重視し、自然すなわち耕地や家畜、樹林などへのみずからの働きかけによって生活の糧を得るために勤労を重んじるというものであり、そこから反資本制、反地主制という主張が唱えられる。

ひるがえってみれば、農本意識とは、日常知の働きによって、みずからの活動の対象となる耕地や家畜、活動の主体となる自分自身や家族、農業者、活動そのものである農業をとらえた結果としての日常意識である。自然現象への畏敬と恐れ、農作業に従事する際の勤勉さ、収穫の喜び、家計を維持する苦労、家族や親族、近隣との交流の楽しさや煩わしさ、などの農業者意識が農本意識の内実となっている。

農本思想は、眼前の事実の背後にひそむ機構を見抜くという学知の働きによって、農業の意味を深く探求し、世界的な視野のなかで農業生産を位置づける。農業生産が生物を対象とするいわば生物管理生産であること、したがって農業は自然すなわち生物だけではなく、土壌や気候といった風土を基礎として成り立っていて、自然の再生産を維持する営みでなければならないこと、そうした農業を営む農業者の生活は、工業や商業のように職場と生活の場が分離されたものではなく、生産と生活が一体となった農家経営が適合的であること、自然を基礎とする生産活動であるので、近隣の農業者との連携がなければ自分自身の生産活動もままならないこと、などをとらえて、そのうえで眼前の事実として展開している農業生産をとらえ返すことができる。学知の働きといっても、この知の営みは学者や思想家だけが体得しているというのではない。いわゆる篤農家と呼ばれている農業者や、あるいはごく普通の農業者でも学知を駆使していることも多い。その営みを、論理的に体系化された知的産物として、そうした活動に専門的に携わる分業の担い手としての思想家、評論家が示すこともあるが、いわば普通の農業者による日記、手記、手紙や農民文学といわれる詩歌などでも示されている。もちろん、そこでは日常意識である農本意識も示されているが、その場合には、一つのドキュメントに農本意識と農本思想とがともに織り合わさって存在しているといえるだろう。

農本主義とは、こうした農本思想とは異なって、眼前の事実の背後にひそむ機構をとらえられないままで眼前の事実を説明しようと図ることによって、現実から遊離してしまうイデオロギーであり、農業が眼前の事実として現実にどのように営まれているのか、その背後にどのような機構が作動しているのか、について整合的にとらえることができずに、農業生産、農家の生活、農村社会について虚偽性を帯びた言説を主張する。さらに、それが過去に向かうと、太古から営まれてきた農業を神聖視し、農業にまつわる伝統を過度に重んじるイデオロギーとなり、未来に向かうと、農業こそが工業や商業によって害された社会を再生し、個々ばらばらとなった諸個人を一体化する共同体を打ち立てる基礎となるというイデオロギーとなる。

このように、農本意識、農本思想、農本主義を再規定することによって、多様に論じられている農本主義のさまざまな潮流を整理することができるだろう。ただし、ある人物なり農業者の考え方が農本意識なのか農本思想なのかということではない。日常知と学知というのは相容れないものではなく、学知によって現実をとらえていても、日常生活では日常知を働かせている。つまり、農本意識と農本思想とが同一人物に存在し、また農本意識と農本主義がともに存在することもありえるだろう。しかし、農本思想と農本主義とが並存することは考えられない。というのも、学知としての営みとイデオロギー知としての営みは相容れないからである。

こうした視角から、農本思想や農本主義の担い手がどのように農本意識と農本思想、農本意識と農本主義を担っているのかを分析することができる。そこでは、農業者の農本意識を日常の生活や実感から分析するということと、農本主義者がその農本意識の整合化を図ってイデオロギーに加工した農本主義を分析するということとが区別される。

小経営イデオロギーとしての農本主義

前述したように、小経営イデオロギーは勤労主義と家族主義を特徴とする。そこで、過重労働や長時間労働を非人間的なものとするのではなく、むしろそれを美徳とする。家族間の関係のあり方が地域や社会全体においても尊重されるべきだとして、個人の自主性に制限を加えようとする。他方で、小経営的生産者は、みずから商品市場にかかわって原材料や生産手段、生産物などを売買するので、小経営イデオロギーは、自由で平等な市民としての日常意識を整合化しようとして、自由意志による市民意識を重視する。その点では、ブルジョア・イデオロギーや小ブルジョア・イデオロギーと同様だが、しかし、資本制的生産を全面的に肯定するわけではない。

小経営的生産者としての農業者は、みずからの土地を家族で耕作するので、農業生産に特定の関心をもっている。そこから農本主義は、農業生産に特化しているイデオロギーとして、農業そのものを重視する。農業生産がもつ風土との強いつながりや生産対象の生命サイクルを重んじる。それにたいして、資本制的生産は、それがもつ一般的な性格から、さまざまな産業諸部門を利潤追求という目的のための投資先として並列させる。資本制的生産にとっては、利潤が得られるならば、農業に投資しようと工業に投資しようとかまわないわけで、投資先に特定の関心をもたない。ブルジョア・イデオロギーとしての農本主義というのは基本的には存在しない。また、農本主義は勤労を重んじるので、堅実な農業労働を重んじる。小ブルジョア・イデオロギーのように、派手で他人とは違った目立つ生活態度は嫌悪される。他方で、小経営的生産者は自立した行動をとるので、農本主義は、地主のもとで小作に従事するということに対抗する反地主制を唱える。農本主義は近代以前の考え方なので地主制に親和性をもっているというのは誤りである。

このように、農本主義は、農業生産を営む小経営イデオロギーなのである。そこから農本主義の特質として、二点が出てくる。一つは、今述べたように小経営的生産者を担い手とすることから反資本制と反地主制という特徴をもつことである。もう一つは、イデオロギーとして虚偽性をもつとともに幻想性を帯びる点で小ブルジョア・イデオロギーと共通するということである。一方では過去への回帰という点があげられる。自然への働きかけとしての「農」という営みを重視することから、資本制的な工業生産という現実を否定して、それが展開する以前すなわち近代以前を肯定し、さらには太古においては「農」の営みだけで満ち足りていたという幻想的な理念を示す。また逆に、他方では未来へ飛躍して理想社会を描き出す。自然との交流あるいは自然との一体化こそがあるべき姿だとして、「農」の営みだけが突出した理想社会を描き出し、そこでの人々の共同体的な一体化を夢見る。こうした特質は、さまざまな産業が社会的分業体系の一環として営まれていることをとらえられずに、農業だけが人間の存在に適合的な営みであるとする農業絶対視と、農家経営が小経営として相互に結びつくことをとらえられずに、「農」の営みのなかでこそ人間同士が直接に深く結びつくという共同体主義が、過去への回帰にせよ未来への飛躍にせよ共通して現れたものだといえるだろう。

【注】

(1)本書ではマルクス社会理論を詳細に検討することはできない。イデオロギーにかかわる筆者の私見については小林一穂(二〇一一)小林(二〇一三)をみられたい。

(2)マルクスからの引用は、本書がマルクス社会理論の検討を主題にしていないこともあり、翻訳の頁数だけを掲げる。以下でのマルクスからの引用も同様である。

(3)マルクスとエンゲルスの共著である『ドイツ・イデオロギー』は、未刊のままで複雑な原稿が残されていて、いわゆる「編集問題」や「持ち分問題」をめぐる論争が繰り広げられてきている。新MEGA版が刊行されたが、そのドイツ語原文も日本語翻訳も確定されたとは言いがたい。本書では、現時点ではもっとも信頼がおけると思われる渋谷正訳を引用する。

(4)『一八四四年草稿』はこれまで『経済学・哲学草稿』として知られてきたが、いまでは「パリ草稿」とも称されて、いわゆる『経済学・哲学草稿』と「ミル評注」とを一体として扱うことがほぼ確定している。そこでここでも両方から引用する。

第二章　日本農本主義論の再検討

本章では日本農本主義について検討する。日本農本主義とは、江戸後期からいわゆる昭和十五年戦争の終結に至るまでの、日本の農業、農村、農家についての特徴的なイデオロギーとして展開されたものをいう。本書では、とくに昭和初期に日本主義と結びついた農本主義を昭和農本主義と名づける。

第一節　日本農本主義をとらえる視角——戸坂潤

本節では戸坂潤の論考に拠りながら、日本農本主義および昭和農本主義の特質を考える。戸坂は、戦前におけるマルクス主義哲学者の主要な一人だが、時事的な評論も幅広く手がけていて、イデオロギー論についても『日本イデオロギー論』（一九三六）を刊行している。戸坂の日本イデオロギー論は、当時の社会体制への批判をイデオロギー状況の分析として展開したものであり、したがって、日本資本主義の分析と批判をあわせもった論考となっている。以下では『日本イデオロギー論』だけではなく、戸坂の諸論考を参照しながら、日本資本主義の発展と、それに結びついた日本農本主義とを検討していく。

一　日本資本主義の特徴

農業は、穀物や蔬菜、果樹、家畜などを生産の対象としていて、地域における自然的諸条件すなわち風土に密接に関連している。また当然ながら歴史や文化などの社会的諸条件とも関連している。したがって、日本農本主義は現実の日本農業に照応している理念であり、日本に特徴的なものである。そして、日本農業は日本の産業全体すなわち日本資本主義の一環として存在している。そこで日本農本主義は日本資本主義に照応していることになる。まずは日本農本主義を基礎づけている日本資本主義について取り上げる。

戦前の日本資本主義は、江戸期幕末のマニュファクチュア時代を経て、一八六七（慶応三）年の明治維新を大きな転換点として近代化の道を歩み、一九〇四（明治三七）年の日露戦争から一九一四（大正三）年に始まった第一次世界大戦のあいだにかけていわゆる帝国主義段階へと入り、一九三一（昭和六）年の満州事変以降の準戦時体制期を経て、一九三七（昭和一二）年の日中戦争による戦時体制期を迎え、そして一九四一（昭和一六）年には太平洋戦争に突入して、一九四五（昭和二〇）年にほぼ壊滅するに至った。戸坂は、こうした戦前における日本資本主義の形成、発展、没落について、一方で資本主義の発展を指摘しつつ、他方で「封建的残存物」（戸坂［一九三六］一九七九a、六三頁）の存在を強調している。この点を詳しく検討する。

日本資本主義の形成

戸坂は、江戸期には「織豊時代の商業資本発達に基いた一時的な近代文化化（之を俗に西欧化と呼んでいる）」（戸坂［一九三七］一九七九、一八五頁）が「徳川幕府による鎖国政策」（同前）によって封建制に停滞させられたという。中世日本は織豊期にいわば近代の扉を叩いたが、鎖国政策のために扉が開かれることはなく、ふたたび江戸期の近世的封建制に閉じこもった。この扉を内憂外患への対処として強制的に開いたのが明治維新だった。戸坂は、このように明治維新以降の日本資本主義の発展を「日本資本主義成立の特殊な根本条件」(戸坂［一九三七］一九六七ａ、七頁）から説明する。安土桃山期には東南アジアやヨーロッパとの貿易や人々の交流、海外進出などが盛んにおこなわれたものの、江戸幕府による鎖国政策によって、国内はある意味で安定したが対外的には進んだ技術や文化を積極的に摂取せず、その間に進展したヨーロッパ諸国の資本制化についていくことができなかった。そこで日本の近代化の性格は、「先進産業資本主義国の間に挟って遅れて発達しなければならなかったことにより、日本特有の封建的な残存条件を離れることの出来ぬ宿命にある」(戸坂［一九三七］一九六七ａ、九頁）ということ、「封建制度からの残存物を可なり沢山に又根本要素として、有っている」(同前）ということになった。

日本資本主義の発展は、江戸期からの「封建制の遺物」を残存しつつ、「上方からの圧力によって過急に育成されたもの」(戸坂［一九三六］一九六六ａ、三一七頁）であり、明治維新は「国外資本主義からの圧迫に対抗するために必然にされた」(戸坂［一九三六］一九六六ａ、三二四頁）ものなのだった。近代ブルジョア社会は、資本制社会であるとともに市民社会でもあり、近代化とはいわゆる旧体制すなわち近代以前のあり方を否定して市民社会を展開することによって推し進められる。しかし日本の近代化は、すでに資本制的な発展を遂げている先進諸国に遅れたことによって、不十分なままに国家権力によって「上からの近代化」として展開した。このように戸坂は、明治維新をいちおうは資本制発展の開始ととらえるが、それは、江戸期の停滞と、欧米の先進資本主義諸国に遅れてしまったという「殆んど凡ての後進資本主義国の運命」(戸坂［一九三七］一九六七ａ、一二頁）とから「封建的残存物」を抱えたままでの発展だったという。

こうした戸坂の論述は、日本資本主義の発展を、後進社会における遅れた資本制ととらえている点で評価できるだろう。明治維新はたしかに日本の近代化の出発点となったが、しかしそれは「封建的残存物」をともなったものだった、というのが戸坂のとらえ方である。したがって、旧勢力である地主と半近代的なブルジョアジーとの結合によって日本資本主義は発展し、帝国主義段階に入って今日に至っている、ということになる。このようなとらえ方はいわゆる「講座派」的な把握だといえるだろう。日本資本主義論争の一方の側だった「講座派」は、明治維新を経たのちも日本資本主義は「封建遺制」をかかえこんで、純然たる資本制の歩みをとらず、政治的には旧勢力とブルジョアジーとの間で絶対主義的な政治形態すなわち天皇制を成立させた、とする。このとらえ方は「労農派」とのあいだに激しい論争をまきおこしたが、明治以降の日本資本主義を欧米の先進諸国とは異なる後進的なものとしてとらえる点では妥当なものだったといえるだろう。このように日本資本主義の発展の後進性をとらえる点は、マルクス・エンゲルスが『ドイツ・イデオロギー』でドイツの資本制の発展の担い手を後進国的な小ブルジョアジーととらえたのと同様の論理を示している。戦前の日本資本主義における資本家階級もまた小ブルジョアジーだった。

日本資本主義の発展

しかしそののちの日本資本主義の発展によって、「日本が曲りなりにも高度に発達した資本主義国」（戸坂［一九三六］一九六六a、二三四頁）となる。明治から大正を経て「帝国主義化した独占資本による社会〔支配〕（引用文中の〔 〕内は伏せ字。以下同様）」（戸坂［一九三六］一九六六a、二八一頁）ができあがり、戸坂が眼前にみている日本は「高度に発達した独占資本主義下の現代」（戸坂［一九三六］一九六六a、三二五〜六頁）である。だが独占資本主義となっても、「封建制に依存して初めて高度に発達し得た資本主義」（戸坂［一九三六］一九七九a、六三頁）という性格を帯びている。帝国主義段階に入ったとしても、日本資本主義は後進社会の資本制的な発展とならざるをえなかった。

さらに、一九三一（昭和六）年の満州事変以降のいわゆる準戦時体制期を、戸坂は日本ファシズムの支配ととらえる。まずファシズムを一般的に規定して、「独占資本主義が帝国主義化した場合、この帝国主義の矛盾を対内的には強権によって蔽い、かつ対外的には強力的に解決出来るように見せかけるために、小市民層に該当する広範な中間層が或る国内並びに国際的な政治事情によって社会意識の動揺を受けたのを利用する政治機構」（戸坂［一九三六］一九六六a、三二二～三頁）だと述べている。ここから「一般にファシズムは独占・金融資本の必然的な社会的政治的体制なのであ」（戸坂［一九三六］一九六六a、四三五頁）るという。帝国主義段階で社会的に不安定な状態に陥ったいわゆる旧中間層が基盤となってファシズム体制がつくられる。

それでは日本資本主義においてはどうか。戸坂は、日本ファシズムについて、「日本に固有な封建的残存勢力（之には無数の重大内容が含まれている）を基礎条件とすることによって初めてその上にファシズムの一般的条件を打ち立て得た処のファシズム、或いは、この封建的勢力がファシズムの形態を取った処のもの」（戸坂［一九三六］一九六六a、四三八頁）と概括している。これは、日本資本主義の特殊性すなわち「封建的残存物」をかかえたままで発展した資本主義が、その封建的なものを基盤にして帝国主義の矛盾を切り抜けようとする、というとらえ方であり、旧中間層についても、その封建的なものの残存という性格を帯びたものとしている。日本ファシズムは、特殊歴史的な日本資本主義が発展した結果として、「日本に於ける封建的条件を地盤として利用することによって初めて成立し得たファシズム」（戸坂［一九三七］一九六七a、七頁）なのである。つまり、戸坂は、ファシズムを帝国主義段階における資本制の危機を打開しようとする体制とし、さらに日本ファシズムを「封建的残存物」をかかえたままでの危機打開のための体制としている。

だが戸坂にあっては、「小市民層に該当する広範な中間層」（戸坂［一九三六］一九六六a、三二二頁）というように、小ブルジョアジーと旧中間層とを同一視していて、日本資本主義の担い手を小ブルジョアジーと規定することは明確ではない。しかし、本書の視角からすれば、遅れた後進社会においては、資本家階級が小ブルジョアジーとして規定される。後進社会の資本制的生産を担うのは小ブルジョアジーである。したがって、一般的にいってファシズムは、後進国における小ブルジョアジーによる資本制的生産が帝国主義段階に入って陥った危機的状況を打開しようとする体制であり、同じ帝国主義段階であっても、先進社会と後進社会との違いがここに現れている。さらに日本ファシズムでは、「封建的残存物」が存在したために、他のファシズム諸国とも異なる独特のファシズムが成立した。日本ファシズムをとらえるには、後進社会としての小ブルジョアジーによる資本制の発展と、近代以前の社会的文化的諸契機を脱却しきれない特殊日本的な状況との両者をふまえなければならない。

日本の近代化では、一方で、明治維新以来の殖産興業、富国強兵といった「上からの近代化」を推し進めることによって、日本的な資本制的生産の発展があり、他方で、一八七三（明治六）年の地租改正によって、江戸期に形成された地主－小作関係が公的な承認を得て、寄生地主制といわれる日本的な地主制度として発達した。資本制と地主制との同時的発展が日本資本主義の特徴であり、そこに日本資本主義の後進性という特質がある。こうした特殊歴史性をもった日本資本主義は、昭和初期の危機的状況すなわち世界恐慌や天候不順などの外的要因を受けて一九三〇（昭和五）年に昭和恐慌に見舞われたとき、国内的には軍国主義、対外的には侵略主義として危機の打開をはかろうとした。これが日本ファシズムである。

二　昭和農本主義の位置づけ

日本農本主義の規定

本書では、前述したように、農本主義をとらえるにあたって、農本意識、農本思想、農本主義という区分をしている。それぞれ、日常知、学知、イデオロギー知によって産み出されるものであり、それぞれの知の営みのあり方によって異なったものとなっている。

農本意識は、農業や農村、農業をめぐる社会のあり方についての日常意識として、目の前の現実をありのままにとらえる意識である。農本思想は、農本意識のように農業をとりまく眼前の事実をそのままにとらえるのではなく、学知の働きによって、目の前の現実の背後で作動している機構をとらえ、そこから眼前の事実をとらえ返す。農本主義は、イデオロギー知によるものである。イデオロギー知は、目の前の現実を、日常知のようにありのままに受けとるのではなく、それを整合的に説明しようとする。しかし、学知のように眼前の事実にひそむ背後の機構をとらえることができないので、現実から遊離した説明に陥ってしまう。農本主義は、こうした知の営みによるものなので、農本意識とは異なって農業における事象を整合的に説明しようとするが、しかし農本思想のように背後にひそむ機構を論理的に体系化したうえで現実をとらえ返すのではない。そこで、農業や農村、社会の諸事象などの現実から遊離した言説にならざるをえない。そうした虚偽性をもつとともに、小経営イデオロギーとして、小ブルジョア・イデオロギーと同様に、幻想性を帯びている。

この視角からいえば、本書で取り上げようとする日本農本主義は、戦前日本の特殊歴史性を帯びたイデオロギーであり、それは日本資本主義の機構をとらえないままで、戦前日本の農本意識を整合化しようとしたものといえるだろう。日本資本主義は、世界史的な資本制的生産の発展に遅れた後進社会の小ブルジョアジーが担い、かつ近代以前の旧体制の残存を含みつつ発展してきた。ここでは日本資本主義の後進性が重要である。この日本資本主義に照応しているのが日本農本主義である。したがって、日本農本主義は、一方では後進社会の遅れた資本制的生産にもとづく農業生産、それも旧体制の残存をかかえこんだ日本資本主義と、他方での小経営的生産としての農家経営との双方を現実的基盤としたイデオロギーである。

さらに、日本資本主義は昭和に入ってファシズム体制へと変容した。それとともに日本農本主義は昭和農本主義へと変化する。日本ファシズムは、日本資本主義が昭和初期における資本制の危機すなわち昭和恐慌などの危機的な状況に対応しようとして変質したものであり、日本ファシズムに照応したイデオロギーが日本主義である。この日本主義と日本農本主義とが結びついて昭和農本主義が成立した。これらについて、戸坂に拠りながらさらに検討していく。

日本主義への批判

戸坂は日本イデオロギーを「日本型ファシズムの固有なイデオロギーたる日本主義」（戸坂［一九三七］一九六七a、八六頁）としてとらえている。「日本主義とは、ファシズムの或る一定特殊場合に発生した一つの観念形態のことである」（戸坂［一九三六］一九六六a、三二二頁）。戸坂は日本主義をファシズム・イデオロギーとしている。そこで、ファシズム・イデオロギーとはなにかということになるが、前述のように、ファシズムとは、「高度に発達した諸ブルジョア国に於ける独占・金融・大産業・資本主義の行き詰りと内訌と腐敗との必然的な一つの著しい所産」（戸坂［一九三六］一九七九a、六一頁）である。資本制が発展して帝国主義段階に入ると、対外的には植民地争奪戦が、対内的には大衆民主主義や労働者階級の台頭などによる体制変革の動きが強まる。ファシズムは、そうした危機を乗り越えて、資本主義が「自らの解体を延引しようとして用いる政治形態」（同前）にほかならない。

ところが日本においては、資本制の発展は「封建的残存物」を抱えこんでの発展だった。したがって、「日本に於ては、その資本主義が世界的発達水準に達しているにも拘らずなお著しい封建制の残存物（軍閥・官僚・国家的家族制度・其他）に依存しているのであるが、そこで日本のファッシズムはこの封建的残存勢力を利用することによって初めて、純然たるファッシズムの道を開拓する他はない」（同前）。この日本に固有のファシズムである日本ファシズムのイデオロギーが日本主義である。「日本の封建的残存勢力を利用して、ファッシズムが必然に赴かざるを得ない一種の封建化的イデオロギーを、強化し権威づけるものが、正にこの日本ファッシズムのイデオロギーとしての日本主義であり、そしてその中心観念が日本精神なのである」（同前）。

日本主義にはいくつかの特徴があげられる。その一つは伝統主義あるいは復古主義である。復古主義は、日本主義の「封建的残存物」がもたらすものにほかならない。日本主義は、「日本の長期の封建制時代にまで積極的に復古しようという意図を示す」（戸坂［一九三六］一九六六a、三一二頁）が、そのことは「今日の発達した独占資本制の資本制としての本質を曖昧にし、逆に反資本主義であるかのような幻想を之に与える」（同前）ことになる。それは、「社会の現実上の現代化をば、観念的に原始化するという、この時間の構造から見た喰い違い」（戸坂［一九三六］一九六六a、三一五頁）を示している。江戸期にまで復古しようとしても、現実の社会体制、産業の発展はすでに「日本の最も発達した近代的資本主義」（同前）として存在しており、それを江戸期にまで戻すことはありえない。「現在の高度の資本制にまで発達した社会を、実際に現実的に原始化することは絶対に不可能なのだ」（戸坂［一九三六］一九六六a、三二六頁）から、そうではなく「単なるイデオロギー（思想・感情）又はその発露として」（戸坂［一九三六］一九六六a、三一五頁）復古主義が唱えられる。したがって、「現実の領域に於ては現代的資本主義の維持強化、併し観念の領域にぞくするものに就いては原始化主義、というのが今日の復古的反動の根本条件をなしている」（戸坂［一九三六］一九六六a、三一六頁）ということになる。

こうした復古主義のもつ幻想性は、日本主義に精神主義的な性格をもたらすことになる。そして、日本主義に精神主義を刻印してまさに日本精神主義とするものに、日本主義の担い手がもつ性格がある。すでに述べたように、戸坂は小ブルジョアジーと旧中間層とを同一視しているので、ファシズム・イデオロギーは「小ブルジョア階級の自然発生的な一般的なイデオロギーとよく一致する点を持っている」（戸坂［一九三六］一九七九a、二一四頁）というが、ここでの「小ブルジョア階級」とは旧中間層のことである。一致するというのは、一つは「小ブルジョアが最も敏感に――失業の危険・生活の低落・等々によって――資本主義の矛盾現象を予感し得る」（同前）からだが、もう一つには「資本主義に最後まで信頼を置くことに慣らされて来た」（同前）点で労働者階級とは異なるからである。「だから普通、ファシズムは小ブルジョアのイデオロギーだと呼ばれるのに無理はない」（同前）。

こうしたファシズム・イデオロギーを担う旧中間層として戸坂があげるのは、軍部、官僚、農民層である。

この日本ファシズム・イデオロギーの担い手としての軍部については、戸坂は「〔軍〕部の発生は、或いは寧ろ〔軍〕部の創立は、国外資本主義からの圧迫に対抗するために必然にされた明治維新の、避けることの出来ない一つの結果であって」（戸坂［一九三六］一九六六a、三二三頁）、それが「日本の特殊な〔特権的〕職業団である〔軍部〕の存在と夫の意識」（同前）となっているという。軍部は、社会層としては「その大部分は経済的条件から見て中間層の最上部以上には出ない」（同前）のであり、軍部がもつ「〔軍〕国主義乃至〔軍国〕意識」（同前）が「日本ファシズムの要約としての日本主義にとって、決定的な特色をなすものなのである」（同前）。旧中間層としての軍部がファシズム・イデオロギーの担い手となっている。しかし、この軍国主義は、「挙国皆兵の理想」（戸坂［一九三六］一九六六a、三二四頁）をもちながらも、もちろん全国民が軍人なのではないから、「制度上の理想と市民社会の現実との間の一種の喰い違い」（同前）が生じることになる。つまり「〔軍〕部団と中世乃至近世の武士階級との特別なつながりとなって幻想され易い」（同前）わけで、したがって「軍国意識は、何かの封建的な意識でなければならない」（同前）ことになる。こうして、軍部による軍国主義は復古主義と結びつく。イデオロギーが現実から遊離することによって、軍部のイデオロギーとしてのファシズム・イデオロギーは、復古主義的な、また現実とはかけ離れた幻想的な精神主義となる。

また、戸坂が取り上げる日本ファシズム・イデオロギーのもう一つの担い手は新官僚である。官僚は「封建的乃至半封建的な勢力とブルジョアジーとの漸進的一致の線に沿って発達して来たもの」（戸坂［一九三六］一九六六a、四三六頁）だが、「今日之が純正ブルジョアジーに対する半封建的分子として頭を再び擡げて来た」（同前）ものが新官僚である。こうした新官僚が担い手となるファシズムすなわち「官僚的ファシズムはその担い手自身の利害としては直接には自覚されない」（戸坂［一九三六］一九六六a、四三六頁）ので、「一種の道義的自信が、一種の大義名分振りが」（同前）発揮される。ここでも軍部と同様の「喰い違い」が生じる。新官僚が「日本の資本主義発達のために果さなければならなかった支配者的役割は、単に行政的な範囲に止まらずに、甚だ重大なものであらざるを得なかった」（戸坂［一九三七］一九六七a、一二頁）のであり、「国家による干渉主義」（同前）を担ったのは、この新官僚である。そして「新官僚の発生は明治維新式な一種の王政復古の現象なのである」（戸坂［一九三七］一九六七a、一三頁）。こうして戸坂は、新官僚についても、その性格を日本資本主義の後進性から説明して、その復古主義との結合を指摘している。

戸坂は、日本に固有な資本制の発展によって「封建制主義」（戸坂［一九三六］一九六六a、三二六頁）として現れる「小市民的中間層に於ける意識の原始化」（戸坂［一九三六］一九六六a、三二七頁）が復古主義となること、また「中間層市民の現状下の原始的な自然常識」（同前）である精神主義が、旧中間層の現実と理念との「喰い違い」から生じること、を示している。そして、「復古主義がこの普遍的で世界的な一規範である市民常識としての精神主義を通過することによって、之まで述べた漠然たる復古主義であることを已めて、ハッキリと限定された精神主義・日本精神主義として、一つの政治観念にまで市民的常識への発達を遂げる」（同前）と述べて、「皇道精神が之なのだ」（同前）と結論づける。復古主義と精神主義とが日本主義の本質であり、「皇道主義こそだから、日本主義の窮極の帰一点であり、決着点」（同前）である。それは、「国体明徴声明」（戸坂［一九三七］一九六七b、二四二頁）によって「日本ファシズム・イデオロギーの心核」（同前）として形成されたものである。つまり日本イデオロギーは、結局は国体イデオロギーへと行き着くことになり、戦時体制下の支配的イデオロギーとして猛威を振るったとされる。

昭和農本主義への批判

以上のような戸坂の日本イデオロギー把握は、昭和農本主義にたいしては、どのような分析をみせているのだろうか。戸坂によれば、この農本イデオロギーの担い手は農民層である。軍部が挙国皆兵を唱える場合に、その国民は「勿論農民が圧倒的に多数を占めている。だからこの〔軍〕国意識が現実性を持ち有効に発動するためには、それは最も信頼すべき地盤を農民層に見出さなくてはならない」（戸坂［一九三六］一九六六a、三二四頁）。この農民層は「農村という社会秩序の下に立つ農民一般」（同前）であり、「最も中堅的で、模範的で、従って農村を適宜に代表する」（戸坂［一九三六］一九六六a、三二五頁）。そこで、「中農層乃至農村中間層こそ、だから皆兵国民の代表的なものだということになる」（同前）。これは、ファシズム・イデオロギーである「日本主義的軍国意識」（同前）が「一般にファシズムが中間層の意識だということの、特殊に限定された場合」（同前）である。「この意識を他種の意識に対立させたり、之を国史的に権利づけたりすれば、その結果が所謂農本主義となる」（同前）。しかも「この農本主義は、特に封建的な生産様式の根幹をなす農業生産を原則とする処の封建主義へと志向せざるを得ない」（同前）。

つまり、ここでの戸坂の論法は、農村中間層が営む農業は資本制的生産ではないので、それは封建的生産にとどまらざるをえず、したがって、農民層の意識もまたそれに照応した封建主義となることになるというものである。こうして戸坂によれば、「先に日本主義的〔軍〕国意識は、〔軍〕部団の武士階級意識を通じて観念的に封建制の意識に落着したが、ここでは夫が、農村という地盤の現実のコースを通って、再び封建制の意識に到達する」（同前）。封建的な意識が昭和農本主義の特徴とされる。

三　戸坂の意義と問題点

旧中間層の把握

このような戸坂の日本イデオロギーや昭和農本主義の把握については、まず、イデオロギーの担い手として、いわゆる旧中間層をとらえている点が注目される。すでにイタリアやドイツではファシズムが台頭して政権を掌握しており、そうしたファシズムの動向についての研究を戸坂はふまえている。そのファシズム論では、ブルジョアジーと労働者階級とのあいだで不安定な立場におかれた旧中間層がファシズムの担い手となった、とするのが一般的だが、戸坂はこれに沿った見方をしている。戸坂は、ここから、旧中間層としての軍部、官僚、農民層が相互に結合して日本イデオロギーを担っているととらえている。この三者が日本資本主義の特殊歴史的な発展の特徴をそれぞれに体現しており、それらが結合することによってイデオロギーの幻想性が形成される。そこから軍部と官僚の「軍市合体」（戸坂〔一九三六〕一九六六a、三二七頁）、軍部と農民層の結合である「兵農一如」（戸坂〔一九三六〕一九六六a、三二五頁）が唱えられ、日本イデオロギーの軍国主義的な性格が形成されることになる。この軍国主義的なイデオロギーが日本ブルジョアジーの封建的な性格を担うことによって、いわゆる天皇制ファシズムを形成することになる。

この旧中間層のとらえ方は非常に示唆的である。戸坂は『ドイツ・イデオロギー』で展開されている小ブルジョア・

イデオロギーをとらえる視点をふまえている。ただし『ドイツ・イデオロギー』においては、ドイツ的イデオロギーは、旧中間層ではなく、ドイツの小ブルジョアジーのイデオロギーであり、青年ヘーゲル派はこのイデオロギーを唱えているにすぎないと批判される。それにたいして、戸坂は日本イデオロギーの担い手として旧中間層を指示している。旧中間層を「小市民層」とするので、日本資本主義の担い手が小ブルジョアジーだとする把握が弱くなるが、しかし逆に、イデオロギーとその担い手との「喰い違い」をとらえていることは評価できるだろう。日本のブルジョアジーは、明治以来の日本資本主義の特徴をもった遅れた小ブルジョアジーなのだが、そのイデオロギーを旧中間層が担っている。このイデオロギーの本来の現実的基盤と現実の担い手との「喰い違い」が日本イデオロギーの特徴となっている。日本イデオロギーがファシズム・イデオロギーであるのは、日本資本主義の後進性から生じるのだが、旧中間層が遅れたブルジョアジーのイデオロギーを担うことで幻想性を、軍部と官僚、農民層が結合することで軍国主義的性格を帯びることになる。

戦前の日本イデオロギーを、日本の地理的な位置や独自の風土、また歴史を貫く不変的な伝統などから説明するのではなく、明治以降の特殊歴史性においてとらえる戸坂のイデオロギー把握は、イデオロギーの性格を的確にとらえるものといえるだろう。とくに、戦前の昭和農本主義が日本主義と結びついたのはなぜ、どのようにしてかという点で、戸坂の分析が重要な示唆をもたらしている。農本主義は、小経営の農業者が担うイデオロギーだが、戦前の日本においては、特殊歴史的な伝統主義的、軍国主義的な性格をもち、また「皇道精神」へと統一されて日本主義的な内容を帯びることになった。こうして、日本の古来からの伝統的な農業の営みこそが、日本に独自な特質をもたらし、農業を国家の基本とすることによって日本国家の繁栄が築かれる、と主張する日本主義的な昭和農本主義が形成された。

小経営的農業者のイデオロギーとしての農本主義

けれども戸坂の日本農本主義の把握には問題点もあげられる。というのも、すでに述べたように、まずは、農民層の把握が弱いといわざるをえない。農民層のもつイデオロギーを「農業主義」（戸坂［一九三六］一九六六a、三二五頁）とは言っているものの、農業そのものがもつ特殊な性格についての把握が不足していることは否めない。農業は生物管理生産を旨とする産業であり、その点で工業や商業とは大きく異なる。生物の生産と管理に携わる産業として、農業は、地形、土壌、水利、さらには気候や風土などとのかかわりを抜きにしては成立しない。この特質が農業者のイデオロギーの現実的基盤として重要である。

また、戸坂は中間層とは言っているものの、小経営的生産が資本制的生産とくらべて大きく異なるという把握が弱い。小経営は基本的に労働力を商品として購入することはない。生産の重要な要素である労働力は、経営を構成している家族労働力によって供給される。賃金労働者を雇用しないのが小経営である。したがってまた、小経営的生産においては家族生活の維持が大きな目標であり、利潤追求を第一とするのではない。その点で小経営的生産は資本制的生産とは異なった独自の存在である。しかし小経営もまた、資本制的生産と同じ商品市場のなかに入らざるをえない。そこで、小経営的生産は、生産力の違いから資本制的生産にたいして不利な立場におかれるとともに、市場の動向に大きく左右されることになる。

小経営の農業者は、農業を営むという特殊性、小経営であるという特殊性から、資本制的生産が支配的な近代ブルジョア社会において独自な性格を帯びている。そして、資本制社会における小経営という性格そのものを現実的基盤として農本主義が形成されている。戸坂は、小ブルジョアジーと旧中間層とを同一視してしまっているので、このような把握が弱い。戸坂の分析の鋭さは当然ながら認めなければならないけれども、この点についてはその不十分さを指摘せざるをえない。

さらに戸坂においては、日本農本主義と昭和農本主義の区別と関連が明確ではない。昭和農本主義は、昭和初期の日本資本主義の危機的状況のもとで、日本主義と結びついた農本主義であり、日本農本主義の全体とは区別される特殊歴史性を示す概念である。戸坂は、「講座派」の影響を受けて、明治以来の日本資本主義における「封建的残存物」を強調するあまり、日本農本主義についても、その「封建制の意識」を一般化している。しかし、昭和初期に固有な、社会的、政治的、経済的諸条件によって、昭和初期に固有な農本主義として昭和農本主義が現れたことをとらえなければならない。

第二節　日本農本主義の概観

以下の各節では、日本農本主義にかんする諸研究を取り上げて、日本農本主義をどのように論じているのかを検討する[1]。もちろん、農本主義論を網羅するわけではないが、本書で問題としている農本意識と農本思想とのかかわり、またそれらと農本主義とのかかわりなどについて、賛否いずれであれ、参考となる立論を提示しているものを考察する。

まず本節では、日本農本主義について、その全体像をとらえようとする視点から論じている日本農本主義論を検討する。

一　合理的近代化への批判——菅野正

農本主義の性格把握

最初に菅野正「農本主義について考える」（一九九六）を取り上げる。菅野は農本主義を研究する意図、その問題意識を簡潔に整理してみせている。第一に、菅野が農本主義を取り上げるのは「昭和恐慌期から戦時体制期にかけての日本農村と農民生活のリアリティを把握するため」（菅野　一九九六、二頁）である。菅野は山形県庄内地方の農民運動とくに産業組合運動のリーダーについての実証研究を進めたが、かれらの「行動は、農本主義的な確信を媒介としなければ説明がつかない」（菅野　一九九六、三頁）という。戦前の農民運動を分析するにあたっては、その要因の一つとして農本主義についても取り上げざるをえない。この点について菅野は、農本主義が「生産農民上層のイデオロギー」であり「地主的名望家のイデオロギーとはなりえなかった」という性格をもち、「昭和恐慌期の農村の危機と国家的危機に対する自営的農民のイデオロギー」（菅野　一九九二、五九頁）だと、農本主義の担い手を示している。第二に、菅野が問題とするのは「農本主義が本来的に内包しているその近代化批判」（同前）である。それは農本主義が理論的に近代化批判を展開しているというのではなく、「農本主義的な思考や心情のなかに、近代化批判の土台となりうる素材を探し当てる」（同前）ということである。ここでは菅野がいう「農本主義的な思考や心情」という点に注意したい。これは本書でいうところの農本意識といえるだろう。思想として論理的に体系化される、あるいはイデオロギーとして整合化を図るのではなく、農業者が日常生活のなかで眼前の事実をありのままに、すなわち当事者にとっての自明の事柄としてとらえている農業者意識のなかでも「農」にかかわる意識である。菅野は、日本農本主義のイデオロギー的な言説ではなく、日本農本主義が依拠している農本意識に着目して、そこからいわばポジティブな意義を探ろうとしている。

菅野が「農本主義の基本的性格」（菅野　一九九六、四頁）としてあげるのは四点である。第一点は「農は国の本であり、土台であるという考え方」（同前）である。第二点は「農を通して自然とともに生き、自然に帰るのが人間本来の生き方なのだという考え方」（同前）である。それは「都市の消費文化に対して対抗的であり、農民生活の自給性と自足性に誇りと人間的自然を感じとる価値観」（同前）だとされる。第三点は「大地を耕し額に汗する勤労こそが、人間の一番美しい生き方であり、人間的価値の根源であるという価値観」（菅野　一九九六、五頁）であり、これは「資本制生産のもつ合理性とはまさに逆の指向性をもった考え方」（同前）である。というのは、「労働生産の上昇を求める合理的発想」（同前）すなわち労働生産性の追求ということではなく、「少しでも多くの反当収量をあげようとする土地生産性の上昇を願う考え方と連結している」（同前）からである。第四点は農本主義が「家族主義的小農経営を前提とし、それを維持強化するための思想として成立し展開してきたもの」（菅野　一九九六、六頁）だということから、「家族主義的小農経営こそが、農業の本来的な経営形態なのであり、この形態こそが国の本であると考える」（菅野　一九九六、七頁）ということと、「家族というものが人倫的結合の基礎、つまりもっとも人間的な人と人との結合と生きざまの母胎であると考える」（同前）ということである。こうした農本意識の特徴から、菅野は「現代の資本主義的合理化が基本的にかかえている『目的と手段の転倒』に対して、農本主義は、批判的発想の一つの素材を内在させている」（菅野　一九九六、八頁）と評価している。つまり、資本制的生産の展開がもたらす合理化、菅野は「合理的近代化」（菅野　一九九六、七頁）ともいっているが、この合理化にたいする批判の芽を農本主義は内包している。菅野はこの合理化におそらくはウェーバーの言う「形式合理性」の浸透への批判をみている。現代社会をどのように批判的にとらえるか、という視点を農本主義が提供しているという評価である。

菅野の農本主義論の意義

こうして菅野の農本主義論は、「農民生活のリアリティを構成する一つの重要な要素としての農本主義、したがってそれぞれの地域の歴史的特殊性と結びついた農本主義」（同前）という視点から、農本主義を「農村と農民生活の実態調査」（同前）のなかで把握していくということ、いいかえれば、農業者の日常生活の実態に迫るために農本主義に注目するという立論になっている。またもう一つは、ウェーバー的な視点からの農本主義の把握、すなわち近代化およびそれがもたらす合理化にたいする批判の芽を農本主義に読みとることである。

菅野の主張から示唆を受けるのは、「資本制生産のもつ合理性とはまさに逆の指向性をもった考え方」（菅野　一九九六、五頁）だというとらえ方である。そして合理化に対置されるのは、「労働はそれ自体が人間的価値の根源」（同前）であり、「勤労こそが『農の心』の本質なのであり、さらには人間の生き方の本質なのである」（同前）という考え方である。また農本主義は、「家族主義的小農経営」と家族の「人倫的結合の基礎」という「二重の意味において、家族を根底とする理論なのである」（同前）ととらえられる。つまり、菅野は勤労主義と家族主義を農本主義の根幹においている。そしてそれが、日本農本主義が反近代という問題点をもちながらも、農本主義には「それだけではすまされないような考え方が、潜在的にこめられている」（同前）という評価につながっている。

菅野は、農本主義がもつポジティブな意義を勤労主義と家族主義にとらえて、それを「近代化批判の土台」にしようとする。日本農本主義がもつ勤労主義と家族主義を、それが非合理的な勤勉主義や日本ファシズムへと傾斜していったことは批判しながらも、そこに、目的と手段とが入れ替わるという近代社会の「形式合理性」にたいする批判の芽を読みとろうとする。こうした菅野の主張は重要な提言だといえるだろう。この勤労主義と家族主義は、勤労と家族への肯定的な態度という農本意識にもとづいているはずであり、この契機をいかに農本思想へと構築していくことができるのかが課題となる。

二　日本農本主義の分類——武田共治

「基礎構造」と「応用構造」

武田共治は、日本農本主義を総覧するような大部の意欲作『日本農本主義の構造』（一九九九）を刊行し、そのなかで農本主義者を丹念に読解している。ここでは、武田による日本農本主義の規定や分類について検討していく。

まずは日本農本主義の担い手だが、「農本主義は、農業経営主体、権力、思想、科学の中に認知することができる」（武田　一九九九、六頁）として、それによって日本農本主義を、老農農本主義、官僚農本主義、教学農本主義と社会運動農本主義、アカデミズム農本主義、と名づけている。また、日本資本主義の発展段階に応じて江戸末期以降を五期に区分し、そこに日本農本主義を分類している。そうなると、日本農本主義がさまざまに存在することになるが、武田は「いずれか一つの側面のみを農本主義の本質と見る立場に立たない」（武田　一九九九、三一頁）として、「農本主義の〈矛盾性〉のみならず、〈多様性〉、〈非体系性〉、〈状況規定性〉などが、総合的に理解されなければならない」（同前）と主張している。しかし、日本農本主義が多様であるというだけでは、その概念規定にはならない。そこで武田は「農本主義の基礎を、耕作農民の〈心性〉（感覚、心情、考え方）に求めた」（武田　一九九九、一二頁）。それは「農村社会における耕作農家の生産と生活の歴史のなかから共有されるようになってきたところの、耕作農民の〈心性〉である。それは、大地、大自然に立ち向かうところから生ずる一つの〈心持ち〉に他ならない」（武田　一九九九、四八六頁）と述べている。こうして、この「耕作農民の〈心性〉」を「基礎構造として」（同前）、そのうえに「その応用構造が構成される」（同前）とする。つまり、武田が日本農本主義をとらえる基本的な視点は、「直接農業労働に携わる者の〈心性〉（武田　一九九九、四四七頁）であり、そこから日本農本主義の多様な主張が、そのときどきの状況に応じて展開されることになる。
こうした日本農本主義の特徴について、武田は「最大公約数として、少なくとも、①農業主義、②小農主義、③家族主義、④勤労主義、⑤愛国・日本主義、という五点を挙げることができる」（武田　一九九九、四三六頁）としている。「農業主義とは、農業労働に対して、道徳的な意義や人間的価値を付与する考え方」（同前）であり、その「背後には、自然性と人間性の関係に対する見方（自然観、人間観）がある」（武田　一九九九、四三九頁）。また、「農本主義は、農業の経営形態として、小農経営を理想とする」（武田　一九九九、四四〇頁）ので、農業主義は「小農的な農業主義でなければならない」（武田　一九九九、四四一頁）。そして、「小農は家族経営であり、したがって小農主義は家族主義ともなる」（武田　一九九九、四四三頁）。さらに、農業主義からは「農業労働に励むこと＝勤労は、当然、求められる」（武田　一九九九、四四五頁）。このように、農業主義から勤労主義が、小農主義から家族主義が派生する。最後に「農本主義には、反個人主義がしたがって共同体主義が共有されている」（武田　一九九九、四四八頁）ので、そこから愛国主義や日本主義が出てくる。以上の五つの特徴は、しかし「重なりあうとしても、論理的には別個のこと」（武田　一九九九、四五〇頁）なので、「すべて重なるものを農本主義の典型と考え、どの特徴点を含み、どの特徴点を重視するかで、農本主義を把握することもできる」（同前）とする。

武田の農本主義論の意義と問題点

このような特徴から日本農本主義のそれぞれが分類されるわけだが、武田は「農本主義を、まずは農民思想と理解する立場に立っている。それを、さまざまに利用し、編成替えするなかに、全体としての農本主義の構造が形成されてくると考える」（武田　一九九九、四五三頁）と述べて、「耕作農民の〈心性〉」を基礎におき、その「基礎構造」のうえに、状況に応じて多様化した日本農本主義を「応用構造」として位置づけている。こうした武田の主張においては、日本農本主義を俯瞰して全体的な位置づけを試みていること、その際に「耕作農民」に焦点を当てて、農業者のあり方から日本農本主義をとらえようとしていることが評価されるべきだろう。農本主義の担い手は、まずなによりも農業者におかれなければならない。本書の立論からいえば、農業者意識なかでも農本意識をイデオロギー的に加工したものが農本主義なのであるから、農業者の存在と意識が検討の基点にならなければならない。その意味で、武田のとらえ方は妥当なものである。また、農本主義の「〈多様性〉、〈非体系性〉、〈状況規定性〉」をあげているのは、農本主義が論理的に体系化されていないことを指摘したものといえるだろう。

しかし、武田の主張には問題点もある。ここでは三点を指摘しておこう。第一は、農本主義の基点を「〈心性〉」に求めていることである。このようにいわば超歴史的あるいは超地域的な抽象的カテゴリーを設定すると、特殊歴史性を外在的に挿入せざるをえなくなる。古代や中世にも直接農業者はいたのだから、古代農本主義、中世農本主義もありえるだろうというような議論になりかねない。第二に、日本農本主義の「五つの特徴」の統一的な整理が不十分である。農業主義と勤労主義、小農主義と家族主義はそれぞれが関連されて説明されるが、それらの相互の関連、また愛国主義や日本主義の関連が明確ではない。最後に、武田の立場には本書でいうところの農本意識と農本主義との区別がない。そこから「〈心性〉」と「五つの特徴」との関連が不明確となり、また「基礎構造」と「応用構造」とがどのようにかかわるのかも曖昧となっている。「〈心性〉」の担い手である「耕作農民」と農本主義者との論理的な関連についても説明がない。

三　日本農本主義の現代的意義──船戸修一

農本主義を概観している研究として、最後に舩戸修一「「農本主義」研究の整理と検討」（二〇〇九）を取り上げる。舩戸は農本主義あるいは農本主義者を考察の直接の対象とするのではなく、農本主義研究を検討することによって、農本主義を研究対象とすることの意義、また農本主義そのものの現代における位置と役割を探ろうとしている。

舩戸はまず、戦前の農本主義についての批判的見解を取り上げる。農本主義は「近代社会の不可逆的な変化である工業化（産業化）や都市化を批判し、それを陰画（ネガ）にすることによって思想形成をおこなってきた」（舩戸　二〇〇九、一三頁）が、これが戦前においては日本ファシズムに結びついたことや、村落共同体としての農村を肯定したことによって、「過去の思想」（同前）として批判されてきた。「『（半）封建制』擁護としての農本主義」（舩戸　二〇〇九、一四頁）として批判した桜井武雄や「『ファシズム・イデオロギー』としての農本主義」（同前）を批判する丸山真男がその代表とされる。ここでは、農本主義が「民主主義社会における封建遺制として危惧される」（同前）とともに、戦時体制下で「農本主義者が国家的な農民統合に寄与していく現実が指摘される」（同前）。農本主義を「もっぱら否定的に理解」（舩戸　二〇〇九、一三頁）する立場だといえるだろう。

これにたいして、「『古典的』な分析視角への批判」（舩戸　二〇〇九、一五頁）として登場したのが「『抵抗』としての農本主義」（同前）を唱えた綱澤満昭である。綱澤は「日本人の意識構造や思考様式に農本主義を発想する素地」（同前）があり、「そこに西洋合理主義や資本主義を相対化する力があると考えた」（同前）。また、安達生恒は農本主義に「『郷土主義の論理』という社会観・人間観におけるムラの『共同体的発想』があり」（同前）、それが「農民の『伝統的発想法』である『現状肯定の論理＝状況受け入れ主義』でもあったため、農本主義は体制イデオロギーとして農民に受け入れられていったと説明する」（同前）。このような農本主義論を舩戸は「『受容』される農本主義」（同前）というとらえ方だとして、それに「どのように農本主義は農民に受容され、どのように農山村や地域社会を再編していったのかを具体的かつ詳細に描く実証研究」（同前）が応答したとする。その代表として菅野正や東敏雄があげられている。

さらに、高度経済成長以後に「農本主義を近代（化）に対する異議申し立てとして捉え、その批判内容に耳を傾けようとする研究」（舩戸　二〇〇九、一三頁）や「『農』の『多面的価値』が見直されていることを踏まえ、『農の思想』を『環境思想』として位置づける研究」（同前）、また「『反グローバリズム』の論理として農本主義を読み解こうとする研究」（同前）が現れていると指摘している。そこで舩戸が取り上げるのは、まずは「『アナーキズム』としての農本主義」（舩戸　二〇〇九、一七頁）である。「『反国家』、すなわちアナーキズム的な側面が強調される」（同前）農本主義は、貧困問題や環境問題が累積する「現代においても有効な論点を提供する」（同前）という。また、野本京子の「『ペザンティズム』としての農本主義」（同前）は、「日本農業が現実として『家族農業経営』という『小農』形態によって成り立っており、その安定こそが社会的・国家的意義を持つという認識」（同前）から、持続的農業の維持という点で農本主義の意義を見出している。さらに岩崎正弥は、「農本主義を『〈自然〉委任型』『〈社会〉創出型』『〈国体〉依存型』の三つの時期的・段階的区分に分類」（舩戸　二〇〇九、一八頁）して、そこから「農本主義にオルタナティブな社会構想の力を見ようとした」（同前）。以上のように、現代の日本社会が直面する諸問題に対する解決策を示す視点を農本主義は内包していて、農本主義から有意義な論点を引き出すことができる、とする研究を舩戸は高く評価している。

農本主義の現代的意義

こうして舩戸は、「『現代的意義』を問う分析視角」（同前）として、「農本主義（者）が戦後社会において果たした役割」（同前）、「『コモンズ』論としての農本主義」（同前）、「『環境思想』としての農本主義」（舩戸　二〇〇九、一九頁）、「農本主義を唱える『主体』（＝当事者性）の問題」（同前）、「『縮小社会』における農本主義の意義」（舩戸　二〇〇九、二〇頁）をあげている。船戸は結論として、農本主義が「近代社会の進展（＝近代化）を陰画（ネガ）とすることによって形作られてきたもの」（同前）であり、したがって「近代社会のなかで必然的に産み落とされる知的実践」（同前）だとして、「その陰画（ネガ）にこそ、近代的な人間観・自然観・自由観に対する『批判力』やオルタナティブな社会への「構想力」が内包される」（同前）としている。

日本農本主義を、戦前の思想あるいは過去の思想として全否定するのではなく、そこに現代日本にとっての意義を見いだそうとする船戸の姿勢は評価されるべきだろう。現代社会に噴出しているさまざまな問題にたいして、農本主義が大きな役割をはたしうるという農本主義のとらえ方が、農本主義研究のなかで主流となりつつあることを船戸が示している。しかし、このことは農本主義が現代社会の諸問題にたいして確実に力を発揮するということではない。農本主義が小経営イデオロギーであることからすれば、農本主義といわれるものが現代社会のかかえるさまざまな問題について解決の道を指し示すということにはならないだろう。船戸のいうように、農本主義によって「オルタナティブな社会」を構想するというのは、本書でいう農本主義と農本思想とを分別しそこなっているからのように思われる。

四　日本農本主義論の論点

以上、三者の農本主義論を検討してきた。そこからは、すでに第一章で展開してきた農本主義をとらえる視角を再確認することができるだろう。

まずは、農業者の日常意識である農業者意識なかでも農本意識が基点となる。農本意識の担い手である農業者は、近代社会における小経営的農業の担い手である。家族農業経営すなわち農家経営を営む農業者が、日常生活で自明のこととしてもっている「農」にかかわる意識が農本意識である。この基点から日本農本主義をとらえなければならない。したがって、日本農本主義を農家経営を営む農業者の農本意識からとらえ直すことが不可欠である。この農本意識においては、自然、勤労、家族、村落についてのとらえ方が特殊歴史性をもつものとしてとらえられる。この農本意識は、農家経営にもとづくのだから、当然ながら反資本制、反地主制という性格を帯びることになる。

こうした農本意識を整合化しようと図るのが農本主義である。しかし、農本主義は社会の背後の機構を把握するわけではないので、それに特有の農業観、歴史観、社会観、国家観をもつことになる。農本主義を以上の視角からとらえ直すことによって、戦前における日本農本主義や、今日における現代農本主義の意義と限界をとらえることができるだろう。

さらに、現代社会にとって意義のある農本思想を構想するにあたっても、農家経営を現実的基盤とする農業者の農本意識を基点としなければならない。いいかえれば、この農本意識を現代日本の農業、農村、農家の現実からとらえ直さなければならない。そのためには、現代日本における農家経営の位置と役割を明確にする必要がある。そこから、その農家経営の担い手である農業者の農本意識を論理的に体系化しなければならない。それは、農業者の農本意識にもとづいた不断に自己を再構成する農本思想を構築するということである。それには、現実を自明のものとする農本意識を、現代日本の社会の背後の機構からとらえ直し、体系的に位置づけ直すことが必要である。これによって、現代日本の農本思想が確立されることになるだろう。本書ではただちにそれを提示するわけではないけれども、現代の農本思想を獲得する道すじは以上のようになるだろう。

以上からすれば、農本主義をとらえる際の論点としては、まずは日本農本主義が内包している近代化にたいする批判があげられる。これは、農本主義を特殊歴史性からとらえようとする視角からすれば、資本制的生産に対抗する小経営的生産に依拠する農本主義として当然の特質なのだが、三者ともこの近代化にたいする批判に着目している。次には、農本意識と農本主義との区別と関連をとらえることが重要だということである。この点については、三者とも明確に示していないといわざるをえない。そのために、農本主義あるいは農本主義論の取り上げ方が論理的に整序されていないし、位置づけが曖昧になっているようにも思われる。最後の論点としては、農本主義と区別される農本思想がめざす目標ということである。ここでも三者の農本主義と農本思想との区別は判然としていないが、しかし、本書でいう農本思想が、今日の日本社会において農業、農業者、農村、さらには自然環境がもつ意義を示すことによって、今日の社会状況への警鐘を鳴らすとともに、めざすべき社会のあり方を提示することができるだろうとしている点は共通しているように思われる。

第三節　日本農本主義への古典的批判

一　半封建制零細農の農本主義――桜井武雄

日本資本主義の発展と農本主義

ここでは、戦前において日本農本主義にたいしていわゆるマルクス主義的な立場から全面的な批判を展開した桜井武雄『日本農本主義』(［一九三五］一九七四)を取り上げる。この著作は一九三五(昭和一〇)年に出版されたものであり、当時の社会情勢を考えれば、かなり抑制的な表現をとらざるをえなかった点も多々あると思われるが、それでも、いわゆる日本資本主義論争のなかでの「講座派」的な日本資本主義の把握をふまえて、戦前の日本農本主義にたいする批判を展開している。

桜井は「全く封建主義に迎合せる老農の思想が生粋の農本主義であり、ひいては後の日本主義に継承発展せられたことはいふまでもない」（桜井［一九三五］一九七四、一九頁）と述べて、いわゆる老農思想から日本主義的農本主義に至る日本農本主義の歴史的な展開を概括し、「先資本主義社会における『農本』観念」（桜井［一九三五］一九七四、二五八頁）としての農本主義の現実的基盤を「徳川封建制下における純粋封建的土地所有組織下の零細農奴経済」（桜井［一九三五］一九七四、四六頁）におき、そのもとでの「農本思想は、……封建社会の胎内におけるブルジョア的要素の発展と、封建的生産関係＝零細農奴経済との矛盾の反映であり、後者の地盤に立脚し、これを保持強化せんとする封建主義イデオロギーに外ならない」（桜井［一九三五］一九七四、七七頁）とする。この「ブルジョア的要素の発展」とは、「封建社会の胎内に商業資本・高利貸資本が発生し、『貨幣の権力』が発生する」（桜井［一九三五］一九七四、七四頁）ということだが、しかし、日本資本主義は「資本主義の後進的特殊発展型」（桜井［一九三五］一九七四、七二頁）であり、半封建的な零細農耕は「明治維新の変革の際にも、何らの本質的な変改なしに存続せしめられた」（桜井［一九三五］一九七四、四六頁）とされる。こうしたとらえ方からすれば、日本資本主義のもとでの問題性が「日本農業における基本問題（半封建的土地所有＝半封建的生産諸関係）」（桜井［一九三五］一九七四、三七頁）と規定されるのは当然だろう。日本資本主義は、その後進性のために、明治、大正、昭和戦前期の発展のもとでも、つねに半封建的な性格を帯びていることになる。

そうした現実的基盤のうえに日本農本主義が形成されている。すなわち、「農本主義イデオロギーは、資本制生産関係の生成過程に於いて、くづれゆく封建＝農奴制関係の地盤の上に発生したもの」（桜井［一九三五］一九七四、七二頁）ということになる。そこには、解体していくといっても「広汎なる半封建的零細農土壌」（同前）があるのであって、日本農本主義は「本来の苗床たる封建社会から、『転形期』官僚の手を通じて資本制社会へ移植され」（同前）、日本資本主義の発展とともに「それぞれの段階に相照応して」（桜井［一九三五］一九七四、七三頁）多様に展開したが、結局は「この国の資本主義が依拠してきた基本地盤たる農村の半封建的体制を代表・擁護・礼賛せんとするものにほかならなかつた」（同前）とされる。

ところが、明治維新以降の日本資本主義は、その発展の「第一段階において（＝産業資本確立期）、半封建的零細農民経済における農業と家内工業（＝自家用手工業）との結合を分解」（桜井［一九三五］一九七四、四九頁）させるという「半封建的零細農耕を編成替へ」（同前）するように変化する。これは「高き小作料、低い賃銀を同時に可能ならしむる」（同前）という形で日本資本主義が半封建的な零細農耕を取り込むものだが、この段階では、「封建的支配体制の妥協的解体の上に、……原始的蓄積の強行による資本の温室的保育助成」（桜井［一九三五］一九七四、七九頁）がなされたのであり、「半封建体制の堡塁を擁護しながら、資本の保育助成を強行するといふ矛盾原理」（桜井［一九三五］一九七四、八〇頁）を内包して日本資本主義は発展している。そこに形成された日本農本主義は、「自己の地位に危惧を感じ始めた地主および半封建的農村（とくに地主層）より送り出され、新たに補充された官僚・農学者たち」（桜井［一九三五］一九七四、八六頁）がイデオローグとなった地主的農本主義や官僚型農本主義である。

さらに、「次の段階（金融資本確立期＝明治四十年頃より大正七八年頃迄）」（桜井［一九三五］一九七四、四九頁）になると、日本資本主義の発展は、この半封建的な零細農耕の「農家副業」（同前）を破壊するに至り、「中小農没落必死化の傾向とともに……小ブルジョアの農本主義」（桜井［一九三五］一九七四、九四頁）が現れる。そこでは、地主的農本主義が自己利害の主張において「わりに露骨且つ現実的」（桜井［一九三五］一九七四、九六頁）であるのにたいして、「復古的空想的要素がヨリ濃厚に現はれてゐる」（同前）。この小ブルジョア農本主義の「動揺・焦慮・空想性」（桜井［一九三五］一九七四、九七頁）は、半封建的な零細農耕のもとでの日本農業が日本資本主義の発展によっておびやかされることで、地主的農本主義や官僚型農本主義にも拡がっていく。これらの農本主義は、あくまで半封建的な体制に現実的基盤をおいているので、それらは「資本主義社会における官僚＝地主＝小ブルジョアの復古イデオロギーとしての『農本主義』」（桜井［一九三五］一九七四、二五八頁）という規定を受けざるをえない。

以上のように、『日本農本主義』において桜井は、「資本主義の特殊発展型として日本の、『過重の地租』と無類の高額小作料との二重の従属規定をもつ半封建的土地所有諸関係」（桜井［一九三五］一九七四、一六一頁）が日本農本主義の現実的基盤になっているとしている。日本資本主義は、「封建的旧制度を有償的妥協的に解体し、地主的土地所有を設定することによって封建的生産収取関係を広汎に新収取体制のなかに組み入れた」（桜井［一九三五］一九七四、二七六頁）ものであり、したがって日本農本主義は、この「半封建的体制を代表・擁護・礼賛」するものとなった。桜井の日本農本主義のとらえ方は、それが近代日本の半封建的な性格をイデオロギー的に表現したものだという点で一貫している。さまざまな農本主義の諸形態は、半封建的な体制の擁護を共通にしながらも、日本資本主義の発展との距離によって、地主的農本主義、官僚型農本主義、小ブルジョア農本主義などの区別が出てくる。しかしいずれにしても、半封建的なイデオロギーとしての性格をもつとされている。

防衛型農本主義と侵略型農本主義

ここで桜井の戦後の論文「昭和の農本主義」（一九五八）を検討しておく。これは、雑誌『思想』が農本主義を特集し四本の論文が掲載されたなかに、桜井もその一人として執筆したものである。この論文では、「昭和の農本主義は、昭和の農業危機の激化によって、よびおこされたものである」（桜井　一九五八、四二頁）として、この「農業危機の根底には、農業生産力の発展をせきとめてきた半封建的諸関係の改廃という必至の課題が切迫していた」（桜井　一九

五八、四五頁）という。つまり、農業危機は「封建的＝半封建的農業の危機」（同前）なのであり、そして「この危機が農本主義をよびおこす」（同前）のである。そこで桜井は、「農本主義の本質は、けっして額面どおりの農業本位主義でも、農業尊重主義でもなく、また農民愛護主義でもない。それは、農業危機の根底にある封建的＝半封建的基礎に立脚して、この地盤を維持し、擁護しようとするものにほかならない」（同前）と主張する。この主張は上述した戦前の『日本農本主義』におけるとらえ方と同様であり、日本農本主義は半封建的な社会体制を現実的基盤とするイデオロギーだとするものである。

しかし、戦後の桜井は、ここで日本農本主義の二つの形態を区別する。一つは「オーソドックスの農本主義」（桜井　一九五八、四七頁）、「正統派農本主義」（桜井　一九五八、四八頁）、「防衛型農本主義」（桜井　一九五八、四九頁）と呼んでいるものである。この農本主義の特徴は、「家族主義の原理に立つ天皇制国家構造の支柱として、半封建的小農制と家父長制家族制度を維持し、擁護し、礼賛すること」（桜井　一九五八、四七頁）であり、「中小地主の利害を代表して、ひたすらその半封建的地盤の擁護――資本主義と社会主義の侵攻から小農制と家族制度とを防禦する立場に終始した」（同前）とされる。つまり「農業における半封建的経済制度の崩壊を阻止し、擁護しようとする」（桜井　一九五八、四九頁）ものである。この防衛型農本主義にたいして、「侵略的農本主義」（桜井　一九五八、四八頁）、「突撃型農本主義」（桜井　一九五八、四九頁）とされたのが「資本主義の一般的危機とからみあった昭和初頭の農業危機」（桜井　一九五八、四七頁）のもとで「防衛体制にとどまってはいられぬまでに追いつめられ」（同前）て「軍部の満州侵略に便乗し」（同前）た農本主義であり、それは「加藤完治に代表される」（同前）。この侵略型農本主義は、「急進ファッショのイデオロギー的中核をなした」（桜井　一九五八、四九頁）だけではなく、また「反工業的、反資本主義的、反社会主義的なことはいうまでもないが、さらに……反都会的、反官的、反中央集権的、反議会的、反政党的、反財閥的、反軍閥的、反特権階級的」(同前)だという特徴、すなわち「あらゆる近代的なものと既成勢力的なものにたいする反撥を特徴としている」(同前)。戦前においては桜井はこのように両者を区別しておらず、「官僚＝地主＝小ブルジョアの復古イデオロギー」と一括していたが、戦後になると、昭和農本主義を、それ以前とは区別して、その侵略的性格や極端な反近代主義を強調している。

さらに桜井は、戦後の状況について、「農地改革によって清掃されなかった半封建的農業の残滓と、独占資本主義による農業の重圧」(桜井　一九五八、五三頁)によって「擬似農本主義」(同前)が形成される可能性に言及し、その農本主義が「農民の犠牲を強要しないともかぎらない」(同前)と警告している。ここでも、いわゆる「講座派」的な視点から農地改革をとらえて、そこに「半封建的農業の残滓」をみていることが注意される。つまり、桜井は戦前から戦後まで、日本農本主義を一貫して半封建的な零細農耕にもとづいた農本主義としてとらえており、「農本主義の、封建的＝半封建的性格」(桜井　一九五八、四九頁)を問題にしている。したがって農本主義への批判は、日本資本主義の後進性にもとづいた前近代的なイデオロギーだという批判になっている。日本農本主義の近代に対抗する半封建的な性格が、明治以降の防衛型農本主義、昭和初期の侵略型農本主義、戦後の擬似農本主義のいずれにおいても、中心的な特質とされている。

桜井の農本主義論の問題点

このような桜井の農本主義論においては、農本主義をなによりも農家経営という点からとらえるという視角が弱いこと、したがって、資本制的生産との対質を小経営的生産ではなく半封建的性格という点に求めていること、となれば農本主義あるいは日本農本主義は「過去の思想」でしかなく、社会の発展とともに消滅していく思想とされるということ、という問題点を指摘できるだろう。桜井の主張の弱点は、「講座派」的な立場からの「封建遺制」にたいするこだわりにある。

桜井は、半封建的な零細農耕を現実的基盤とした日本農本主義という規定から、日本農本主義ひいては農本主義全体を全否定するに至っている。したがって、かれは農本主義にたいする否定的な評価に終始している。当然ながら、現代農村において農業者の行動規範として農本思想を考えるという論点そのものが問題にならない。

これはまた、桜井の立論のなかに農本意識にかかわる論点がほとんど出てこないことにも関連している。桜井がとらえた日本農本主義は、農業者の日常生活とはまったく無縁の農本主義者が頭のなかから生み出しただけの産物でしかない。日本資本主義のあり方を現実的基盤にしているといっても、それはいわば認識論的な反映にかかわる意味でしかなく、農業者意識なかでも農本意識には触れることがない。これでは、空想による産物だから空想的なのだという批判にとどまってしまう。さらには、農本意識を基点とした農本思想を現代に生かすというような課題は生じようもない。

二　零細農の農本主義――奥谷松治

零細性と貧困

日本農本主義への古典的批判を展開している論者として、もう一人奥谷松治「日本における農本主義思想の流れ」(一九五八)を取り上げる。これも雑誌『思想』の農本主義特集で掲載された論文である。奥谷の主張は、日本農本主義の現実的基盤を農業者の零細性に見出している点が特徴的である。奥谷は、「世界史的におくれて登場した日本資本主義は、農業革命を未経過のまま、それを基盤として急速に発達した。かかる特殊な条件のもとにおける農本主義思想の成立およびその展開は、その基盤に対応して、終始封建的観念によっていろどられている」(奥谷　一九五八、三頁)と述べて、

「農業革命」すなわち農業における資本制化がなされないままに日本資本主義が発展したことを農本主義の形成と発展の現実的基盤としている。つまり、農業の資本制化が進まなかったために農業者が零細な状態のままで存続し、そこに農本主義が形成される根拠があるとみている。奥谷は桜井武雄と同様に「封建的観念」と述べているが、桜井とは異なって、半封建的性格よりも零細性を重視している。したがって、戦前においては、農本主義が「天皇制の一支柱であった」（同前）としても、また戦後に「天皇制が解体された後においても、その基盤に対応して農本主義思想が独自的に存在する」（同前）ことになる。「現在、日本の社会構造は、最高層においては最も高度に合理化された独占資本がそびえ立っており、その底辺には封建社会とほとんど変らない生産様式をもつ零細農業と、殆んど家族労働に依存する家内工業とが充満している」（奥谷　一九五八、四頁）。零細性と貧困こそが農本主義の現実的基盤の中心的な特徴だとされる。したがって、奥谷が福田徳蔵を評して「農業革命の欠除が農民窮乏の真の原因であることを指摘したのは卓見である」（奥谷　一九五八、八頁）と述べたのも、日本資本主義の発展が農業の資本制化をおきざりにして進んだととらえているものといえるだろう。それが明治期には「小生産者の労働の強化と消費の節約」（奥谷　一九五八、四頁）という農本主義の主張となって現れたとされる。

しかし、奥谷によれば、大正期から昭和初期にかけて農本主義は変容していく。「第一次世界大戦を契機とする一般的危機の開始に応じて、一方には小作争議を中心とする農民運動の昂揚があり、他方にはファシズムの底流が農業恐慌を契機として奔流のごとく表面化した。前者を労働階級の同盟軍と規定すると、後者は思想的にファシズムの拠点である軍部と結ぶ運命にあった」（奥谷　一九五八、一二頁）という。こうして日本農本主義はファシズムと結びついて、軍国主義的、侵略主義的な主張を展開していく。昭和農本主義は「農民と国家体制を同一に考える」（同前）が、軍部は「軍部と国家体制を同一に考える」（同前）。そこで、国家体制との同一視を媒介にして農本主義と軍国主義とが結びつく。日本農本主義は天皇制ファシズムと同化し、ファシズム・イデオロギーとして自己を主張していく。

戦後においては「天皇制の崩壊により、従来農本主義思想に絡みあっていたその側面がいちおう解消した」（奥谷　一九五八、一四頁）と奥谷はいう。そこで奥谷は戦後の農本主義を「民主主義的農本主義思想」（同前）と呼んでいる。しかし農地改革を経て「家族農業の維持政策に深い関心を示した」（同前）アメリカ合衆国の実質上の支配下にあったので、日本の農本主義は、「その源泉を一方においては伝統的なそれに、他方では国際的なそれに、直接つながりをもつ」（同前）ことになる。戦前の零細性が戦後においても存続していること、「農業所得だけでは生計維持が困難な農民が広汎に存在し、一層増加する傾向にある」（奥谷　一九五八、一五頁）ことが、戦後も農本主義が存続している理由とされる。

奥谷の農本主義論の問題点

奥谷は、日本資本主義が発展して独占資本が支配的になっている状況のもとで、独占資本との緊張関係に日本農業がおかれていることを指摘している。この点は重要だが、しかし、その農業は「封建社会とほとんど変らない生産様式をもつ零細農業」とされて、あくまでも零細性を日本農本主義の現実的基盤としている。だが、農本主義の担い手の基盤という問題の中心は、資本制的生産か小経営的生産かであって、その零細性と貧困ということではない。もしも、農本主義の基盤を零細性におき、そこから農本主義的な主張が出てくるとするならば、零細性ということは近代社会や日本社会に限られたものではないので、日本農本主義の規定とはならない。また、零細性と貧困それ自体は克服されるべき事柄である以上、農本主義そのものも解消されるべき存在となるだろう。それでは「民主主義的農本主義」というとらえ方が、農本主義をどのように評価しているのか明瞭にならない。農本主義がもつポジティブな側面をとらえるという課題も出てこない。

三　地主制度と農本主義——飯沼二郎

日本農本主義をとくに地主制とのかかわりで性格づけているのが、飯沼二郎『思想としての農業問題』（一九八一）である。ごく簡単にみておく。

地主制擁護の農本主義

飯沼は、「産業革命（一八八五年頃から一九一五年頃にいたる）が進展するにつれて、地主とブルジョアジーの階級的対立がしだいにあきらかになっていく」（飯沼　一九八一、一〇頁）なかで、そこでの地主側を援護するものとして、日本農本主義を「地主階級の立場にたつ農本主義」（同前）と規定する。さらに、昭和恐慌後に「新しい農本主義者たちが台頭してくる」（飯沼　一九八一、一五頁）ようになると、「地主対小作人の階級的矛盾を、都市対農村の社会的矛盾にすりかえ、意識的・無意識的に地主制擁護の役割をになうことになる」（同前）と述べて、日本農本主義が一貫して地主階級を擁護するイデオロギーとして機能しているとする。

しかし、この主張は、日本農本主義が地主階級を担い手とするイデオロギーだというのではない。日本農本主義の基本は「農村から都市（すなわち資本主義）のいっさいの影響を排除」（飯沼　一九八一、一六一頁）するところにあり、「階級対立のない農村（本来の農村）は、階級対立のある都会（資本主義社会）にまさるという思想がその根底にあった」（同前）ので、資本制への批判が地主擁護をもたらした。では、この日本農本主義の担い手は誰かといえば、それは「当時の農村における中核として自他ともに許されていた、しかも激しい危機感をもっていた自作農層」（飯沼　一九八一、一六二頁）だということになる。

飯沼の農本主義論の問題点

けれども、飯沼は、日本農本主義の担い手が「自作農層」すなわち農家経営の農業者だということを掘り下げてはいない。飯沼は、明治維新から昭和十五年戦争に至る「約八〇年間は日本の地主王政期であり、地主王政期に最も特徴的な思想として、農本主義があった」（飯沼　一九八一、一九六頁）ととらえているのであり、したがって、それは「地主王政と密接に結びついていた農本主義」（同前）であり、さらに「軍部ファシズムの一端をになうまでに反動化」（同前）した農本主義である。つまり、飯沼にとっては、「農本主義は、地主王政とともに発展し、地主王政とともに否定された」（同前）ものなのである。

こうした飯沼の立論もまた、日本農本主義をたんに否定的なものと評価しているといわざるをえないだろう。資本制を批判することで地主制を擁護するとされる日本農本主義は、地主とブルジョアジーとの「強固な補完関係」（飯沼　一九八一、一九〇頁）のもとで地主制から資本主義へと社会が発展していく方向性からは、反動的な役割を担うものと位置づけられざるをえない。日本ファシズムとの結びつきは、その程度が深まっただけにすぎないとされる。

四　日本農本主義の全否定的な把握

以上みてきた古典的な日本農本主義批判は、日本農本主義を、近代化に遅れた日本資本主義の後進性と経営規模の小さな零細性とのイデオロギー的な表現としてとらえている点に、その特徴がある。この後進性とは、桜井武雄のように、日本資本主義の半封建的な性格に基礎づけられているというとらえ方からのもので、日本農本主義は、この後進性をイデオロギー的に体現しているとされる。こうしたとらえ方によるかぎり、資本制そのものの発展によって、日本資本主義の後進性が克服されるとともに、日本農本主義は消滅していくものでしかない。したがって、戦後の日本においては、農本主義の存在は問題にならなくなる。

他方で、日本農本主義を、奥谷松治のように日本資本主義の零細性のイデオロギー的な表現とみなすのも、この零細性を、日本資本主義がもつ半封建的な性格の残存によるものとしているから、日本農本主義を前近代的なイデオロギーとしてとらえていることに変わりはない。日本資本主義が明治以降に発展してきたことを認めつつ、しかし封建的なものを払拭しえていないとして、その遅れが日本農本主義に現れているとする。

いずれにしても、こうした古典的な批判は、いわゆる日本資本主義論争の影響を強く受けているといえるだろう。日本資本主義がもつ後進性という特殊歴史性をイデオロギー的に表現したものとして日本農本主義を位置づけ、したがってその把握はあくまで否定的な評価に終始している。となると、なぜ日本農本主義が一定の支持を得たのかという問題は、体制側からの強圧的な思想統制、あるいは欺瞞的な宣伝によるものとされ、日本農本主義の内在的な把握にならない。また、現代日本における農本思想という論点そのものが問題にならず、農本思想を現代に生かすというような課題は生じてこない。

第四節　日本農本主義と小農論

一　農本主義の受け手――安達生恒

受け手をとらえる意味

日本農本主義の古典的批判にたいして多様な視点から疑問や異論が提起されてきた。農本主義を全否定するのではなく、むしろポジティブな側面をとらえて、それを今後の農本思想の発展に生かそうとする潮流である。ここでは、まず安達生恒「農本主義論の再検討」（一九五九）を取り上げる。そこでは、前にみた桜井武雄や奥谷松治の古典的な日本農本主義批判に疑問を唱えて、それにたいする持論を展開している。

安達は、桜井や奥谷の日本農本主義論について、両者が「農本主義思想のとりだしかたにおいて、基本的にはほぼ完全に一致している」（安達　一九五九、五八頁）という。それは「農本主義思想の権力的把握」（同前）という立場であり、農本主義が「権力の側からみていかなる政治的機能を果したか」（同前）を分析しようとするものである。その内容は「絶対主義天皇制を支える半封建的地主制を擁護するイデオロギー」（同前）であり、「つねに権力の側から農民に対して鼓吹され、押しつけられた思想」（同前）ということである。このように主張している桜井や奥谷だが、そうだとすれば、桜井の「擬似農本主義」や奥谷の「民主主義的農本主義」は、戦後においても日本農本主義を認めるというおかしなものになってしまうはずで、「アイマイでよくわからない」（安達　一九五九、五九頁）とされる。

安達にいわせれば、「権力的把握のみに終始する截断法では、思想のもつ多方向性が無視されることになる」（同前）し、「農本主義思想の受け手＝思想を消化する者が問題にされていない」（同前）なので、農本主義が農民に受け入れられていったのは、それが「農民のもつ発想とどこかにおいて触れあうところがあったから」（同前）なので、そこで「この思想を貫く発想法と一般農民の日常的発想法との関係という視点から」（同前）農本主義をとらえなければならない。

このような安達の主張はイデオロギーのとらえ方からきている。安達によれば、「既存体制を擁護するイデオロギーは、その体制に内在する惰性的な政治意識や、慣習化した生活感情と生活様式などにアッピールし、大衆のアモルフな感情や社会行動に適合すればよいのだから、もともと体系性への志向の弱いのが特徴である」（同前）。しかし逆にいえば、それは柔軟性があるということである。農本主義は「政治や経済の具体的状況に即応しながらもっとも有効な表現をまとって登場し、そのときどきにおける思想の受け手を的確に意識ながら、その発想を自由にかえてきた」（同前）。こうして日本農本主義は、受け手である農業者に対応して変化してきたとされる。

受け手の変化

そこで安達は、日本農本主義の受け手がどのように変化しているのかを論じている。「体制擁護思想としての農本主義」（安達　一九五九、六一頁）を古典的に示すのが、明治期における「農業は国家の基幹産業であり農民は国家を支える土台だ」（同前）という農本主義であり、この農本主義の受け手は「地主階級＝村落指導者層」（同前）である。

次に、日本資本主義が確立してくる明治三〇年代、日清・日露の対外戦争を経て地主層の分化が生じると「国富増進産業としての農業から、国民食糧供給産業としての農業への、意義づけの転換」（安達　一九五九、六二頁）が起こる。それと併行して「強兵の源泉としての農民の重要性」が強調されて「国防的あるいは軍事的意義づけ」（同前）が付加される。この農本主義の「中心的な受け手は、在村の指導者でもっとも耕作農民に密着していた階層である、中小地主であった」（同前）。

さらに、大正末期から昭和初期にかけては、「耕作農民の階層分化」（同前）に変化が生じて、中間層の微増という傾向が現れ、「経営規模の全般的萎縮と農民各階層の下落傾向」（安達　一九五九、六二～三頁）が出てくる。ここから農本主義では「階級対立の否定と農村内部の矛盾を都市対農村という関係にそらす観点が、基調となっている」（安達、一九五九、六三）。この農本主義の「受け手の中心は自、小作農民層」（同前）である。

最後に、昭和の農業恐慌と小作争議のもとで「農民上層や中小地主層の下落速度を早めていく」（同前）なかで、「軍部の『革新派』と結托したファシストの登場」（同前）と「権藤成卿や橘孝三郎などの右翼狂信主義者の発想が優位をしめてゆく」（同前）という事態が進行する。この時期の農本主義は、「既成勢力と近代制度に対する反対に名をかりた、郷土主義、地方自治主義、勤労節約による農民自救主義の強調であり、旧い村落共同体思想をふまえ、全農民層をファシズムに橋渡ししようとしたもの」（同前）となる。それは「自給自足と勤労節約による自力更生（精神主義による更生）」（安達　一九五九、六四頁）という考え方であり、さらには加藤完治などによって「『農民精神』を体得し勤労主義に徹底した、従順な精農型農本主義者の集団的育成がおこなわれてゆく」（同前）ということになった。

農本主義の受容

以上のような日本農本主義の変容をふまえて、安達は「このような農本主義思想がなぜ耕作農民に受け入れられたか」（同前）と問題提起する。そして、「この問題を解明する手続きとして、農本主義の発想を貫いている発想法（農本主義的思考方法）と、受け手である農民の伝統的発想法との関連」（安達　一九五九、六五頁）を検討している。「農本主義的発想法の根底には……郷土主義の論理」（同前）がある。それは「郷土は全人間的心情によって統合された社会であり、『自然而治』の世界であり、したがって規範意識のない「無為自然」の共同体に外ならない」（同前）という「共同体的思考方法」（同前）である。ただしこれでは「市民社会的意識は生れようがない」（同前）。また「人間の心情と生活の価値が強調される」（同前）が、それは「『生物自然の欲求』を満たすという意味での生活なのであり、近代合理主義精神を媒介とする『市民生活』とは認識の次元を異にしたものである」（同前）。こうした状況の打開は、「勤労と節約の無制限の強調という枠内で、探し求められ、「働き主義」の方向で解決される」（同前）ことになる。

また、日本農本主義は「共同体的秩序の維持を目ざした」（安達　一九五九、六六頁）のであり、それは「『一家』は

『一村』であり、『一家一村＝郷土』の連続的引き伸しが国家であり社会なのである。個人はそのなかに完全に埋没せしめられる」(同前)というものである。こうなると「大状況をいつの間にか小状況にすべらせ、それにすりかえてしまう」(同前)という「状況受け入れ主義(状況不分割主義)」(同前)が出てくる。「それは郷土主義という共同体的思考のなかに、人間は自然の一部であるという考えかた、自然を規範として人間がつかまれ、人間と自然の対置がなく、したがって対自然関係と対人間関係を同一次元でつかまえるという論理がひそんでいることに基づいている」(同前)。

こうして「農本主義思想をつらぬく発想法は、郷土主義という共同体的思考法に外ならない」(同前)とされる。だが、この発想法は「受け手である農民の伝統的発想法でもあった」(同前)。というのは、農業者は生活の窮乏化に直面して、「これまでの生活のなかで、最も悪い生活条件」(同前)に比べてまだましだとする「現状肯定の論理」(同前)を伝統的発想法としてもっていたからである。この「現状肯定の論理＝状況受け入れ主義」(同前)を耕作農民がもっていたこと、これが日本農本主義を農業者が受け入れた理由だとされる。

それでは、安達は戦後の農本主義をどうみているのか。安達が注目するのは、安藤昌益や生活綴方運動の東井義雄である。安達は「これらの思想を、農業や農民重視の立場とその発想法のゆえに、農本主義的思想のなかにとり込むのが妥当だと考える」(安達　一九五九、六七頁)。とくに強調されるのは、「小農制の状況改善をめざして、村落共同体のなかから、むしろ自生的に生まれでた」(同前)ということで、そこから「支配体制の擁護ではなく、その革新を指向する契機」(同前)が出てくる。しかし、これらの思想もまた「それがもつ農本主義的発想法のゆえに、思想としての限界」(安達　一九五九、六八頁)をもっていて、「保守にすべり込む危険を内蔵している」(同前)。そこで安達は「それらの思想をもっと生産的にすることができるのか」(同前)と「こんにちの農本主義論の重要課題」を提示する。

安達の農本主義論の問題点

以上の安達の議論は、桜井や奥谷の古典的批判が日本農本主義を全否定したのにたいして、農本主義の受け手である農業者を問題にして、そこから農本主義のポジティブな側面をとりだそうと試みている点で評価できるだろう。農業者が農本主義の受け手として「伝統的発想法」をもっていたという指摘は、本書でいうところの農本意識を安達なりにとらえたものといえる。農本主義者の主張を取り上げるだけではなく、「一般農民の日常的発想法」と農本主義との関連に注目している。

しかし、安達の立論には問題点もある。なによりも、今述べた受け手の問題である。安達は、農業者の農本意識に注目して、それと農本主義との関連をとらえようとして、農業者の変化を日本農本主義の発展と戦前の政治体制とのかかわりで段階的に位置づけている。ところが、その農業者の「日常的発想法」は「伝統的発想法」とされて、農本意識の特殊歴史性が抜け落ちてしまっている。農本主義における「共同体的思考方法」や「状況受け入れ主義」という超歴史的な規定は、まさにそれがイデオロギーであるからこそなのだが、それに対応するものとしてもちだされるのが、農業者の「現状肯定の論理」である。この「現状肯定の論理」は超歴史的な「状況受け入れ主義」と直結されて、それが日本資本主義のもとでの農業者の変化とどのようにかかわるのか、についての言及がない。こうなると、農本思想の今後の展望において「市民社会的意識は生れようがない」という結論しか出てこないことになってしまう。戦後の農本主義が「村落共同体のなかから、むしろ自生的に生まれた」ので「革新を指向する契機が含まれている」といっても、農本意識の戦後日本社会における特殊歴史性からとらえるのでなければ、桜井や奥谷のように「アイマイ」なものにとどまってしまわざるをえない。

「中間農民層をかなり大量に把握し、進歩的な方向に向って成果をあげて」（同前）いるとされる戦後の農民運動とその農本主義的な思想についても「農業や農民重視の立場とその発想法」という一般的なとらえ方ではなく、戦後の日本社会の特殊歴史性との関連でとらえなければならない。そこでも、「農村共同体のなかから自生的に生れ、農民大衆の側に立って展開された」（同前）と評価しながら、「共同体の掘りおこしである限り、体制変革にまで思想的エネルギーを高めることは困難である」（同前）とする安達の超歴史的な視点が問題である。それが他方では、「市民社会的意識」とか「進歩的な方向」といった抽象的な規定を対置するにとどまっていることにもなっている。

また、安達の立論の問題点はこの論文が収められた『伝統農民の思想と行動』（一九八〇）の別の論考でも示されている。そこでは、「農本思想や小農思想は本来は封建社会のものである」（安達　一九八〇、四〇頁）としつつ、明治以降に「小農維持策のイデオロギー的表出として、新らしく組みかえられてくる」（同前）とされる。「伝統農民のエコノミック・メンタリティ」（安達　一九八〇、四二頁）を「半自給的家族労作的零細経営」（同前）という「農家経済の構造的特徴に対応する心的態度」（同前）と「小農経済をめぐる日本資本主義の農業政策とイデオロギーの浸潤」（同前）とする安達のとらえ方は、桜井と同様に、農家経営を半封建的なものとしてとらえる誤りに陥っている。これでは、戦後の農家経営そしてその担い手の農本意識は、近代化に遅れたものとされるしかなく、その「進歩的な方向」はとらえようもない。

二　対抗思想としての農本主義——綱澤満昭

農本主義の可能性

日本農本主義についての全否定的なとらえ方ではなく、その多面性あるいは現代に生かせる可能性をみようとする志向をもつ一人として、綱澤満昭『近代日本の土着思想』（一九六九）をあげることができるだろう。綱澤は、「農本主義そのものが永劫回帰的に体制擁護の思想なのかどうか。それとも客観情勢と主体的行動如何によっては、それは反体制、反権力的なエネルギー源となりうる可能性があるのかといった農本主義そのものの再検討の必要性」（綱澤　一九六九、一三九頁）がせまられていると問題提起する。桜井武雄を「当時の農本主義思想の機能の推移をよくとらえたもの」（綱澤　一九六九、一八五頁）と評価し、また安達生恒も「農本主義思想を底辺からみていこうとする姿勢がみられる」（綱澤　一九六九、一九三頁）点を高く評価している。こうした評価がされるのは、農本主義をたんに前近代的なものとして否定し去るのではなく、それが時代とともに異なった形態をとってきたこと、また農本主義がよって立つ現実的基盤をおさえることで、その可能性を探ろうとする綱澤の姿勢を示すものである。

綱澤は、別の論考の『日本の農本主義〈新装版〉』では、農本主義を「共同体的封建国家の構造的危機の拡大という客観的条件のもとで、はじめて自覚的に形成されてくる」（綱澤　一九八〇、一四頁）という。そもそも「わが国において農を重んずる考えは『日本書紀』、『古事記』を通じてもわかるように、それは農耕社会がはじまって以来存在するといってもよい」（綱澤　一九八〇、八七頁）のだが、「それが『自己自身』にめざめるのは、封建社会の胎内に商業資本、高利貸資本が発生し、『貨幣の力』が発生し、農業にもとづいて『領主－農奴』の関係から成立している社会の経済的基盤にひびがはいりはじめる瞬間からで」（同前）ある。しかし、「工業化、資本主義化の必然的帰結としての社会主義思想の浸透ならび労働運動の進展のうちに、農本思想は次第にそれらに対する『対抗思想』として自己を自覚していった」（綱澤　一九八〇、八八頁）のであり、それは「もはや『農本』という概念が『経済的なるもの』を離れ『政治的なるもの』へ転化していった」（同前）ことを示している。さらに、昭和初期の「恐慌のなかで農民の窮乏が労働者との提携により社会主義の支持勢力となることは、資本主義にとって重大な危機を意味した」（綱澤　一九八〇、九一頁）ので、国家権力は「農業、農民に対しては種々の農村救済策を用意し、その懐柔に尽力する」（同前）ことになったが、「その際一つの有効な社会的機能を果すのが農本主義であった」（同前）とされる。

綱澤の農本主義論の意義と問題点

このように綱澤は、日本農本主義が封建制の危機的な状況のなかで「農」を重んじる自覚的な思想として登場し、そそれが明治以来の日本資本主義の発展のもとで資本制にたいする思想としての社会主義思想への対抗思想となり、さらには昭和初期に資本制の危機的な状況にあって国家的な克服策の一つとして機能したと位置づける。これは、日本農本主義を明治から戦前まで不変なものとして一般的にとらえるのではなく、社会状況に応じて変化したものととらえていると評価できる。その意味で、綱澤は一面的な把握に陥っていないといえるだろう。

さらに、綱澤の立論では、昭和初期の国家主義が「郷土への定着倫理を鼓吹することによってのみ国家統制が可能となったのである。その場合、郷土を代表するものは、なんといっても『小農制』であった。ここに農本主義の果たすべき役割があった」（綱澤　一九六九、二一〇～一頁）として、「小農保護思想は農本主義を生む格好の基盤であった」（綱澤　一九八〇、五三～四頁）とする。だが、農家経営についての議論は深まっていない。そこで「都市と農村との対比に基づく農本主義の現象面での反資本主義的傾向は、イデオロギーの上では、資本主義の矛盾を農村の共同体的関係によって救うという理論構成をとってあらわれる」（綱澤　一九六九、二一三頁）として、「農本主義的『自治主義』であり、『郷土主義』」（綱澤　一九六九、二一二頁）である特質を強調することになる。農家経営の重要な特徴である家族、勤労といった契機については重視していないので、そこからの反資本制つまり小経営的生産としてのあり方からの資本制的生産への対抗をとらえる視点が影薄くなっているといわざるをえない。

三　小農経営と農本主義――東敏雄

「勤労農民的経営」を営む農業者

ここでは、昭和初期の日本農本主義の担い手について分析している立論を取り上げる。そこにある問題は、農本主義が現実に機能したときの担い手である農業者をどのようにとらえたらよいのか、ということである。これをたんに農耕している人々あるいは直接生産者である農業者としただけでは、農本主義の担い手をとらえたことにはならない。農業者は、日本という地域にかぎっても数千年以上も存在しているわけだし、世界的にもほとんどの地域で存在している。そこから農本主義もまた古今東西にわたってそれぞれの形態で存在しているとするならば、それは農本主義をたんに農業や農業者を重視する考え方と規定するほかなく、問題性をもたない超歴史的な規定にとどまってしまう。本書では、近代日本とりわけ昭和初期における昭和農本主義が、なぜ、どのように現実に機能しえたのか、戦後の今日において、この農本主義はどのように位置づけられるのか、という問題意識から、日本農本主義を対象として検討してきている。本書の視角からすれば、農本主義の担い手は、特殊歴史性をもち、それぞれの時代状況のなかに存在するものとしてとらえられなければならない。そのために、農本主義の現実の担い手を規定することが重要となる。

以下では、農本主義をその小経営という現実的基盤からとらえようとする立論として、東敏雄『勤労農民的経営と国家主義運動』（一九八七）を取り上げる。東は、農本主義の担い手を「勤労農民的経営を営む耕作農民」とする。「生産者農民は、歴史的範疇性を持つはずで、それを、勤労農民的経営と呼んだ」（東　一九八七、二頁）という。そして、この農民の「生き抜くための経営努力が、国家主義的風潮の中に取り込まれ、しかも、その種の運動の社会的基盤になって行ったのではないのか」（東　一九八七、三～四頁）と問題提起している。すなわち、勤労農民的経営を営む農業者が、昭和初期以降の戦前の国家主義的、軍国主義的な日本ファシズムの担い手となっていったということに東の関心がある。この勤労農民的経営は、特殊歴史性をもつものであり、「日露戦争後・明治末期以降の普通畑作の商品生産的展開のなかで、広く形成され」（東　一九八七、二六頁）たもので、「自作あるいは自作・自小作農」（東　一九八七、二七頁）がその生産力担当層となる。

勤労農民的経営の特徴は、第一に「直系の血縁家族によって労働組織が構成されていること」（同前）である。この場合、いわゆる家（イエ）は、「労働組織＝生産組織＝経営的側面と、生活組織＝生活的側面の統一体として把握」（同前）されている。第二に「農業所得によって家計を充足する可能性を備えているということ」（東　一九八七、二八頁）があげられる。農業所得だけで生計を維持できるか、あるいはそれに準じるだけの生産力をもっているということである。第三に「労働組織の構成員相互間に、傍系家族があるばあいに家父長との間にみられるような、決定的な支配被支配の関係がないということである」（同前）。そして第四に「肥料経済の貨幣化に代表される生産過程の商品化、労働市場の展開に基づく家族の他業就業によって、自己を客体化する可能性をもつ」（同前）という特徴があげられる。その「自己を客体化する」とは、自己労働力を商品化するということ、すなわち賃労働に従事するということ、そしてそのことによっていわゆる自家労働評価ができるということだろう。

このような勤労農民的経営では、その農本主義は「第一の特徴によって一家主義」（東　一九八七、二九頁）を、また「第二の特徴を追求するものとして勤労の精神を」（同前）もつとされる。この家族主義と勤労主義という両側面は、「勤労農民的経営に、地主支配に対抗する資質を与えるとともに、天皇中心の国家観に自発性をもって統合されてゆく可能性をも用意した」（同前）。第一の特徴は「性差別を措くとすれば、構成員の平等化と自立化の方向性を持つもの」（東　一九八七、三〇頁）だが、「構成員個々の心情を基礎として統合が形成されるだけに、より強固なものとして、天皇中心の国家的規模での家族主義の細胞たりえた」（同前）とされる。また、第二の特徴として「計算的ないし合理的な思考と行動が、徳目として意識されてくる」（東　一九八七、二一〇頁）点が注目される。この「合理的資質は勤労と節約という形をとってあらわれる」（同前）と、農家経営における合理性を指摘している。

日常的意識諸形態と支配的イデオロギー

ところで、東は支配的イデオロギーを「支配層によって創出される非日常的意識諸形態」（東　一九八七、二四四頁）とする。それにたいして日常的意識諸形態は「その意識諸形態が経済的関係の網の目で生活する諸個人の活動的存在と直接的な関係を持つ」（同前）ものであり、「支配的イデオロギーと、それとは区別される日常的意識諸形態との関係は多様である。そこには共鳴関係、対抗関係、そして利用関係がある」（東　一九八七、二四五頁）とされる。本書でいうところの農本意識と農本主義との関連をとらえたものといえるだろう。東が、農本主義は「農村の中堅層たる勤労農民的経営主の日常的意識諸形態と、どのような関わりを持ったのであろうか」（同前）というとき、農本意識としての農業者の日常意識と、農本主義としての支配的イデオロギーとを区別し、両者の関連を問題としている。それを、支配的イデオロギーの「共鳴盤」（東　一九八七、二六〇頁）として勤労農民的経営層をとらえることで示そうとする。勤労農民的経営層の「共鳴を得たからこそ、村落における指導層が受容した農本主義も実効をもち、官僚統制再編の一環としての地方改良事業も、それなりの浸透をみた」（同前）と述べる。「根底にあって時代の流れに影響を与えたのは、これら直接生産者たちの日常的意識と行動だった」（同前）。

また、東が勤労農民的経営の特殊歴史性を指摘するとき、それは「日露戦争後・明治末期を始点とし、大正期・昭和初期と展開する」（東　一九八七、二八一頁）ものだった。それにともなって、農本主義も「自ら村に在る地主層」（東

一九八七、二四六頁)、いわゆる手作り在村地主を担い手とする「官僚統制再編強化」(東　一九八七、二五八頁)の農本主義が、形成期の勤労農民的経営を営む「直接生産者を担い手とする小ブルジョア的農本主義への転化」(東、一九八七、二六一頁)となり、さらには「国家主義運動に糾合される昭和の農本主義」(同前)に至るとされる。

この国家主義、軍国主義へと至る農本主義について、その現実的基盤を東は詳細に分析する。まずは「農業を取り巻く資本主義経済が高度に発展し、組織化され、個々に分散している農民が流通過程で著しい不利益を被るという事態から……巨大な資本主義経済に対する対応」(東　一九八七、二九八頁)として「信用と流通の一局面に、個々の農家が組織される」(同前)という組織化が進むが、この「共同の有効性を求めて、より広い範囲での組織化を求める心情が、日常の中から形成された」(東　一九八七、三〇〇頁)。それが「もう一歩進めば、農民が批判してやまない個人主義の彼岸にある社会全体の組織化、つまり国家統制による社会全体の改造というイデオロギーに共鳴する日常感覚が容易に形成される」(同前)ことになる。

また、「勤労の精神と直系家族の血のぬくもりによって醸し出される家族的一体感・一家主義」(東　一九八七、三二七頁)が、勤労に埋没する「政治的には無関心な、その意味での政治性とも結びついている」(同前)とされ、「一家主義は、あらゆる社会的対立関係、したがってそこに発生する諸矛盾を溶し去る、国家的規模での天皇を中心とする一家主義」(同前)へと進んでいく。こうして「村落の秩序をもって国家の基とする、というような農本主義は後退し、旧来の秩序を批判するエネルギーを持つ農本主義が、担い手の階層も変えて、時代の主要な社会的意識となってくる」(東　一九八七、三四〇頁)。

東の農本主義論の意義

以上のような、東による日本農本主義のとらえ方は、本書の視角と重なるところがかなりあるように思われる。農本主義の担い手の特殊歴史性をとらえるということ、その担い手が日本資本主義の発展にともなって変化しているということ、昭和初期の農本主義を「直接生産者を担い手とする小ブルジョア的農本主義」が「国家主義運動に糾合される昭和の農本主義」になったものとすること、などである。また、農本主義を「非日常的意識諸形態」である支配的イデオロギーとして、「日常的意識諸形態」という「生活する諸個人の活動的存在」（東　一九八七、二四四頁）によって生み出されている意識と区別するというのは、本書でいうところの農本主義と農本意識とを区別してとらえる視角と共通する点で評価できるだろう。

しかし、東の立論には疑問もある。それは、支配的イデオロギーを「まず自らを本源的存在とし、つまり自らの立つ秩序をアプリオリの大前提とし、その下に他を組み込み従属せしめ、もって自らの存在と地位を保全しようとする意識」（同前）と規定する点である。ここでは、まず支配的イデオロギーと日常的意識諸形態とがあって、次に両者の「共鳴関係、対抗関係、そして利用関係」が成立するという論理的な順序になっている。しかし、すでに本書で述べたように、イデオロギーは日常意識を加工して、それを整合的に述べようとすることによって形成されるのであり、農本主義は農本意識にもとづいている。東のいう日常的意識諸形態によって非日常的意識諸形態である支配的イデオロギーが形成されるのであって、農本主義といえども、農本主義者が頭のなかから作り出したまったくの空想物なのではない。農本意識にもとづいているからこそ、農業者に浸透できるのである。

なお、ここでは具体的に触れることができなかったが、東は、茨城県を対象地とした実際の実証研究で、こうした農本意識をとらえる調査研究をおこなっている。農本意識と農本主義とを区別するという視角からでなければ、昭和農本主義が実際に農業者や農村で機能した現実をとらえられないだろう。東の実証研究はその点で高く評価される。

四　日本農本主義の肯定的な側面

以上の日本農本主義論に共通しているのは、農業者が農本主義を受容してみずからの行動原理としていたことをとらえていて、日本農本主義をたんに現実から遊離した虚偽的なイデオロギーとするだけではなく、日本農本主義が現実に機能していた側面からとらえようとしていることである。その点では、桜井武雄らが日本農本主義を近代以前の旧体制を擁護するイデオロギーとして全面的に否定していたのとは評価を異にしている。日本農本主義が、日本資本主義の後進性を帯びた支配層のイデオロギーとして、農業者にたいして現実を隠蔽し、虚偽や幻想をふりまいて、誤った行動をとらせたというような、いわば「上からの」イデオロギー注入論ではなく、日本農本主義の理念が現実の農業者に受容されて、反資本制や反地主制などの実際の行動規範として機能していた点を、農業者にとって積極的な意味をもっていたと評価している。

こうした評価になっているのは、農業者を小農と位置づけていることからきている。この小農を、資本制化していく途上の、いわば過渡期の遅れた存在として否定的にとらえるのではなく、資本制的生産と並存する小経営的生産として近代ブルジョア社会のなかに正当に位置づけることが必要だろう。そのような視角から農家経営をとらえることによって、農業者の積極的な性格を把握することができる。日本農本主義のあり方をとらえるに際して、その理念だけを問題にするのではなく、その受け入れ手である農業者の現実をおさえなければならない。

ただし、安達や綱澤の立論は、この農家経営を、小経営的生産を営む存在として資本制的生産と明確に区別せず、かつまた資本制社会においてその一角を占めていることを十全にとらえていない。したがって、日本農本主義が農業者に受容されていったことを、超歴史的な「伝統的」性格や「郷土」意識などで説明してしまっている。農家経営の特殊歴史性を正確にとらえることがいかに重要かを示しているといえるだろう。

第五節　日本農本主義と農業者

一　農本主義と生活世界――岩崎正弥

農本主義の時代的変質

以下では、これまでの農村主義論にたいして新たな視点を提示しようとしている研究を取り上げる。その一人は岩崎正弥『農本思想の社会史』（一九九七）である。岩崎は、これまで農本主義論が農本主義を「没歴史的・一義的に」（岩崎　一九九七、五頁）とらえていると批判して、農本主義をとらえる新たな視点を主張している。

岩崎は、これまでの農村主義論において「否定論・見直し論いずれの論者にも暗黙に共有されてきた前提や認識」（同前）は「〈農本〉が意味する理念内容の変質を考慮」（同前）しなかったことだと批判する。そして、その変質せずに固定されているものとしての農本主義の内実は、第一に「反近代主義・復古主義」（同前）であり、第二に農民の「伝統的価値観」（同前）をとらえたこと、第三に「日本ファシズム・イデオロギーあるいは天皇制イデオロギーとして動員された」（岩崎　一九九七、六頁）ということである。しかし、「農本が意味する理念内容の時代的変質に応じた腑分け」（同前）が必要であり、その分析をすることによって、「理念的な近代主義の一種であった」（同前）農本主義が「農民には受容されず」（同前）に「農民を獲得するための転向の結果として日本ファシズム・イデオロギーや天皇制イデオロギーに組み込まれて」（同前）いったという把握が可能になる。そこで、農本主義の「時代的変質」をとらえるために、三つの視点を提示している。それは、農本主義を三つの類型に区分すること、また、昭和初期の戦時期における総力戦体制との関連を重視すること、さらに、農民の生活世界に着目することである。

農本主義の三類型

第一の視点は、農本主義を三類型に区分することである。これらの類型は「いずれの型も生命を肯定し、尊重する」（岩崎　一九九七、八頁）点で共通している。しかし岩崎によれば、生命は「自己爆発する混沌とした力」（同前）なので「その力を何らかの規範によって制御管理する必要が生じる」（岩崎　一九九七、九頁）。その「生命の制御管理（回路づけ）方法の相違」（同前）が農本主義のなかに類型の区別を生じさせる。第一の類型は「大正期の帰農によって自己表現した……〈自然〉に自己委任する」（岩崎　一九九七、一〇頁）もので「〈自然〉委任型」と名づけられる。第二の類型は「昭和恐慌期に農本連盟に結集し運動をおこなった……新たに〈社会〉（正確には〈地域社会〉）を創出する」（同前）もので「〈社会〉創出型」と名づけられる。第三の類型は「戦時期のとくに更生運動に自らを仮託した……〈国体〉に依存する」（同前）もので「〈国体〉依存型」と名づけられる。これらの三つの類型に区分することで、農本主義が大正期から戦時期にかけて「時代的変質」を経たこと、とくにそのなかで「〈国体〉依存型」への変化を、農本主義の「転向問題」（岩崎　一九九七、三六三頁）としてとらえることが可能になる。

第二の視点は、昭和初期それも戦時期の農本主義を考察するに際して、この時期を「総力戦体制の進展としてとらえる視角」（岩崎　一九九七、一一頁）である。この総力戦体制は、戦時体制下で国力や国富を総動員して戦争を遂行するために国民や資源、資本のすべてを統合しようとするもので、農本主義もまた「普遍的な総力戦体制（動員政策）に日本的な国体論を接合させ」（同前）られたとされる。この「総力戦体制のなかに農本思想を位置づける」（岩崎　一九

九七、一二頁）のが岩崎のねらいである。

第三の視点は「生命発現の実際形である生活に着目するばあい、さらに一歩進めて、その生活の在り方をかたちづくる原動力として生活世界という一種の分析概念を設定する」（同前）ものである。これは、「いわば生活の核であると同時に、思想や意識的・目的的な行動（運動）を創出し、習慣に支えられた日常的な規範、感性、実感、認識・思考、行為などで構成される場」（同前）だとされる。この生活世界がとくに注目されるのは、農本主義にみられる帰農という考えかたをとらえるときである。岩崎によれば、「帰農とは、生活世界の基底にある習慣を、農業労働によって『型』として固着させることで、規範や感性、認識・思考を〈自然〉に従って組み替えようとした行為だった」（岩崎　一九九七、四七頁）。このことによって「新たな生活世界を創造」（同前）することになり、それが「いわば近代的自我を砕いて真の自己実現をはかること」（同前）になる。そのことが第一の類型である「〈自然〉委任型」の農本主義を生み出している。また、「〈社会〉創出型」の農本主義の「新たな〈地域社会〉構想は、結局実践の過程でもろくも挫折した」（岩崎　一九九七、二三八頁）。というのも、「地方農本主義運動家たちの生活世界は、農村大衆のそれとは明確に一線を画すものであった」（岩崎　一九九七、二二八頁）ので「農村大衆からの乖離」（岩崎　一九九七、二三八頁）を招いたからである。「多くの農村大衆はモダニズムにこそ憧憬を抱き、生活利害というフィルターを通して理念に接した」（同前）のであって、「短期的には生活利害を超越し忍耐強い禁欲が要求された」（同前）第二の類型の農本主義は農民に受容されなかった。

「〈国体〉依存型」への「転向」

農本主義の三つの類型のうち、第一の類型と第二の類型とは異なって、第三の「〈国体〉依存型」の農本主義は、農業者の心をとらえて戦時体制下の総動員に駆り出していくイデオロギーだったと位置づけられる。第一の類型も第二の類型も、その「本質的理念は、国内統制と対外侵略を両輪とするファシズムとは本来まったく異質なもの」（岩崎　一九九七、三六二頁）だった。しかし、戦時期における「さまざまな諸条件が理念を変質させ、あるいは理念を歪曲して受容させ、その結果、かつて農本思想を捨て去るという転向において、日本ファシズムの潮流に包摂されていった」（岩崎　一九九七、三六二〜三頁）という。

そもそも総力戦体制は大きな矛盾をもっている。というのも、一方では「重要な人的資源として農民を、またその源泉としての農村を保護する必要がある」（岩崎　一九九七、二五一頁）が、他方では「兵力や軍需産業（重化学工業）労働力として、膨大な農村人口に依拠しそれを食い潰さざるをえな」（同前）いからである。したがって、戦時体制下で総力戦への態勢が進めば進むほど、農業や農村は衰退していく。そこで「総力戦体制の矛盾を国体論によって補完する」（同前）というあり方に農本主義が動員される。つまり岩崎は、戦時下の農本主義が「国体論に依存した形で存在した」（同前）点を重視して、「総力戦体制の構築をめざして、その担い手たる国民の自発性を喚起しつつ主体として積極的に新体制へと参加させるために」（岩崎　一九九七、二五五頁）農本主義が国体論と結合したという。その「〈主体性〉を積極的に引き出す」（同前）というやり方が「『日本精神』たる心情重視の土壌と結合した」（岩崎　一九九七、二五六頁）。この「他者の命令に喜んで従う従順さ＝心情の純粋さという意味での自発性」（同前）によって「経済論理の矛盾隠蔽のイデオロギー」（同前）として農本主義が機能したとされる。こうして、第二類型の農本主義は「本来まったく異質なものであったはずの『〈国体〉依存型』」（岩崎　一九九七、三五三頁）すなわち第三類型の農本主義へと変化した。それは「『自発的服従』が理想とされ、指導を中心とする政策によって、農民の伝統的生活世界を戦時目的にそって改変することを意図した」（同前）ものとなった。

このように、「『〈自然〉委任型』農本思想や『〈社会〉創出型』農本思想の本質的理念は、国内統制と対外侵略を両輪とするファシズムとは本来まったく異質なものであった」(岩崎　一九九七、三六三頁)のだが、それが「転向」することによって日本ファシズムへ統合されていった。岩崎は、「『〈自然〉委任型』農本思想」と「『〈社会〉創出型』農本思想」が『〈国体〉依存型』の農本主義へと転回したとしている。そこでかれは、昭和農本主義について「急進ファシズム運動への転回の根拠を、農本イデオロギーの内在的論理に求めることはできない」(岩崎　一九九七、一六〇頁)と結論づける。それはむしろ、国家政策によっていわば外在的にファシズム・イデオロギーへと変形したものであり、それは「農村部における人的資源の涵養政策に積極的に介入することで、総力戦体制構築に寄与する結果をもたらした」(岩崎　一九九七、二七九頁)とされる。そこで岩崎は、加藤完治を取り上げて、加藤の「農民教育」と「心情至上主義」を、具体的な農業者への働きかけを検証しながら分析している。

岩崎の農本主義論の意義と問題点

岩崎の日本農本主義のとらえ方は、それまでの農本主義論が、農本主義を本質的には不変的なものとしてとらえようとし、とくに昭和初期の戦時期における昭和農本主義とそれまでの日本農本主義とを連続的にとらえようとしているのにたいして、農本主義を三類型に区分して、日本資本主義の発展にともなって変化するものとしてとらえている点で注目される。しかもそこでは、日本資本主義の発達につれて農業者の日常生活、岩崎がいう「生活世界」が変化し、それによってかれらの日常意識が変化していくことに日本農本主義の変化をみていこうとしている。これは本書でいう農業者の日常意識としての農業者意識なかでも農本意識をとらえるという視角に近いと思われる。こうした点で、岩崎の立論は注目に値する新たな視点を示したと評価できるだろう。さらに、昭和農本主義、とくに加藤完治の農本主義を、たんに加藤の主張だけではなく、農業者にどのように受容されたのか、あるいは受容されなかったのか、という点にまで踏み込んで分析している点は、農本主義が農村の現場でどのように機能したのかをとらえようとする本書の意図にも共通するといえるだろう。

しかし、岩崎の主張には疑問をもたざるをえない点もある。一つは、農本意識の分析の弱さである。農業者の「生活世界」に注目しているが、それが「思想や意識的・目的的な行動(運動)を創出し、習慣に支えられた日常的な規範、感性、実感、認識・思考、行為などで構成される場」といういわば歴史貫通的なとらえ方にとどまっている。岩崎はこれまでの農本主義論を「没歴史的」と批判しているが、かれ自身も農本意識の特殊歴史性を的確にとらえているとはいえない。そうなってしまっているのは、農業者の性格を農家経営ととらえたうえで、それと日本資本主義とのかかわりを問題にするとなっていないからである。農業者の性格把握において自然(生命)とのかかわりという商工業との違いを強調している点はいいとしても、小経営という性格をみていないので、自然との関連が「没歴史的」なものになってしまっている。さらにいえば、「生活世界」が「生命発現の実際形」であり、この生命が「自己爆発する混沌とした力」だとする無前提的な命題から論理を組み立てていることが問題である。生命が「自己爆発」するとはどういうことなのだろうか。眼前の事実として展開している人々の生活は、対自然および人間相互の諸関係のなかで日々営まれているのであり、それ自体が人間の生命の発現のあり方である。それは不断に営まれているものであって、その常態をとらえなければならない。

もう一つは、昭和農本主義がファシズム・イデオロギーあるいは天皇制イデオロギーへと変化したことについて、農本主義が国体論と結合することによって日本精神の受容と「自発的服従」という特殊な主体性を帯びたことによるとしている点が問題だと思われる。ここでも農本意識が一般的な把握にとどまってしまい、そのために国体を重んじる思想が農本主義を「飲み込んでしまった」（岩崎、一九九七、二八〇頁）というとらえ方になっている。これではいわば思想が外在的に関与することによって昭和農本主義がファシズム・イデオロギーに変質したことになり、農本主義そのもの、あるいは農本主義者に内在する要因がとらえられていない。昭和農本主義がなぜ、どのようにファシズム化したのかという要因を、農本主義や農本主義者から内在的につかみとるのでなければ、農本主義が外から別の要因によって変質させられたという把握になってしまう。そうではなく、当時の社会的諸条件のなかで、農本主義の担い手である農業者がどのような農本意識をもち、それが農本主義者によってどのように加工され、いかにファシズム体制に組み込まれていったのか、という分析が必要だろう。

二　小農主義と農本主義——野本京子

農本主義概念の再検討

農本主義をとらえる新たな視点を提示している研究者として、本書で取り上げるもう一人が野本京子『戦前期ペザンティズム』（一九九九）である。野本は「ペザンティズム」という表現をとりながら農本主義をとらえていこうとしている。その立論は、農本主義概念の規定、属性、機能などを、先行する農本主義論を検討しながら確定しようとしている。

まずは農本主義の定義だが、先行する農本主義論を取り上げながら、「そもそも『農本主義とは何か』という定義であるが、……さほど明確には論議されてこなかったといえる。むしろ、自明のこととして扱われてきたように思う」（野本　一九九九、五頁）と述べて、農本主義についての通説的な定義がないことを指摘している。だが、「産業としての農業の重視というだけではなく、むしろそれを含んだ農業の『社会的価値』を問題として追求した思想という理解は、前提としてあったと考えられる」（野本　一九九九、六頁）と、農業がもつ社会的価値を重視する考え方という点での共通性を指摘している。また、「農本主義が登場・台頭するのは、国民経済において、産業としての農業が地盤沈下（相対的地位の低下）した状況に対応するものでだった」（同前）と述べて、「農本主義を『近代化』の対抗思想としてとらえる」（同前）研究者に賛意を示している。

つぎに、農本主義の属性として、「反都市・反商工業・反中央集権という認識はひろく共有されている。反資本主義・反『近代』も同様である」（同前）と述べて、「近代産業社会の経済効率と利潤至上主義の支配するシステムのただ中に投げ込まれた農村（農業・農民）の代弁者が、疎外感を抱きつつ自らの対応を模索し、その拠り所（Identity）を強調することは、ある意味で自然であろう」（野本　一九九九、八頁）と、資本制への「対抗思想」としての農本主義というとらえ方を示している。

このように農本主義をあらためて規定し直すことで、野本は「農本主義について検討する際には、竹内好氏のことばを借りれば、『事実としての思想』という観点からの接近が有効なのではないかと考える」（同前）と、農本主義が理念としてあるだけではなく、現実にどのように機能していたのかを問題とする視点を示している。「言い換えれば、現実に働きかけるものとしての思想であり、ある思想がなにを課題として自らに課し、それを具体的な時代状況のなかでどう解こうとしたのか（解いたか）、または解かなかったかを検証することである」（同前）。そこで野本は「従来、農本主義者ないし農本主義的と評されてきた人々の農業・農村・農民観に焦点をあて、言説だけではなく、現実の活動をも視野に入れて分析する」（野本　一九九九、九頁）という方針で農本主義者の検討をおこなっている。

野本の農本主義論の意義

野本は、このような視点から農本主義を再検討しているが、そこで注目される論点は二つある。一つは、上述したように、農本主義を資本制への「対抗思想」とするとらえ方である。「『農国本』の主張にしても、商工業および都市の発展に象徴される資本主義の深化に対して、農業と商工業そして都市と農村の社会的不均衡の問題を訴えたのではないか」（野本　一九九九、二二七頁）と述べて、資本制や都市、近代化への「対抗思想」だと位置づける。いいかえれば、資本制への「農業部門から発せられた『異議申し立て』と位置づけられよう」（野本　一九九九、二二八頁）という。もう一つは、野本が農本主義を小農すなわち家族農業経営とのかかわりで論じている点である。農本主義者は「日本農業・農村の担い手を家族農業経営としてとらえ、その生活・生産面での十全な発達を第一義としている……同時に、家族労働に立脚する小農経営にとって、村落の持つ意味が重要であること、そしてそれを基盤にした『共同』と『協同』が不可欠であるという認識も共有していた」（野本　一九九九、二二九頁）と指摘する。そこでは「資本主義体制下の農業・農村ならびに農民の置かれた現状に危機感をいだき、……家族農業経営という形態および農民の社会的存在価値」（同前）を強調するという。こうして、農本主義者は「日本農業が現実として家族農業経営によって成り立っており、また、その安定こそが農業・農村・農民はもちろんのこと、社会的・国家的意義を持つのだという認識から、それぞれ発言・活動していった」（同前）。またここで注意したいのは、「個々の経営を村落社会と切り離せないものとして位置づけた点も共通している」（野本　一九九九、二三〇頁）ということである。農家経営は小経営であり、その点で相互の「共同」と「協同」によって自らを維持存続せざるをえないということがとらえられている。

以上のような点をふまえて、野本はこうした農家経営と村落にもとづいた「主張・認識の基底にある思考様式をペザンティズムと規定したい」（同前）と提起する。「日露戦争後、とりわけ第一次大戦期から顕著になるこのペザンティズムは、戦前期農本主義の核心をなすものであった」（同前）として、ペザンティズムをもって日本農本主義の内実とする。

こうした野本の主張は、本書での日本農本主義のとらえ方に近いものだといえるだろう。農家経営のあり方を現実的基盤として、そこでの農業者の農本意識が、農本主義者によって加工され、日本農本主義となった、というのが本書のとらえ方だが、野本もまた農家経営を重視し、小経営相互の協同性にも注目している。ここから農本主義をとらえることが重要だというのが本書の立場だが、その点では野本も共通している。また、農本主義者の「言説だけではなく、現実の活動をも視野に入れて」検討するという姿勢も、農本主義をたんに農本主義者の理念としてだけ取り上げるのではなく、現実にどのような社会的機能をはたすのか、をとらえようとしている点で評価できるだろう。

野本の農本主義論の問題点

しかし、野本の立論には賛成しがたい点もある。第一に、農家経営のとらえ方である。野本は「資本主義社会のもとにあっても、小農は、村落（ムラ）のなかでは直接的人間関係を取り結び、外部社会に対しては、商品経済的関係を持っており、両者のバランスのなかで生きている。もちろん、歴史過程でいえば、後者の側面がより肥大化していくが、戦前においては、共同体的関係をふまえた商品経済への対応がなされたといってよい」（野本　一九九九、八頁）と述べている。ここでは、農家経営の農業者がなぜ「直接的人間関係を取り結」ぶのか、なぜ「共同体的関係」をもつのか、について深い分析はない。農家経営は単独では、自己完結的に農業生産を営み、日々の生活を営むということが難しく、かれらは相互に補完しあい扶助しあいながらみずからを維持しているということが示されていない。したがって、野本が批判している「日本人の心底に流れているひとつの『通奏低音』であるという前提を無条件に置く」（野本　一九九九、一七頁）という農本主義研究の態度に野本自身が陥ってしまっている。これは、日本資本主義の発展を段階的に把握していないという点とも関連している。日本資本主義のあり方を戦前という時代で一括してしまい、それと「共同体的関係」との「両者のバランス」をとらえる、ということになっているので、農本主義と資本制との対立点が平板なものになってしまっている。つまり、野本が日本資本主義をどのようにとらえているのかが明確ではない。したがって、「対抗思想（カウンター・カルチャー）としての農本主義は、資本主義の認識の仕方によって、多様なベクトルを持った」（野本　一九九九、九頁）とはいうものの、それでは野本自身が日本資本主義をどのように認識し、その「対抗思想」である農本主義の反資本制という側面をどのように把握しているのか、が示されていないように思われる。

第二に、野本は、これまでの農本主義論を「あまりにも政治イデオロギー的側面に重点を置きすぎていたのではないだろうか」（同前）と批判し、「ある時期までの『農本主義』研究は、思想・運動の評価――階級的視点の有無――に焦点が当てられ、これを批判する研究もその枠組にとらわれていたように思う」（野本　一九九九、二三六頁）と、農本主義研究のいわば政治主義的偏向をただそうとしている。そのためには、農本主義者の「各自の言説・行動に即した検討が必要」（野本　一九九九、九頁）だとする。しかし「農本主義は資本主義への対抗思想としての性格を持って」（野本　一九九九、二三〇頁）いるのだから、当然ながら、そのイデオロギー的側面をおとすわけにはいかない。野本は農本主義の「ある種文明論的な色彩」（同前）を重視していて、「たんなる経済的側面からの発現にとどまらず、『農村文化』の独自の価値を主張することによって、現に進行する産業化・都市化を批判する」（野本　一九九九、二二八頁）という点を強調している。結局のところ、階級闘争あるいは政治運動という側面よりも「生産と生活とが一致するような生産様式、すなわち『生活（様式）としての農業』への着目」（野本　一九九九、二三〇頁）を促そうということだろう。農業者の生活のあり方を取り上げ、それとのかかわりで農本主義をとらえるという点については、本書でもめざそうとしているところだが、しかし、この農本主義がもつ「『農村文化』の独自の価値」を重視するのはいいとしても、それ自体が「『生活（様式）としての農業』」を営む農業者の農業者意識なかでも農本意識とどのようにかかわるのかを明らかにすべきだろう。つまり、農業者の農本意識のあり方を農業者の生活からとらえるということと、それを農本主義者がどのようにイデオロギーに加工しているのか、ということとは分別しなければならない。野本にあっては、他の研究者と同様に、農業者の農本意識と農本主義者の農本主義との区別が明確になっていないので、農本主義を扱う際に、そのイデオロギー的機能を分析することが、農業者の農本意識を軽視するかのようにとらえられているのではないだろうか。農本主義の「言説・行動に即した検討」といった場合に、農本主義者の農本主義だけではなく、農業者の農本意識を取り上げるというのはいうまでもなく、それを強調することと、農本主義者の「言説・行動に即した」イデオロギー的機能を重視することとが相反するわけではない。

三　日本農本主義と現実の農業者

岩崎も野本も、農業者の現実の生活に着目すべきだという点で共通している。本書でも、農本主義という理念と現実の農業者意識との関連を問題としているのだが、この点で両者は評価できるだろう。日本農本主義の理念的な内容だけを検討するのではなく、農業者の「生活世界」や小経営にもとづく「思考様式」をペザンティズムと名づけて農家経営の意義を強調して、農業者の現実に迫ろうとする視点は、東敏雄なども共通するものである。農業者の生産と生活のあり方から日本農本主義をとらえ直すことで、日本農本主義が農業者をとりまく現実にどのような役割と機能をはたしたのかを明らかにすることができる。

岩崎と野本の立論にたいしては、本書の立場からすれば、不十分な点を指摘せざるをえないところもある。それは、今述べたように、現実の農業者の営農や生活に迫ろうとしているものの、その分析に際して、農家経営の把握が弱いということである。「生活世界」にしても農家相互の「直接的人間関係」にしても、小経営的生産を営む農業者の特殊歴史性から説明されないので、どうしても超歴史的なとらえ方になってしまう。そうすると、農業者がもつ農本意識もまた、農業者の心情や伝統的思考などによって説明されてしまい、日本農本主義が唱える日本古来の精神とか民族に連綿と続く文化という主張を根底から批判することがむずかしくなるだろう。

イデオロギー批判は、そのイデオロギーが現実から遊離している点を批判するものだが、その現実の把握が不十分にとどまると、いわば同じ土俵での水掛け論になってしまう。日本農本主義が成立する根拠、それは現実の農業者がもつ農本意識だが、その農本意識からイデオロギーの内実を明らかにしなければならず、そのためには、農本意識のあり方を農業者の営農や生活に照応するものとして、農業者の現実的基盤から解明することが求められる。

第六節　日本農本主義の再規定

以上では、これまで農本主義を論じてきた諸研究のなかから、参考になると思われるものを取り上げて検討した。それぞれに評価できる部分と疑問をもたざるをえない部分とがあったが、ここでは、その問題となる点をあらためて列挙し、それにたいする本書の立場を述べていく。

一　日本農本主義論からの示唆

農業生産の位置づけ

まずは農業生産の独自性についてである。農本主義は農業生産を社会や国家の中軸におく考え方であり、そうなると農業が工業や商業と大きく異なる点、すなわち自然とくに生物を対象とする生産であるということが問題となる。この点で、これまでの農本主義研究は、農本主義者が場合によっては過大に論じている自然をどのようにとらえるのかについて明確な論理を示しているとはいえない。

すでに第一章で述べたように、人間は自然的存在であり、人間自身が生命有機体である。人間は自分自身が自然そのものであり、また人間は外的自然なしには存在できない。だが、人間が外的自然を不可欠とするといっても、それは生命有機体全般に当てはまることであり、その意味では人間は地球規模の生態系の一部として存在している。生態系の一員としては人間は他の生命有機体と異なるところはない。しかし、人間に特有なのは、人間がみずからの活動によって外的自然を加工し、変形させて、その結果を欲求充足のために享受するということである。しかも、人間は意識的存在であり社会的存在である。意識的存在として、この活動の対象、目的、手段、さらには活動そのもの、そして活動している自分自身を意識する。また、単独の孤立者としておこなうのではなく、社会的存在として、この活動を社会をなして営む。人間は他の生命有機体とは異なって、不断に生産活動を営み、その結果である生産物を享受する。これが根源的に現れているのが農業という生産活動であり、工業や商業はそこから分化して分業化した派生形態だといえる。農業こそが、人間の存在にとって自然が不可欠であることを端的に示している。

これまでの農本主義研究は、こうした把握が弱いので、日本的特性や伝統的な考え方にもとづいた農本主義の自然観に振り回されて、その位置づけが深められていないといわざるをえない。農業者が自然とのかかわりあいを重視するのは農業者として当然のことである。それは特殊日本的なもの、伝統的なものなどといったことではない。農業生産の特性から生じることであり、そこに日本固有といったような意味づけをする必要はない。

農本主義の担い手

次に、農本主義の担い手の問題である。農本主義はイデオローグである農本主義者が形成するが、そのイデオロギーを担っているのは農本主義者だけではない。農本主義者が担い手であるのはもちろんだが、農本主義者は無から農本主義を生み出すのではない。農業者の農本意識を加工して、それの整合化を図る。そのようにして形成された農本主義を、今度は農業者に浸透させようとする。したがって農本主義者は、教育者あるいは指導者としての機能をもつことになる。

そして、この農本主義を農業者は受容する。農業者が農本主義を受容する根拠は、みずからの農本意識が加工されたものだということにある。農業者が農本主義者にたんにだまされるだけだというのではない。しかも、この農本主義にもとづいて実際に行動を起こしていくのは農業者である。農本主義者が直接行動に出た例もあるけれども、この場合は、イデオローグがみずから形成したイデオロギーを実践することで、農本主義者が農業者に影響をあたえて行動を促しているのであって、農本主義者だけが実践者なのではない。つまり、イデオローグがみずからのイデオロギーをみずから実践するだけで終わることはない。農本主義の担い手は農本主義者および農業者だといえる。

農家経営の特性

そしてこの農業者は、小経営によって農業を営む。これを小農あるいは家族農業経営と呼ぶことも多いが、本書では農家経営としている。ところが農本主義研究においては、この農家経営がどのような存在なのかを深く追究している研究は少ない。というのは、資本制的生産とのかかわりで小経営的生産をとらえる、という理論的な把握が弱いからである。小経営的生産の特徴は資本制的生産との比較によって鮮明になる。それでは資本制的生産をどのようにとらえるのかが問題となるが、農本主義研究の多くはいわゆる通俗的なとらえ方にとどまっている。

資本制的生産の特徴は、生産過程における労働力と生産手段との結合が、資本家が労働者の労働力を商品という形態で購入することによってなされるという点にある。労働力の商品化が資本制的生産の標識であり、これとの比較で小経営的生産の特徴もとらえられる。小経営的生産は、概念規定からすれば、生産規模が小さいとか、どの時代に主要なあり方として存在するか、ということが主軸なのではない。労働力商品によって生産を営むのではなく、家族労働力を用いて生産を営むということが基底的な概念規定なのである。とくに資本制的生産が支配的な社会における小経営的生産は、労働力商品によって生産しない、すなわち労働者を雇用せずに自家労働力で生産を営むという点で、独自の性格を帯びることになる。生産の手段は自己所有にもとづくものであり、他人労働ではなく自己労働によって生産を営み、生産の目的は利潤追求ではなくて家族生活の維持である。

これが小経営的生産の特徴であり、農家経営もまた同様である。みずから所有する生産手段を用いて、自家労働力によって農業生産を営み、そのことによって家族生活を維持する、というのが農家経営である。また資本制的生産にたいして、あるいは市場経済の展開にたいして、みずからの生産を維持存続させるために、農家経営同士が相互に共同せざるをえない。こうした特性は、日本古来の心情とか農耕する「心性」とかいうような、超歴史的で抽象的な規定でとらえられるものではない。

農本意識、農本主義、農本思想

農本主義を取り上げる際には、まず、農業者が日常意識としてもっている農業者意識なかでも農本意識と農本主義者がイデオロギーとして形成している農本主義との区別を明確にしなければならない。農業者は日々生産と生活を営み、日常知を働かせ、日常に照応した意識をもっている。そのなかで農業者として農業を生業（なりわい）として営んでおり、それは農家経営としての生産と生活である。そこで培われる農本意識は、農業者が農業生産を営み消費生活を営むなかで、農業や農作業、農村や隣人関係、家族などについていだく意識であり、当事者の日常意識として農業者の日常生活のなかで妥当している。

この農本意識にもとづいて、農本主義者が整合化を図って形成したものが農本主義である。だが農本主義は、整合化を図るに際して、農本意識を農業者の現実から遊離させて固定化してしまい、そのことによって虚偽性といった性質を帯びる。このように位置づけると、農本主義の研究にあたって、農業者の農本意識を日常の生産活動や生活実態からとらえるということと、農本主義者がその農本意識の整合化を図ってイデオロギーに加工した農本主義を分析するということとが区別される。

したがって、農本主義の分析にあたっては、農業者がもつ農本意識を検討して、それとのかかわりで農本主義をとらえなければならない。その点で、農本主義者だけではなく農業者の意識や行動を取り上げようとしている研究があるのは、農本意識がもつ重要性を認識しているからだといえる。しかし、その場合に農本意識と農本主義の概念規定が明確に分別されていなければ、両者を混同したり、曖昧な把握にとどまったりしてしまう。

この両者と区別される農本思想、すなわち本書でいう学知から形成される農本思想をとらえているものはほとんどない。学知の立場からは、農本意識は日常意識であり、社会現象の背後で作動している機構をとらえてはいないこと、この背後で働く機構によって社会の諸事象が立ち現れているのであって、この関連をとらえなければならないことがとらえられる。そこで、社会を構成している背後の機構を把握しつつ農業、農村、農業者の存在の位置と意義を主張するのが農本思想である。したがって、農本思想は農本主義とは異なって、社会存立の背後の機構から農本意識を不断にとらえ返して不断に自己を再構成する。農本意識にもとづいて、それを論理的に体系化しながらも、現実の農本意識を不断に再把握し、不断に自己を規定し直す。そのことによって、農業者の位置づけと行動の指針を示すことが可能となる。農本思想は、農本意識に照応しながらそれを論理的に体系化しつつ不断に自己を反省するものであり、農本主義のように固定化されて現実から遊離したものではない。それは、農業者の日々の実践的な活動につねに裏打ちされつつ、不断に自己再生産している。

以上のように、農本意識、農本主義、農本思想を区別と関連のもとで整理しなければならない。ところがこれまでの農本主義論は、概念上の混乱が生じて、農本主義の意義と限界、賛意と批判が錯綜している。

特殊歴史的な性格

最後に、社会状況とのかかわりのとらえ方が問題である。ほとんどの農本主義研究は、日本農本主義を日本の近代化の時期におけるものとして位置づけている。これは、前述したように、農本主義が農家経営の農業者を担い手としていて、小経営的生産が資本制的生産の発展に大きく影響されるために、それに対抗するものとして農本主義が位置づけられるからである。そこで、日本資本主義の発展を追跡しつつ、それとのかかわりで日本農本主義を分析していこうとしている。

その点では評価できるところもあるが、問題は、日本資本主義の発展の特殊歴史性をとらえているものが少ないということである。幕末期のマニュファクチュア段階、明治三〇年代の産業革命期を経て、大正期から昭和初期の独占段階へという日本資本主義の発展とのかかわりで、日本農本主義もまた、多様な農本主義が唱えられてきた。そうした特殊歴史性を的確にとらえなければならない。農業者の農本意識は、やはり、その時代の社会状況によって影響されているので、したがって、農本主義もまた、その時代によって異なる形態をとることになる。そして、さらには、日本資本主義の発展とともに日本の政治体制も変化しているので、当然ながらその影響を受けている。

二　昭和農本主義の特質

日本農本主義と日本資本主義

日本農本主義とくに本書で取り上げる昭和初期の農本主義である昭和農本主義について、主要な論点を確認しておく。

日本農本主義を考察するにあたって、本書では、その根拠を日本古来の伝統、農耕民としての「心性」といった超歴史的な規定におくことはしていない。日本農本主義を特殊歴史的な形態としてとらえる。その特殊歴史性は、日本の特殊歴史的な近代化に由来する。いわゆる「マニュファクチュア論争」があったけれども、日本資本主義は江戸末期にマニュファクチュア段階にまで発展していたといってよいと思われる。しかし、それが決定的に飛躍し産業革命へと進展するには、明治維新後の「上からの近代化」を経なければならなかった。そこで、よくいわれるように、資本制化と地主制の進展とが同時進行した。このために農業の資本制化は進まず、したがって小経営的農業が広範に存在する状況が続いた。この小経営的農業は、十分な自作農形態をとるものは少なく、自小作、小自作、そして小作農が存在したが、いずれにしても農業労働者を雇用して利潤追求するという形態ではない。この小経営的農業に依拠して日本農本主義が多様に出現したが、この日本農本主義が昭和初期に日本主義と結びついて昭和農本主義という形態をとり、総力戦体制を支えるイデオロギーとなった。その中心となったのは、日本主義や皇国史観、軍国主義を唱えるイデオロギーだが、昭和農本主義もまた、国体を主張する天皇制イデオロギーとの結びつきを強めるとともに、軍部の対外膨張主義とも結びついて、侵略戦争に加担した。このような体制迎合性、侵略的性格は、農本主義のあり方から必然的に出てくるのか、それとも外在的な要因との没論理的な結合によるものなのか、という検討が課題となる。

次に論点としたいのは、日本農本主義が、戦後の社会変化のなかでどのように変容したのか、ということである。日本農本主義を戦前の経済的あるいは政治的制度や社会体制に固有のものと考える立場からすれば、戦後には日本農本主義は消失してしまうか、一掃されずに残存している遺物ということになるだろう。しかし、農家経営の農業者を担い手とする農本意識は当然ながら日常意識として存在しているし、したがってまた、それを加工した農本主義もまた存在している。したがって、現代日本においても農本主義は存在していて、問題は、戦前の日本農本主義と異なる農本主義に変容したのか、それとも変化しないとすれば社会状況が変化した戦後あるいは今日にどのように対応しているのか、ということである。ファシズム・イデオロギー化した昭和農本主義が戦後の農業者に受容されているとすれば、それをどのように考えたらよいのかという点も問題となるだろう。

昭和農本主義の特殊歴史的な性格

農本主義を非常に簡単に一般的にいえば、農業を重視するイデオロギーだということになるが、農業が自然的諸条件すなわち風土や社会的諸条件と深く関連しているために、農本主義は歴史的地域的な特徴を帯びることになる。本書で問題としている農本主義は、日本に特徴的な日本農本主義なかでも昭和初期の昭和農本主義である。この点をもう少しみていく。

明治以降の日本の近代化は、欧米の先進資本制諸国にくらべて非常に遅れて始まった。そのため、資本制そのものが後進性をまぬがれず、寄生地主制との並存あるいはその助けを借りて資本制的な発展を遂げていった。地主制が日本資本主義を支援するという機構は一九三〇年代に入ると後退するが、政治体制を支える一環としての寄生地主制は、戦後の農地改革に至って解体されるまで存続した。こうした戦前の日本資本主義の後進性あるいは未熟性に、日本資本主義が小ブルジョア・イデオロギーをもつ根拠がある。また、純然たる資本制として展開しえなかったところに日本資本主義の反動的性格も刻印される。日本主義がもつ伝統主義や復古主義がその現れである。

それとともに、一九三〇年代の昭和恐慌以降の日本資本主義のいわば危機的状況をあげなければならない。第一次世界大戦以降に帝国主義段階にはいった日本資本主義が、その資本制的な発展の結果として必然的に日本ファシズムといわれるような社会体制をとったというよりは、一九三〇年代の危機的状況への対応が日本ファシズムを形成したというべきだろう。日本主義は、こうした後進的で未熟な日本資本主義が危機的状況の乗り越えを図ろうとして生じた日本社会の変質の一環としてのイデオロギーなのである。

また、日本農本主義を農家経営とのかかわりでとらえることが重要である。農家経営を営む農業者がもつ農本意識を整合化しようとしたものとして農本主義をとらえるということである。農本主義は一方では独立した農家経営にもとづいている点で地主制に対抗する。もちろん戦前の地主制のもとでは、小作農という形態の農業者もいたのだが、それにしても農家経営としてのあり方を地主制によって抑圧されていたのであり、したがって地主とは対立するものだった。高率現物小作料によって厳しい階級的収奪を受けながら、同時に農家経営という点でも地主制の抑圧と対抗していたということである。また、農家経営は、商品市場に組み込まれてはいるものの、労働力商品を購入しないという点で資本制的生産とは大きく異なる。この点で農家経営は資本制に対抗する存在であらざるをえない。工業や商業の部門で拡大していく資本制にたいして農業の存在意義を唱え、家族の生活を維持存続していこうとする。ここに、農本主義の勤労主義、家族主義の現実的基盤がある。勤労主義は、みずからの労働力を販売する賃労働者とは異なって、農家経営が自家労働評価をしないという点から生み出される。この特徴はこれまで直接生産者の自立性を阻害するものとして否定的にとらえられることが多かったが、しかし、自家労働評価をしないという特性は、条件次第では経営の柔軟性や持続性などの源泉となる。勤労主義もその一つである。また家族主義は、小経営が家計の保持を生産の目的とすることから生み出される。家族労働力を用いて家業としての農業を営むのであるから、当然ながらそこでは家族を重視する考え方が出てくる。

こうして、昭和農本主義は、小ブルジョア的な性格をもちつつ危機的状況のなかで形成された日本主義と、反地主制や反資本制をもつ農家経営の農本主義とが結合したものといえるだろう。日本主義は、日本資本主義が危機的状況への対応として変質した日本ファシズムのイデオロギーであり、それを担ったのが、軍部の一部が変質した将校群と官僚が変質した新官僚とである。それと農本主義者が結びついて、日本主義の一環としての昭和農本主義が形成された。昭和農本主義は、農家経営がもつ反地主制の立場がとくに新官僚による政策と結びつき、また反資本制が日本主義の伝統主義と復古主義を包み込むことによって独自な精神主義的なイデオロギーとなった。それは、「農は国の本なり」というイデオロギーをもちつつ、伝統主義と家族主義とが媒介になって天皇主義と結合し、勤勉と富国を旨として、戦前の日本社会を支えたイデオロギーとなった。

戦後の日本社会と農本主義

最後に、戦後の日本の経済的発展のなかで、農本主義はどのように位置づけられるのか、という論点がある。まずは、戦前と戦後の連続と断絶についてである。昭和十五年戦争の終結とともに、日本の政治体制、社会状況は大きく転換し、農地改革が実施されたことで、戦前の地主制は基本的に解体された。しかし、農家経営というあり方は、戦前から戦後、そして今日に至るまで存続している。とすれば、農家経営の農業者を担い手とする農本主義は戦前と戦後とで連続しているのだろうか、それとも、戦後の新たな社会状況に応じて新たな農本主義が現れてきているのだろうか。

さらに、戦後日本の社会変化のなかで、農本意識がどのように変化してきているのかも論点になるだろう。これまではいわゆる農民意識論として論じられ調査されてきた問題だが、農業者意識のなかでも農本意識を、農業者の日常生活とのかかわりでとらえるという点については、それほど深められてこなかったようにも思われる。農業者の基本属性すなわち年齢、性別、学歴、職歴などと、また農業生産の実態や農家階層と、さらには伝統的な習俗などとの関連で網羅的に意識をとらえようとする傾向が強かったのではないだろうか。そうした属性や実態も農業者の日常生活を構成する要因ではあるけれども、農業者の現実は日常における生産と生活が一体となって構成されているのであり、そうした「農」にかかわる現実を分析しなければ、農本意識を十全にとらえたことにはならないと思われる。そのためには、個別事例を対象とする調査研究が要請されるだろう。

農業者の現実の把握

ここまでの検討によって、農本主義概念をあらためてとらえ直し、農本主義研究の論点を明らかにすることができた。これまでのイデオロギー論、また農本主義研究と重なる部分もあるが、かなり異なるところもある。今日の社会状況のなかでは、後述するが、日本農業の先行きは農業者自身がいうように「見通すことのできない」危機的なものとなっている。日本社会の農業を見限る立場ならばともかく、日本農業の維持存続、その持続的発展を望む立場からすれば、今後の農業のあり方について、どのような見通しをもち、どのように方策を立てればよいのか、そのための思想的な指針はどのようにあるべきか、を考えなければならないだろう。その場合に、イデオロギーでしかない農本主義からではなく、農業者の農本意識のなかから農本思想として展開できる積極的な契機を導き出して、社会の背後で作動する機構をとらえて農本意識を再構成する農本思想を形成することが必要だと思われる。そのためには、農業者の現実の生活を具体的にとらえることが求められるだろう。

以下では、そうしたねらいのもとに、実際の農本主義の理念と農業者意識の現実とを、実証調査の結果にもとづいて検討する。

【注】

(1) 農本主義を研究するにあたって、農本主義論を取り上げて分析するという手法は、舩戸修一（二〇〇九）を参考にしている。

第三章　昭和農本主義——加藤完治

本章では加藤完治の農本主義を取り上げる。加藤は独特な農本主義を唱えて、開墾事業で農民教育を実践し、昭和初期の天皇制的国家体制のもとで、満蒙開拓青少年義勇軍をたちあげて旧満州へ数万人もの青少年を大陸侵略の先兵として送り込んだ人物とされている。ここで加藤を論じようとするのは、こうした加藤の農本主義が、本書で名づけた昭和農本主義とくに天皇制的国家体制と一体化して侵略戦争に加担した農本主義の典型例と思われるからである。

第一節　加藤の経歴

以下では加藤の生涯を簡単に追いながら、それが当時のどのような時代状況を背景としていたのか、また加藤の実生活はどのようなものであったのかを、加藤の「自叙伝」（一九六七ａ）に拠りながらみていく。あわせて武田清子『土着と背教』（一九六七）を参照する。

一　青年期

学生時代

加藤は一八八四（明治一七）年に加藤佐太郎の長男として生まれた。家は炭問屋で、父は加藤が生まれる直前に死去している。府立第一中学校、金沢の第四高等学校を経て、一九〇七（明治四〇）年に東京帝国大学工科大学に入学したが、結核で三年間休学し、そののち農科大学に転学して、一九一一（明治四四）年に卒業している。この時期の加藤は多種多様な思想の影響を受け、それらを吸収していった。第四高校の在学中に祖母と母が相次いで死去したため、「この事により僕の心境は激しい変りかたをしてしまった」（加藤　一九六七a、一六〇頁）という。それは、高校在学中にアメリカ女性の宣教師との出会いからキリスト教に感化して洗礼まで受けたことである。それにたいして叔父が「僕を忠君愛国の思想にめざめさせようと」（加藤　一九六七a、一六一頁）して、加藤と数年にわたって議論していたというエピソードもある。武田清子は加藤のこの時期について、「こうした幼少年期の生活経験はすべて、彼の物質的制限を精神力でのりこえるという心情と生活態度の基礎となったものではないか」（武田　一九六七、二八一頁）とみている。少なくとも、この時期にかれの精神主義的傾向が形成されたとはいえるだろう。

この学生時代には、剣道、柔道、水泳などに熱心に取り組んでいて、のちの武士道思想にかかわる素地ができていたと思われる。また、大学時代に「いくらか僕の基督教の愛の信念も温和になった」（加藤　一九六七a、一八九頁）ものの、キリスト教の信仰は引き続いている。だが、この「当時の加藤のキリスト教理解、入信の動機等は非常に心情主義的で、感覚性が強いように思える」（武田　一九六七、二八二頁）とされ、「救いの意味の正しい理解に基づくよりは、非常に感覚的心情的であり、主観的である」（武田　一九六七、二八三頁）とも批判されている。つまり、加藤のキリスト教受容は、かなり我流の理解にもとづくものとなっている。それがのちの棄教へとつながったように思われるし、雑多な思想を自分に都合よく解釈する姿勢が現れたものとも考えられる。

加藤は一九一一（明治四四）年に大学を卒業して内務省地方局に職を得た。この頃にはトルストイの影響も受けている。「事毎に『愛の活動』を意識せねば気がすまぬように感じた」（加藤　一九六七a、一九七頁）という日々を過ごし、周囲の人々にいろいろといわばお節介をするものの、それはうまくいかず、「煩悶また煩悶せざるを得なかった」（加藤　一九六七a、一九九頁）という。これは「キリスト者の在り方を『愛の実現』を課題とする生き方、実践としてとらえられており、それはまた、トルストイの思想への共鳴ともなった」（武田　一九六七、二八三〜四頁）というように、キリスト教の信仰やトルストイへの共感から、加藤にとってはみずからの救いよりも他者への施しが重要だという考えになったものと思われる。

しかし、赤城登山で道に迷ったのをきっかけに、「生を肯定して、はじめて農の意義を明確に悟った」（加藤　一九六七a、二〇二頁）体験をして、「『衣食住の生産に努力するは善なり』のモットーのもとに、農民たらんと決心した」（同前）。そこで内務省を辞職し、一九一三（大正二）年に愛知県立安城農林学校に転職した。そのときに、筧克彦の講演を聞いて、「皇国日本精神の表現を、まのあたり見聞して、忽ち純日本人としてよみがえり、内容は違っていても叔父と同じ忠君愛国の精神にめざめた」（加藤　一九六七a、一六一頁）という。筧克彦の古神道は、ヘーゲル哲学を神道に導入したもので、絶対精神を天皇に見立てて極端な天皇主義、日本主義を唱えているといわれている。武田は「加藤の受けた家庭教育の底流——……——が筧の古神道を媒介として体系を与えられ、新たな生命力となって噴出する道を見出したのかもしれない」（武田　一九六七、二八七〜八頁）という。また「受洗したにもかかわらず、キリスト教を棄てて古神道の信仰へと移行し、極端な古神道的、天皇主義的国家主義者となった加藤完治の場合は興味深い背教者の一タイプである」（武田　一九六七、一七〜八頁）として、加藤の「信仰上の転向は上から来る時代思潮への一つの積極的応答であったという面ももちろんあったかもしれない」（武田　一九六七、二八八頁）ともいう。だが加藤は、キリスト教、トルストイ、古神道というように、いわば雑多な思想をわたり歩くなかで、古神道へと行き着いたといえるだろう。武田は、加藤の古神道への没入を「信仰上の転向」としているが、加藤にとっては自分の行動に都合のよいものであればいいわけで、天皇主義との結びつきも自分の思想を体系だって展開しているのではない。

二　国内開拓と海外植民

農業実践のための開墾事業

加藤は一九一五（大正四）年に山形県自治講習所の所長に招かれ赴任した。ここでは「農業経営に必要なことすらも、よほど親切丁寧に話したり、やりあったり、手とり足とりして、鍬鎌の使い方まで教え、共に研究するのでなければ、本当の農業教育はできない」（加藤　一九六七a、二一五頁）という考え方で生徒に接していた。そこで、一九二〇（大正九）年から大高根農場の開墾を始めたが、このときは、「この山奥で一生懸命に開墾をして、こういう山地でも物ができるという事を示すならば、この精神を誰かが受継いでくれると思った」（加藤　一九六七a、二二六〜七頁）からだという。

また一九二二（大正一一）年九月から一年四ヵ月間にわたって欧米を視察して「外国の農業経営が日本のそれと比べて、実にケタ違いの大きさであることを知った」（加藤　一九六七a、二二九頁）。そののち山形県知事と交渉して、萩野村の開墾を一九二五（大正一四）年に始める。この年の一〇月に摂政宮（昭和天皇）を迎えたときのエピソードで「自叙伝」は終わっている。

加藤の農民教育という側面は、農林学校への赴任によって本格化した。そして、農業に実践的に携わることを中心として、武士道、古神道、農民教育を織り交ぜた独自の農本主義を練り上げていく。

土地問題への取り組み

一九二五（大正一四）年に茨城県友部町に日本国民高等学校が創立された。加藤は、その初代校長として赴任した。この学校は、一九三五（昭和一〇）年に茨城県内原町に移転したが、そののち、加藤はいわゆる旧満州への開拓団の派遣を本格化させる。国民高等学校は「農場、寄宿舎、教室等を一貫して心身練磨の道場とし、職員、生徒は居常寝食を共にする一心同体の大家族として立ち、各自分担の作業に励み、協力による自覚的経営を行なう」（武田　一九六七、二九三頁）場であり、加藤の農本主義を体現する場だった。この国民高等学校の運営は、一九三四（昭和九）年に全国に設置され「農民精神作興」を掲げて農本主義にもとづいた農民教育をおこなった農民道場の範例になったといわれている。

すでに述べたように、加藤は一九一五（大正四）年に山形県立自治講習所に赴任したが、そこで重要な経験をしていた。卒業を間近にした学生から、「いま私共は、いくらやる決心ができましても、働くための土地を持っていません」「先生、私共は一体どうすれば良いのでしょうか」（加藤　一九八〇、一四一頁）と訴えられたという。加藤は、この農家の次三男の訴えにたいして、「これら有為の青年を新天地に送り出して、力一杯働く事が出来るように、後押しをしてやらなければ駄目だと、このころから植民問題に頭を向け始めたのであった」（加藤　一九八〇、一四二頁）と回顧している。加藤はこのエピソードをのちになっても機会があるたびに取り上げている。本人にとっては、それほど衝撃的だったのだろう。

それとともにヨーロッパやアメリカへ外遊した経験が、日本における耕地面積の狭小さを痛感させることになった。「ことに外国を回って見てから、日本の土地問題がハッキリしました」（加藤　一九六七d、二四〇頁）と語っている。「デンマークの農民が富裕で、立派に文化生活をしている根本的の理由は、彼らが一戸平均十五町歩〔一町歩＝一ヘクタール、以下同様）の耕地面積を所有する、自作農であるという事である」（加藤　一九八〇、二八八頁）。また「イギリスでは耕地七、八十町歩の農場こそ、最も理想的な農業経営であると聞かされてコレハと思った」（同前）。さらにアメリカでは「農場経営には、よろしく二百町歩を下るべからずと聞かされたとき、一町歩の天地に孜々として、血の汗を流して居る日本農民を思い出して頭がガーンとした」（加藤　一九八〇、二八九頁）という。「これに比して日本の農民はどうか。彼らは一戸当たり、実に平均一町歩の過小農ではないか」（加藤　一九八〇、二八八頁）と日本の耕地面積の狭小さを指摘している。

そこで加藤は、「二、三男に活動の天地を与えるという植民問題」（加藤　一九六七c、一一六頁）の解決策をめざすようになった。そして「朝鮮植民が内外植民計画の第一歩である」（加藤　一九六七c、一一七頁）として「大正十四年から移民問題に頭を突込んだ」（加藤　一九六七b、二九八頁）。これを武田は「農民教育→小作の子弟に耕作する土地なし→土地獲得の必要→他国の空いた土地に移植民――といった単純な論理の運びによって、彼の農民教育の必然の帰結が満蒙への移植民となった。ことに農家次三男の進路には満蒙が最も良いと信じるにいたるのである」（武田　一九六七、二九九頁）と評している。一九二五（大正一四）年に初めて朝鮮へ植民者を送り込み、一九二八（昭和三）年にも続けている。他方では、一九二七（昭和二）年に山形県で塩野郷開拓事業を開始したが、これは「自作農の模範的農業部落建設」をめざしたという。このように加藤にとっては、国内開拓も海外植民も土地問題の解決のためであって、そのための手段が異なるだけである。それでも、森武麿が国内の開拓事業は「その後加藤完治を中心として関東軍によってておし進められる満州農業移民の原型となる」（森　二〇〇一、二〇一頁）と言うように、加藤の実践活動は国内開拓から海外植民へと転換していくことになる。

日本は、すでに一八九四～五（明治二七～八）年の日清戦争、一九〇四～五（明治三七～八）年の日露戦争、さらには大正期になるが一九一四〜八（大正三〜七）年の第一次世界大戦を経験していて、それらの戦争に勝利することによって海外の領土と権益を手に入れて、とくにアジア大陸へ進出していた。一八九五（明治二八）年の台湾の植民地化や一九一〇（明治四三）年の日韓併合はその代表例である。これらによって、日本資本主義は帝国主義化を進めていた。第一次大戦後の国際連盟で常任理事国となったことは、日本が欧米の列強と並んで、海外に植民地をもつ帝国主義国家として確立したことを示している。

したがって、この時期の加藤は、こうした日本の対外進出を見すえながら実践者としての活動を展開していたわけで、海外植民も昭和初期の中国大陸への侵略に歩調をあわせている。他方で、加藤は当時の南米移民にはほとんど関心を示していない。ここでも加藤は土地を獲得する手段として都合のよい方向を選んでいるだけのように思われる。

満蒙開拓への集中

昭和初期には、一九三〇（昭和五）年の昭和恐慌からの脱出を図るため、日本社会の動きは、対外的には海外とくに大陸への侵略、対内的には軍部による政治への介入という方向をとっていった。一九三一（昭和六）年の柳条湖事件によっていわゆる満州事変が始まると、日本は朝鮮半島から中国東北部へと軍事的に侵略し、それとともに経済的に進出していった。また、一九三二（昭和七）年の五・一五事件や一九三六（昭和一一）年の二・二六事件といった軍部の若手将校によるクーデター未遂事件は、逆に軍部の政治への発言権を強めていった。こうして対内的には軍国主義、対外的には侵略主義の準戦時体制が形成される。

こうしたなかで加藤は、満州事変を契機に一九三二（昭和七）年に荒木陸軍大臣に「満蒙」開拓を提唱する。「武器を以て堂々と満洲の天地に乗込むことが出来るといふことになったものですから、飛び上って喜んでしまって」（加藤一九六七c、三〇七頁)、旧満州への武装移民を積極的に推進する。「昭和七年に第一回の武装移民が堂々と満洲の野に入り込むことが出来た」(同前)というように、一九三二(昭和七)年から毎年数百人規模を旧満州へ送り込んだ。一九三六(昭和一一)年には「満州農業移民百万戸移住計画」が立てられた。

一九三七(昭和一二)年の盧溝橋事件によって日中戦争が本格化すると、軍部主導の政治経済体制が構築されて戦時体制に入っていく。加藤は百万戸計画を受けて一九三七(昭和一二)年に「満蒙開拓青少年義勇軍編成に関する建白書」を提出し、続く一九三八(昭和一三)年には満蒙開拓青少年義勇軍訓練所を開設した。森武麿が言うように、「一九三〇年代半ばの日本の五反(一反歩=一〇アール。以下同様)未満所有農家は、約二五六万戸であるから、一〇〇万戸とはその四割近くを移民として送出することになる。いわば、貧農の国外追放策、つまりは棄民政策ともいえる」(森二〇〇一、二〇八頁)という批判もあるが、もちろん加藤にとっては、この百万戸計画は歓迎すべきものであり、「何とかして百萬人の青少年義勇軍を満蒙の天地に五ヶ年間に入れたい」(加藤 一九六七c、三一一頁)と語っている(一九四〇(昭和一五)年の回顧による)。こうして、「一九四五年の敗戦までに、開拓団員約二二万人、義勇隊員約一〇万人、合計三二万人が海を渡った」(森 二〇〇一、二〇八頁)。

当時の戦争の形態は、戦場での決戦ではなく敵国を壊滅させるまで国力を挙げて戦うという総力戦に変化しており、総力制体制の構築が必須になっていた。また、広大な中国大陸で日中戦争を継続していくためには膨大な戦費が必要であり、国内の各種資源や企業活動、さらには教育や文化までをも動員して、戦争遂行のための強権的な国家体制が組織されていく。一九三八(昭和一三)年の国家総動員法がその典型であり、また一九四〇(昭和一五)年の大政翼賛会体制によって議会は名目的なものとなり、「挙国一致」が叫ばれた。一九四一(昭和一六)年一二月に日本はアメリカ、イギリス、フランスなどと戦争状態となり、日中戦争はいわゆる太平洋戦争へと拡大した。日中戦争の泥沼化と太平洋戦争への拡大によって、農業者不足と土地の地力低下が引き起こされ、「昭和恐慌期の過剰人口から日中戦争後には労力不足に転換していたのである。満州移民はしだいに大きな誤算となっていった」（森　二〇〇一、二一一頁）という事態に陥った。一九四五（昭和二〇）年八月に無条件降伏するに至る一五年余に及ぶ戦争の時期を経て、最終的には日本は国土の大半に空襲を受け、沖縄では地上戦となり、広島と長崎に原爆が投下されて、破局を迎えた。

こうしたなかで、加藤は一九一五（大正四）年に山形県立自治講習所に赴任して以来、一九四五（昭和二〇）年の昭和十五年戦争の終結に至るまで、一貫して開墾植民によって農業問題、農家問題である次三男の耕地確保を解決しようとしてきた。国内開拓の手段として山形県萩野村の開墾をおこなっている。また、日本国民高等学校が創立されて、そこに赴任してからは、海外植民という方策に向かい、朝鮮半島への植民を推進するとともに、旧満州への移民を唱え、満蒙開拓青少年義勇軍訓練所で教育した八万人余の青少年を旧満州へ送り出している。ところが武装移民は「兵站食糧の増産、関東軍背後地の治安維持等の国防的任務を負うものであった」（武田　一九六七、三〇七頁）のであり、土地問題の解決という課題は脇におかれてしまっていたといえるだろう。しかし、この点に加藤は疑問を感じていない。軍部とくに関東軍の動向にあわせて武装移民を推進することが、土地問題の解決という自分の信念を実現するのだと確信している。

三　戦後の活動

天皇主義と平和

一九四五（昭和二〇）年八月に昭和十五年戦争は終結したが、この時の加藤は、日本が敗戦したという事態にいったんは動揺するものの、すぐに立ち直っている。この年の一二月に刊行した回顧によれば、「国家という大生命の普遍意志は、天皇の御位に即かせられている今上陛下の御言葉を通してあらわれる。さればその御命令には絶対に服従すべきである」（加藤　一九六七c、四一頁）のだから、昭和天皇のいわゆる「終戦の詔」にたいして「我等は当然直ちにこの命令に服従すべきである」（同前）という論法で自己納得している。したがって、「御言葉を体して、今後は真剣に世界平和の使徒として、日本国民の本分を尽くそうと固く決心するに至った」（加藤　一九六七c、四二頁）となる。「これよりは武力をすてて、赤心（まごころ）で世界平和に寄与し、真に太平の世を建設するために、億兆一心努力奮闘せよと仰せられし陛下の御詔書は、我等が当然絶対に服従すべきであり、かくする事が世界人類のためであり、また我等日本国民のためでもあると確く信ずる」（同前）というように、加藤の日本主義あるいは天皇主義は戦前からのままであり、そのことによって天皇の命令にひたすら忠実に応えるということと、武力を放棄し世界平和をめざすということとが直結されている。

加藤は、一九四五（昭和二〇）年に福島県西郷村に入植し、また、公職追放、A級戦犯という扱いを受けるが、戦前と戦後とで自身の考えが一貫しているという本人の主張は変わらず、武田清子による加藤本人への聴取にたいして「開拓団・青少年義勇軍に対しても、自分は誠意のありったけをもってやったことであり、何ら後悔をしていない」（武田　一九六七、三一二頁）と語っている。加藤は、一九五三（昭和二八）年には公職復帰して再び日本国民高等学校で農民教育にあたり、一九六七（昭和四二）年に八三歳で没している。

「日本精神」の尊重

こうしてみると、加藤にとって、戦前までの日本の国家体制が戦後に大きく変化したことは、自身の主義主張を変えるものではなかった。というのは、戦後も象徴天皇制として「国体護持」が貫徹できたこと、その天皇制と平和主義、また世界平和とは矛盾するものではないという考え方をもっていたからである。戦後に日本国民高等学校の学生に「日本精神は、どこの国の人にも通ずると私は確信する」（加藤　一九六七c、四頁）と語り、「日本精神は『まこと』そのものです。それを日本精神というのです」（加藤　一九六七c、一七頁）とか、「日本精神はすべてに通ずる、すべての人に通ずる、日本精神すなわち世界精神ともいえる」（加藤　一九六七c、二〇頁）というのも、「日本精神」は戦後の日本社会のあり方と矛盾なく尊重できるということだろう。死去する直前に執筆した「自叙伝」においても、かれの主義主張は変わらないままである。

加藤の農本主義は、青年期の他者への施し、「農」へのめざめ、古神道との出会いなどのさまざまな思想遍歴をへながら、日本主義、天皇主義へ至るものであって、戦時中の侵略主義や戦後の平和主義も含めて、本人にとっては「誠意のありったけをもってやったこと」と一貫している。なんらかの原理原則にもとづいて論理的に体系化された思想というよりも、雑多な主義主張の断片をつなぎとめて、本人が「確く信ずる」ことでよいとする「非常に感覚的心情的であり、主観的である」イデオロギーとなっている。だからこそ、日本社会の動向にたいして、いわば時流に乗ることができたのだといえるだろう。

第二節　加藤の農本主義の概要

一　営農実践と「日本精神」への傾斜

加藤の農本主義は、第一節でみたように、あれこれの思想に感化されながら、古神道にもとづいた日本主義へと行き着くものとなっている。そこで加藤の農本主義を日本主義とのかかわりでみていくことにする。そのために本書第二章で展開した視角から加藤の農本主義を分析する。

農本主義は、資本制的生産が支配的な社会において、中心的な第二次・第三次産業ではなく農業という特殊な生産部門で、資本制的な企業活動ではなく小経営を営む農業者が担い手となっている小経営イデオロギーの一種である。日本農本主義は、日本の近代化の特殊歴史的な後進性によって、戦前日本の天皇制国家体制を支えるイデオロギーとなっている。加藤の場合は、大正末期から昭和初期さらに昭和十五年戦争の終結までの日本ファシズムにおける日本主義や天皇主義と結びついて、侵略主義的な傾向が前面にでた昭和農本主義としての性格を典型的に示している。また、加藤は農民教育に従事していて、教育者としての側面もある。これは、山形県自治講習所や日本国民高等学校での教育活動となっていて、そこでの教育方針や教育実践は加藤の農本主義の一環をなしている。

農本主義と精神主義の結合

まずは一九三四（昭和九）年に刊行された『日本農村教育』から、加藤の文言を取り上げていく。この年までには、一九三一（昭和六）年の柳条湖事件や一九三二（昭和七）年の五・一五事件などが起こっていて、いわゆる準戦時体制に入っている時期である。「満州国」も存在していて、加藤は「満蒙」植民を盛んに提唱している。

加藤は、第一に、「農業は相手が生きものである」（加藤　一九六七a、一五頁）ことをあげている。それは、人間は生命そのものを創り出すことができず、農業にあっては、穀物や家畜が成長するのにたいして「農民が産婆役で之を助成するに過ぎない」（同前）ということである。そしてこのことを「其の命が発展完成して行くのは、一に神様の御力に依る」（加藤　一九六七a、一六頁）というように、人間と自然とのかかわりをとらえるというよりも、生命有機体を「神様の御力」によるものとしていて、精神主義へと結びつけている。これについて菅野正は、「思想としてよりはむしろ体験的直感に基づきながら、土に象徴される自然の偉大さと、人間の心にまで作用するその浄化力の神秘さに感動している」（菅野　一九九六、五頁）と、加藤の「直感」的な性向を指摘している。

第二に、「農業と云ふものは土地を離れては出来ない、土地を通して行なはれると云ふこと」（加藤　一九六七ａ、二〇頁）をあげている。そこから、大地に取り組んで農業を営むということを「我々人間までも一心不乱に打起しをしますと、自ら其の偉大なる土地に浄化されます」（加藤　一九六七ａ、二二頁）と述べて、自然への没入を唱える。それとともにこの「打起し」が「農民魂の鍛錬陶冶」（加藤　一九六七ａ、二二頁）になっているとして、勤労を至上のものとしている。そして、この「日本農民魂の鍛錬陶冶……に依つて農村教育と云ふものは完成して行く」（加藤　一九六七ａ、六一頁）という。他方で、この土地については、「一定の面積の上に資本と労力とを注ぎ込んでも或る程度を越すと、注ぎ込まれた其の資本労力の度合に比例して収量は増加しない」（加藤　一九六七ａ、三〇頁）ので、「百人増加すれば、それだけ他の地面が要るようになつて来る」（加藤　一九六七ａ、三一頁）ことにならざるをえず、「殖民と云ふ問題が必然に起つて来る」（加藤　一九六七ａ、三二頁）という。加藤の「満蒙」植民の主張は、すでに前節でみてきたように、この土地不足を理由としている。

また、「農業と云ふものは、孤立しては出来ない」（加藤　一九六七ａ、三九頁）という。というのは、加藤によれば、農業は農具を必要とするので、この農具を製作する「多くの人々の協力一致で」（加藤　一九六七ａ、四〇頁）農業を営むことができるのであり、「決して自分独りで農業をして居るのではない」（同前）からである。農民同士でも「自らお互に話合ふ、さうして協同して行く方が宜い」（加藤　一九六七ａ、四一頁）という。このように加藤は、農業が単独者の営みとしてではなく、社会総体のなかで農業者相互の協同によって営まれているという考え方をもっている。

また、加藤は日本主義と結びつけて「農民が自分の住んで居る農村といふものをはつきりと日本精神の立場から理解しなければならぬ」(加藤　一九六七a、四三頁)としている。家のあり方については、「家族制度の下に生ひ立つて来て居る」(同前)ので「家の中に家族全体溶け込んで居る」(同前)。したがって、「家に於ては、家族全体が家長を中心として家の使命を果して行く……家長を中心として家長の心を心として家と云ふ大きな命の益々栄えて行くのに努力する」(加藤　一九六七a、四四頁)と家父長制を是認する。

他方で、加藤は筧克彦の古神道にもとづいて、人間の生命の上に、より大きな命として家があり、その家よりも大きな命として村があり、最上位には国があるという。国は筧によって「自主的普遍我」(加藤　一九六七a、四七頁)と呼ばれ、その下に「自治的普遍我」(同前)としての家と村がある。この古神道(かんながらの道)は、武田清子によれば、「神道のヘーゲル化であって、ヘーゲルの法哲学を借用して神道の神観を解釈しなおし、部分が全体を示しているとする表現帰一の理論で惟神道を説くのであり、天之御中主神を普遍我とし、それが多くの神々や万物に顕現する」(武田　一九六七、二八六頁)とするものだが、これに接した加藤は「汎神論的立場において万物は神の顕現と見、農作物も土も神のあらわれとして、それに献身して労働する農民の在り方を農民魂と唱えるにいたった」(武田　一九六七、二八六~七頁)という。加藤にとっては、家族も農村も精神主義的な主張のなかで一体となっている。

さらに、家、村、国と、より大きな命によってかかえ込まれているところの、その「日本帝国と云ふ大きな生命の中心」(加藤　一九六七a、四四頁)において「其の大生命を国民全体を引き連れながら、筧先生の言葉を藉りて言ふならば、総攬表現」(同前)しているのが天皇である。そこで、「萬世一系の天皇の御総攬の下に、常に大日本帝国の弥が上にも益々栄えて行くのに、我々の心身を捧げ尽す、是が即ち日本精神であります」(加藤　一九六七a、四五頁)と、天皇主義が無理なく農本主義と接続されることになる。

農本主義と日本主義の結合

以上のような加藤の農本主義は、昭和十五年戦争が進行して、いわゆる太平洋戦争の直前になった一九四〇（昭和一五）年に刊行された『皇国農民精神』においても同様である。しかも、この著書では日本主義を全面的に展開して、すべての事柄を日本精神の発露としてとらえようとしている。この時期は、一九三七（昭和一二）年の盧溝橋事件でいわゆる日中戦争が始まり、翌年には国家総動員法が施行されて、戦時体制が組まれていて、そういうなかで中国大陸での抗日戦による膠着状況もあって、加藤は日本主義をさらに強めてきているといえるだろう。

農業については、「生きる為に必要なる衣食住の生産に汗を絞る」（加藤　一九六七b、一四七頁）と述べて、「農業といふものが尊いことである」（同前）と位置づけるが、さらに「唯農業労働に汗を絞るといふことだけではなくて、吾々は忠良なる日本国民といふ肩書を附けて、堂々と日本臣民の本文を尽す、即ち臣道実践を徹底するといふ意味で農業労働に真剣に汗を絞りたい」（加藤　一九六七b、一五〇頁）と、農業の尊重を日本主義と直結させる。その日本精神だが、それは「自分の心も身も或る尊いものに捧げる其の真心」（加藤　一九六七b、一五一頁）であり、「其の捧ぐる所の目標を何処に置くか」（同前）というと「萬世一系の天皇に、はっきりと見出し奉る。此処に日本精神の真髄がある」（同前）と、天皇主義に直結させる。こうして、「身も心も全部、陛下に捧げ奉って其の職業を通して尽忠報国の赤誠を尽すといふ所に日本精神がある」（加藤　一九六七b、一五二頁）とする。

また、日本精神は「日本の家族制度の下に培はれた」（加藤　一九六七b、一五八頁）のであり、したがって「日本精神は家を大事にする」（同前）。そして「家といふものの次に村といふ大きな命がある」（加藤　一九六七b、一六〇頁）。さらに「其の奥に独立自由尊厳を自ら主張し得る所の自主的の普遍我といふ大きな命がある。此の大生命を称して大日本帝国と言ふ」（同前）という。この「日本帝国の臣民を引連れて」（同前）いるのが天皇である。筧克彦の古神道が、ヘーゲル哲学の全体に部分を包含させる論理を導入して、「自主的普遍我」が「自治的普遍我」を包摂し「自治的普遍我」のもとに個々の生命が存在する、としているのを、加藤は天皇を頂点とする日本精神の論理として用いている。こうして、個々人、家、村、国、天皇という、いわば入れ子状の日本主義が加藤の農本主義を一貫することになる。

注目されるのは、こうした加藤の農本主義が戦後においても変化していないということである。終戦後に日本国民高等学校の生徒に語ったとされる一文では、「何事でも真心をこめてする」（加藤　一九六七c、四頁）ことが大事で、「日本精神は『まこと』そのものです。それを日本精神というのです」（加藤　一九六七c、一七頁）と語り、「だから日本精神は世界中どこにも通ずる」（同前）という。「日本精神すなわち世界精神ともいえる」（加藤　一九六七c、一二〇頁）という加藤の言葉には、戦前日本の海外侵略や軍国主義と結びついた日本主義という反省はまったくみられない。一九四五（昭和二〇）年一二月の一文でも、すでに述べたように、天皇の「終戦の詔」に接して、「我等日本国民は国家という大生命の普遍意志は、天皇の御位に即かせられている今上陛下の御言葉を通してあらわれる。さればその御命令には絶対に服従すべきである」（加藤　一九六七c、四一頁）から敗戦を受け入れると言っていて、天皇主義という考え方はそのままである。そのことと、「世界の平和に寄与するということは、実は我等の本来の主張であった」（加藤　一九六七c、四二頁）ということとは、加藤においてはなんの矛盾もない。したがって、「陛下の御詔書は、我等が当然絶対に服従すべきであり、かくする事が世界人類のためであり、また我等日本国民のためでもあると確く信ずる」（同前）ということになる。

加藤の農本主義は、農業と農業者を重視するという農本主義ではあるのだが、それが精神主義、日本主義、天皇主義に包み込まれていて、戦前には侵略主義と、戦後には平和主義となんの違和感もなく結びついている。

二 「満蒙」植民という海外侵略

海外植民の必要性

加藤の農本主義は、日本主義と結びついて、戦前日本の海外侵略をイデオロギー的に支えたといわれてきた。そして、それが加藤の農本主義の大きな特徴だとされてきた。しかも、農本主義者としての言論活動だけにとどまらず、満蒙開拓青少年義勇軍を設立して、実際に、八万人余の青少年を「満州国」に送り込んでいる。これがどのようなイデオロギーとして展開されたのかをみていこう。

すでにみたように、加藤の開拓、植民への傾倒は、一九一五（大正四）年に山形県自治講習所に所長として赴任した数年たったのちに起こった「事件」がきっかけだった。これについて、加藤は再三にわたって言及しているが、それは卒業間近の農家の次三男の生徒が加藤に土地問題を訴えたというものである。加藤の述懐によれば、「私共は農家の次、三男でありまして、これから家に帰りましても、私共が将来の日本農民として独立するのに必要な、耕すための土地がありません。またその土地を購入する資金もありません。一体私共はどうしたら良いのですか、と泣き付かれた。私はこの時胸に針を刺されたように感じた」（加藤　一九八〇、二八六頁）という。農家の長男は後継ぎとして家に残るからまだいいが、次三男は家を出ていかざるをえず、しかし農業を営む基盤となる土地がない。農業こそ国の基本だという農本主義の立場からすれば、土地の存在は大きな問題である。そこで、「私が植民に真剣に努力するようになったのは、実に彼ら農村子弟の心の叫びに傾聴し、植民は教育の延長であると信ずるに至ったからである」（加藤　一九八〇、二八七頁）。加藤にとって植民という事業は、農村の土地不足を解消して、農家の次三男に耕地を提供して農業に従事させるという農民教育の一環だった。したがって、加藤の植民の考え方は、そもそも未耕地を開墾して農地を拡大し、土地問題を解決するというものだった。

しかも、この時期に海外農村を視察したことが土地問題をさらに加藤に強く意識させた。「私をいよいよ深く植民事業に力を尽くさせるに至った動機は、まだ外にある。その一つは洋行によって外国の事情を知った事である」（加藤 一九八〇、二八八頁）。加藤は海外視察の経験から、日本の農業経営の零細性を実感する。「一戸当たり、実に平均一町歩の過小農ではないか。しかもその過半数が小作農であるというに至っては、実に泣かざるを得ない」（同前）。

こうして国内の土地では絶対的に足りないと考えた加藤は、「世界に向かって土地の解放を主張する」（加藤 一九八〇、二八九頁）ことになる。加藤は、すでにみてきたが、農民の精神的な「鍛錬陶冶」のために開墾事業を推進する考え方をもっていて、この開墾する土地をどこに求めるのかというと、いわゆる「内地植民」だった。実際に、一九二五（大正一四）年には山形県萩野村で開墾事業を始めている。しかし加藤は、「私は洋行前まで、……まず第一に内地植民、次に外国植民地に人を送り出す事にしようという順序で進んで来ました。ところがヨーロッパを回ってきて、その順序がひっくり返り、一方では植民の緊急問題であることを考えさせられたのであります」（加藤 一九八〇、二二二頁）という。欧米の農業や農村を視察して、その規模の大きさに驚き、「日本の農業は余りにも狭すぎる」（加藤 一九八〇、一四二頁）という思いから、「海の外に同志を送る必要を痛感してきたので、帰朝後は直ちに朝鮮、満洲、蒙古に単身乗りこんで、一生懸命植民地探しに専念した」（同前）と述懐している。こうして加藤は国内開拓から海外植民へと進んでいくが、海外をめざす根拠は、日本農村の「過小農」の存在であり、土地不足の問題である。「五反百姓を約二百萬人近くも包容して海外植民を無視して農村問題を論ずることは是は不可能であります」（加藤 一九六七b、二九二頁）といい、「仮に一戸当三町歩平均を以て農業経営を営むことにするとしたならば、三百六十萬戸の農家は海外に雄飛しなければならぬ運命になる」（加藤 一九六七b、二九八頁）という。そこで「日本民族の大陸移動をやらないで、日本農村の土台を合理的に固めることは困難であります」(加藤　一九六七b、二八八頁)ということになる。

加藤にとってみれば、農家の次三男に耕地がないという土地問題の解決のために国内開拓をめざした。しかし日本の農家経営があまりにも小規模であり、欧米並みの耕地をもつためには、海外に土地を求めなければ解決できないと海外植民へ向かう。というように、加藤はごく単純な論理で海外へ乗り出していく。

「満蒙」植民の正当化

加藤は、一九二五(大正一四)年から「朝鮮植民を決行した」(加藤　一九六七b、三〇〇頁)。その時の心境を「朝鮮植民が内外植民計画の第一歩であると私は信ずる」(加藤　一九六七c、一一七頁)と語っている。一九一〇(明治四三)年の日韓併合以来、朝鮮半島は日本の植民地になっていたが、加藤は「朝鮮植民を奨励して日韓合邦の実現に努力し」(加藤、一九八〇、二七一頁)てきたという。さらに、加藤は一方で「満蒙がわが日本帝国の生命線である」(加藤　一九八〇、二七六頁)という当時の軍部の常套句をなぞりつつ、他方では「真面目な日本農民を満蒙の天地に移植して、荒地の開墾に当たらせ、匪賊が横行する満蒙を世界の平和郷と化すのは、わが大和民族の使命である」(同前)という。このような主張は、いわゆる「満蒙」地域にたいする加藤の偏見があるからである。一九三一(昭和六)年の柳条湖事件によっていわゆる満州事変が始まったことから、中国大陸へ本格的に進出する機運ができたと考える加藤は、翌一九三二(昭和七)年に荒木陸軍大臣に「満蒙」植民を提唱している。この時期の加藤の旧満州にたいする認識は、「未耕地がほつてあることだけは間違ひがない」(加藤　一九八〇、九二頁)ので「空いた土地に行つて開拓するのは当り前の事であって」(同前)、そこから「満蒙の天地は神の所有であって、決して中国人の所有ではない。その神の土地を開拓して、人類生存のために必要な衣食住の生産をすることは善である」(加藤　一九八〇、二六〇頁)という論理が立てられる。この「だれも耕していない満蒙の天地には決して所有者はない」（同前）という論理で、日本の土地不足で困っている農家の次三男を送り込むという植民を正当化している。「満蒙植民は、資源の開発、日中の親善、国力の充実、国際正義の貫徹という重大な目的に下に、農業に堪能な日本農民を彼地に移すのである」（加藤　一九八〇、二九〇頁）というように、加藤にとっては、「満蒙」植民によって「人類のために必要な物資を生産をすることは、誠に善である」（加藤　一九八〇、二六一頁）ことになる。

加藤にしてみれば、土地問題の解決のために「満蒙」に進出することは、日本だけではなく中国にとっても「善」なのであるが、しかしそれは軍部の中国進出のもくろみと歩調をあわせたものなのである。ここでは、加藤の目は南米移民といった方向へはまったく向いていない。ここに、加藤が日本社会の時流にあわせて、軍部とくに関東軍と結びついていったことが示されている。

このような加藤の植民の考え方は露骨な侵略的性格を帯びてくる。「満蒙に於ける殖民者は右手に銃、左手に鍬をもつて起つ皇国の戦士でなくてはなりませぬ」（加藤　一九六七a、九一頁）あるいは「武装移民」（加藤　一九六七b、三〇七頁）の主張である。なぜ武装移民が必要なのかというと、「元来満蒙は昔から馬賊が流行し、そのためにこの地に住む農民は自衛することを余儀なくされておった」（加藤　一九八〇、二八四頁）からで、「満蒙」植民は「匪賊の横行せる天地を王道楽土に化する浄化運動」（加藤　一九六七a、九一頁）だという。「内地に於ては、之に依つて農村の子弟に希望を与へ、現地に於ては匪賊の横行に泣いて居る支那人の為に、匪賊の害を免れしめてやる、何処から考へて見ても是は大慈善事業であります」（同前）という論理には、青年期の他者への施しという観念が姿を変えて現れている。ここには、「匪賊の横行」を抗日活動ととらえる観点はまったくない。「匪賊討伐に日夜苦心している皇軍に、一日も早くその矛を納めさせようと欲すれば、満蒙の天地を一日も早く匪賊が横行できない天地に改造すべきである」（加藤　一九八〇、二六一頁）ので、そのためには「力強い正義の士を要所要所に駐屯させて、彼らの横行を不可能にさせるより外によい方法は断じてない」（加藤　一九八〇、二六二頁）と主張する。しかも、それが中国の人々にとってもよいことだと力説される。「一日も早く要所要所に日本農民を土着させて、その地方の中国農民を善導し、彼らが馬賊に早変りする機会を得られないようにする事は、実に我ら日本農民の使命である。我らは一日も早く合理的な満蒙植民を断行しなければならない」（同前）。こうして、「外に於ては満洲国が日本民族を招いてをり、内に於ては海外に雄飛しなければならぬ多くの日本人が厳然として存在してゐる。あとは日本民族たる吾々が神の命令を奉じて堂々と起ち上がることであります。是に依って初めて、東亜新秩序も出来れば、東亜共栄圏の確立も出来れば、世界平和を招来する大運動を展開することも出来れば、肇国の精神たる八紘一宇の大精神を此の世界に弘めて日本民族が堂々と闊歩することも出来るのであります」（加藤　一九六七b、三一三頁）と、「満蒙」植民がそのまま「八紘一宇」「大東亜共栄圏」といった当時のスローガンにつながっていく。土地問題の解決のための海外植民が、「満州国」の人々を「善導」するという侵略の正当化のために主張される。

このように「自衛移民を送ろうとするのは、こうしなければ満蒙の天地は、永遠に匪賊の横行がやまず、荒地は永遠に荒地としてとどまり、将来における移民事業も、永遠に開始されないと信ずるからである」（加藤　一九八〇、二九一頁）という加藤にとって、一九三一（昭和六）年に起こったいわゆる満州事変については、「事変後団体を組んで、しかも武器を携えての満州移住が可能になったのである。全く天地が変わったような気がして気分が晴晴とした」（加藤　一九八〇、三九八頁）と、日本軍の中国侵略の拡大を歓迎している。また、一九三六（昭和一一）年の二・二六事件は、「ようやく国民がこれに目覚めて来たのである。換言すれば、日本精神の発揚これである」（加藤　一九八〇、三九八頁）という出来事である。

さらに加藤は、一九三七（昭和一二）年の盧溝橋事件を受けて、「日本精神の復活、満蒙移民の可能性、これが日華事変〔＝日中戦争〕後起こった二つの大きな変化である」（同前）としている。こうして加藤は、自らの日本主義を「満蒙」植民と一体化する。「日本精神は満蒙植民の断行によって、ますますその光を輝かすであろう」（同前）と、みずからの活動を「満蒙」植民へ集中させていく。そこで、一九三八（昭和一三）年に満蒙開拓青少年義勇軍訓練所を開設して、青少年を旧満州に送り込む。「数万の青少年を募集、訓練し、こうして満蒙開拓にふさわしい義勇軍、言わば皇軍の片腕ともなるべき義勇軍を編成し、これを送出することを断行せざるべからざることになった」（加藤　一九八〇、三六二～三頁）。このねらいについて「内地の真剣な農村の青少年が理想に燃えて、多数入満することによってのみ民族協和、王道楽土というわが日本と不可分関係に立つ理想国家が建設されてゆくのである。この麗しい満州国という理想国家は、本当の大和魂に燃えた日本の最も真面目な、主として農村の青少年が、この大理想実現のために心身を投げ出さなければ出来ないのである」（加藤　一九八〇、三六七頁）という。青少年義勇軍は、そもそもから日本の中国侵略の「皇軍の片腕」として旧満州に送り出されたのであり、「現地の大小訓練所において彼らが受ける教育訓練は、それが直ちにあるいは満蒙の開拓となり、又それが直ちに匪賊に対する警備となる」（加藤　一九八〇、三六四頁）のであって、武装移民の先兵としての役割をはたすためのものである。さらに、一九四〇（昭和一五）年には、「昭和十三年には六千戸の開拓民に加ふるに三萬人の青少年義勇軍を送り得ることになった」（加藤　一九六七b、三〇九頁）ので、「何とかして百萬人の青少年義勇軍を満蒙の天地に五ヶ年間に入れたい」（加藤　一九六七b、三一一頁）と述懐している。もはやここに至ると、「百萬人の将来の軍隊が露満国境に準備されると言ふことになる。是以上の国防はない」（同前）と、青少年義勇軍は軍事的な戦略を担う軍隊以外のなにものでもない。

日本農村の次三男対策として始まった加藤の国内開拓は、国内の土地の狭小さから海外植民へ向かうが、それは中国侵略を進めようとする軍部に同調したものとなった。日中戦争の拡大とともに土地問題の解決は後景にしりぞき、中国での日本の権益拡大が前面に出てくる。そして「露満国境」という文字通り戦争の最前線への青少年義勇軍の配備を正当化するイデオロギーになっている。

第三節　加藤の農本主義の問題性

一　加藤の農本主義の特徴

加藤の農本主義のイデオロギー的性格

加藤の農本主義は、本書で示した農本主義の特徴を備えたものとなっている。まずは自然に没入するという考え方である。だが、自然対象に没入して一体化のうちに安んじるというよりも、農業を営むにあたってそれなりに科学的な態度を重視している。「農民は汎ゆる科学を応用して農業経営をすべき」（加藤　一九六七b、二一三頁）だといい、「今日のあらゆる科学を活用することが農業を本当に成功させるゆえんであって、そのために……あらゆるものを総合して、働かせて始めてその成果を収め得る」（加藤　一九六七c、七〇頁）という。農業を人間のあり方の根本としながら、農業の生産活動という側面を加藤なりにとらえているといえるだろう。

だが、その営農活動そのものについては、農本主義の勤労を至上とする考え方が示される。「一心不乱に」農作業に勤しむというのが、加藤が農民教育で強調するところだが、そこには「鉄腕による一鍬一鍬の打ち起こしに、深い価値をみとめ得ぬものは、同時に衣食住の生産を目的とする農業そのものを侮辱し」（加藤　一九六七d、二四七頁）ているという加藤の考え方が表されている。これについて武田清子は「加藤が農民教育に異常な熱心さを持つのは、日本帝国という一大生命に自己を捧げつくす日本精神を日本国民に学び取らせるためには、荒地を開墾し、農作物に自己を献げて労働する農業による訓練こそ最適の方法であると考えたからであった。……加藤においては、日本農民魂の鍛錬陶冶は、まさに、日本精神の鍛錬陶冶であった。きびしい労働そのものが尊いのである。ここに加藤の農民教育思想の真髄がある」（武田　一九六七、二九〇頁）と述べている。だが、加藤の思想遍歴からいえば、農業重視の考えに古神道が加えられたのであって、のちになって日本主義が前面におかれたのだといえるだろう。

そこで、勤労主義が日本主義と結びついて、「労働も一種の禊であって、うんと汗を絞ると、身体の中の汚れが出てきて、人を神聖にする」（加藤　一九六七c、一三六頁）という。これは、営農活動を利益を得るための手段とする考え方への批判にもなっている。「衣食住の生産に汗を絞る」（加藤　一九八〇、四三〇頁）のが「日本農民の使命」（同前）であり、「元来日本農民はその携わる農業を、決して単に金もうけの手段とは考えておらなかった」（加藤　一九八〇、四三一頁）のだが、明治以降の「個人主義、物質主義思想」（同前）による影響を受けて「農民自身もまた完全にこの西洋思想の捕虜となってしまった」（同前）という。だが加藤にいわせれば「金銭を得るということは、あくまで農民がその使命を果たした結果の報酬であって、金銭の獲得それ自身が農民の使命、その本分では決してない」（加藤　一九八〇、四三二頁）。こうして勤労それ自体が農民に求められるという主張になっている。

また、家族のとらえ方では、資本制的な企業経営ではなく農家経営を重視する立場から、「自作農として天地を友として衣、食、住に汗を流す。これがだれが見ても、立派な農業経営であり、本当の農民である」（加藤　一九六七c、九五頁）という。そこで、「農家は、家族の労力に対する適当な耕地面積を所持し、これに安全な作付をなし、家族の一人一人が有効適切な部署につき、一生懸命働くことが立派な農家を建設する鍵である」（加藤　一九六七d、三二四頁）

という。そもそも「農家の経営をする上にいちばん大切なことは家族である」（加藤　一九六七ｄ、三三〇頁）。それは「農家が他の職業にくらべての強味は一家が総出で働けるということにある」（同前）からで、家族全員による農家経営が唱えられる。そしてそこでは、「家は家長が統卒するものでなくてはならぬ」（加藤　一九六七ｄ、三二三頁）と家長の統率を美徳として主張する。

このように、加藤の農本主義は、自作農もしくは「独立農」（加藤　一九六七ａ、八一頁）による小経営を日本農業の担い手としていて、その点では、農業は企業的な経営ではなく農家経営があるべき姿だとしている。すでに本書で示してきたように、このような農家経営に依拠した農本主義は、当然ながら反地主制、反資本制という立場をとる。加藤も、地主制そのものへの批判は表だってしていないものの、小作農の困窮にたいして植民という形で対応しているし、また資本制社会における利潤追求という点を再三批判している。だが、それが民主主義的な考え方になるわけではない。加藤は、農家経営のもとで家長を中心として家を統合する家族主義を唱えている。家長が家のリーダーとなって家族員にたいして権威主義的に支配することになんの疑問ももっていない。

さらに、加藤は、村落を「自治的普遍我」と位置づけて、その文脈で村落を論じている。「村という大生命は、その村に住む人とか、土地とか、樹木とか、あるいはその村の歴史などによって表現されているのであるが、この大生命こそ永遠に栄えてゆくべきもの、また栄えさせねばならぬものである」（加藤　一九六七ｄ、二五三頁）といい、「村という自治的普遍我の意志は、このような自覚をもっている村民のまごころの結晶である」（同前）と、個々人の命がそれより大きな生命である家や村という「自治的普遍我」にかかえ込まれるという論理で、村落内の共同への個人の埋没を語っている。そして、「この普遍意志は、村会において決定される……村会の決定は自己の決定であり、村会の命令は自己の命令である」（同前）と村会の存在を重視し、個々人と村会の一体化を当然視している。「すべて組織が必要なことは明瞭なことであって、農家の一軒一軒がバラバラになって居てはならない。共同しなくてはならない」(加藤 一九六七d、三一八～九頁)というように、村落組織の必要性にも言及している。

したがって、加藤には、家族のあり方を国家全体に拡張して、父たる天皇の下で国民全員がその赤子として忠誠を尽くすという家族主義的な国家観は強くない。それよりも、筧克彦による大生命としての国家に村、家、個々人が入れ子状にかかえ込まれるという考え方を受けて、家族を位置づけている。それは、個々人を包み込む家と村、家と村をかかえ込む国、そして国の統率者としての天皇、という論理で天皇制国家体制を正当化する。日本社会の基本となるのは家であり、その家と家との相互の結合が村である。それは、生命がより大きな生命へ包み込まれるという、いわば入れ子状になった生命の連続体で、その頂点に立つ「大生命」が国であり、それを体現するのが天皇である。

日本主義によるくくり

以上のようにみてくると、加藤の農本主義は、勤労主義、家族主義という特性を備えている。問題なのは、筧克彦の日本主義に接して、加藤自身が「筧先生から皇国精神のお話をきいて、一切が一度に解決された」(加藤 一九六七d、二三八頁)と回顧しているように、それらが日本主義すなわち加藤のいう「日本精神」というイデオロギーでくくられていることである。そして、日本主義をみずからのイデオロギーとして身につけたのちは、その考え方は終始変わらなかったといえるだろう。ここには、小経営イデオロギーの特質である虚偽性と日本主義と結びついた幻想性が、天皇の下で世界人類に貢献するという加藤の主張にもみてとれる。

この「日本精神」イデオロギーは戦後においても一貫している。加藤にとっては、戦前と戦後の政治体制の変化も問題にならなかった。戦前の天皇制国家体制と戦後の象徴天皇制とは、天皇を国民の統率者とする点でなんの変化も生じていないとしている。したがって、加藤の日本主義は、政治体制を超えた超歴史的な一般的な信念となっている。その点でも、加藤の農本主義は現実の具体的な社会状況から遊離したイデオロギーとなっている。

二　加藤の農本主義の侵略的性格

海外植民としての侵略

加藤によれば、日本の農家経営には具体的に大きな困難が立ちはだかっている。それは零細性すなわち土地不足という障壁である。狭い土地に数多くの農家が密集している日本では、どうしても「過小農」にならざるをえない。あるいは、農家の次三男は家を出ても農業に従事できる耕地を確保できない。そこで加藤は、この問題を海外に耕地を求めること、すなわち海外植民によって解決しようとする。始めのうちは「内地植民」としての国内開拓で開墾事業を推進していたが、しだいに「外地植民」へと傾斜していき、「満蒙」植民に集中して、ついには満蒙開拓青少年義勇軍を編成して旧満州へ送り込むに至る。これは、「満蒙」に無所有の肥沃な荒地があり、そこでの開拓が日本にとっても現地の中国人にとっても利益になる、そのためには治安の安定が必要であり、武装移民によって旧満州の関東軍の一翼を担うことが移民に求められている、という論理である。

伊藤淳史は「単なる『農民魂』でなく『日本農民魂』を鍛錬すべきことを強調する加藤にしてみれば、『内地』との関係を保ち日本農村の更生に資する朝鮮・満州への移民には国家的意義が存するが、日本から離れ『行った者が儲かるだけ』の戦後移民に乗り出す動機はまったく存在しなかった」（伊藤　二〇一三、二七七頁）として、「加藤にとって問題だったのは、徹頭徹尾『日本』だったのである（いうなれば「大日本農本主義」）」（同前）と評している。だがそれだけではなく、加藤の侵略的性格をも考慮すべきだろう。「大東亜共栄圏」という虚辞にひそむ日本領土の拡張という主張である。戦前の日本資本主義は、明治以来の対外侵略による発展という性格をもち、一九二五（大正一四）年の治安維持法制定などによる軍国主義体制の強化という側面と、昭和恐慌を脱出するための手段として中国大陸へ進出していったという側面という二面性をもっていた。この軍事的な国内統制と海外侵略という当時の日本の情勢に対応しようとした方策が、海外への武装移民だったといえるだろう。したがって、北崎幸之助が言うような、「当時の強固な地主制を考慮に入れると、彼は『海外移民』というものを帝国主義的侵略というよりは、むしろ地主制に苦しむ国内の零細農が耕す土地を得られる海外へ行き、自立経営を可能にする手段として考えていたのではないかと理解できる」（北崎　二〇〇九、三一頁）ということにはならない。土地問題を海外侵略によって解決しようとしたこと自体が問われなければならない。さらに、青少年義勇軍を「皇軍の片腕」と位置づけていたことは看過できることではない。

加藤の農本主義は、農本主義一般に通じる特徴をもちながらも、日本主義との結びつきと土地問題の解決ということから、「満蒙」植民の推進という独特な主張と、その実践活動をもたらしている。その経緯から、「古神道を媒介に、天皇と農本主義を結びつけ、それを日本精神として称揚しながら、苦境にあえぐ農民たちを満州移民に駆り立てた中心人物であった」（森　二〇〇一、二〇一頁）という評価もされている。こうして加藤は、戦前の農本主義者のなかでも海外侵略を唱えた最右翼とされている。

戦後の平和主義の主張

加藤の農本主義について、もう一つ注目されるのが、戦前にはこうした侵略的性格を帯びていたのが、戦後には平和的な世界への貢献を唱えるという変化をみせていること、それにもかかわらず、農本主義の主張を相変わらず維持させていることである。それは、すでにみたように、戦前に提唱していた「日本精神」を「まごころ」と読み替えて、この

「まごころ」の世界的な普及こそが、日本が世界の平和に寄与する方策だとしている主張に表されている。そして、農家経営という点では、日本の農家の「内地植民」、そのための農民教育という方針は変わっていない。つまり、みずからの主張を一貫させつつ、それを時流にあわせて、戦後体制に合致するようにしている。これは、戦前の「満蒙」植民の主張でも同じで、自分の農本主義を当時の国策にあわせていた。

武田清子は「主観的誠実さの客観的結果に対する良心の傷みの不在は驚くばかりであった」（武田　一九六七、三一二頁）と述べている。その点は、「満蒙」植民を推進したことの是非を問われた時に、激昂して正当性を主張したというエピソードにも現われている。また、岩崎正弥も同様に、「こうした思考の基底には、心情の純粋さにおける一貫性を尊しとする、特殊日本的な〈心情至上主義〉があった……。責任を心情の純粋さにおいて免責してしまう〈心情至上主義〉は、加藤の精神そのものでもあった」（岩崎　一九九七、二六七頁）と述べて、加藤のいわば責任倫理が欠落して心情倫理だけという態度を批判している。こうした批判を招くのは、加藤の農本主義が、その時々の政治的社会的な状況に適合させながら自分の主張を貫くというものになっているからである。加藤自身が戦前と戦後で自分の考え方は一貫していると主張しているのは、意図的な言い逃れをしているのではなく、当人の自己認識そのものだろう。

また、戦後の加藤をどのように評価するのかについて、伊藤淳史は、これまでの農本主義研究が、農本主義者にたいして「農民たちがいかに反応したのかについては検討がおよんでいない」（伊藤　二〇一三、一七頁）ことと、「従来の分析の射程が戦時期までに限られていること」（同前）を批判している。そして、加藤が戦後に関与した白河報徳開拓組合を取り上げ、加藤とそこへの参加者との「軋轢」（伊藤　二〇一三、八一頁）を実証研究している。加藤の三男である加藤弥進彦への伊藤の聴取によれば、加藤がこの組合でめざしたのは「引揚者の入植に際して、指導者となる人物を養成する拠点としての位置付け」（伊藤　二〇一三、九一頁）だった。伊藤はこれを「白河開拓はまさにかつての満蒙開拓指導員養成所の延長であった」（同前）と評している。しかし、「加藤による経営合理性の裏打ちを欠いた、思いつき的な数々の『営農指導』こそ、客観的にみれば組合経営を窮地に陥れ多くの『下山者』を生み出した最大の要因であった」（伊藤　二〇一三、九三頁）というように、この組合では一〇〇名の「下山者」を生み出し、残ったのは四一戸だったという。この加藤の合理性の欠如については、綱澤満昭も農民道場を取り上げて「日本農民魂の鍛錬陶冶がすべてであり、皇国農民精神を宣揚することによって、農業技術の改善や農業経営の合理化をいかにすべきかという問題を回避することに専念した」（綱澤　一九六九、五三頁）と述べている。農家経営を合理的に営むことを当然としている農業者にとっては、加藤の非合理的な営農方針は受け入れられるものではなかった。それが大量の「下山者」を生み出したのである。他方で「下山」せずに残留した理由は「指導者」となることではなく「教育としての開拓」（伊藤　二〇一三、九四頁）を受け入れたからだという。そこで伊藤は「入植者自身の反応に着目することにより、……『教育の場』としての戦後開拓地を見出すことが可能となった」（伊藤　二〇一三、九六頁）と結論づけている。また、この視点から戦前の加藤を振り返り、「主観的には『教育の延長』として満州移民を推進したことが、客観的には戦争協力へと結び付いたことこそ、加藤を論じるうえで見逃してはならない点ではなかろうか」（伊藤　二〇一三、一〇二頁）と主張している。しかし、この点についても、主観的な心情と客観的な責任という対比だけでは加藤を正しく評価することにならない。当時の社会状況への加藤の対応が問題なのであって、その都度の状況にあわせていただけだという加藤の態度が問題なのだからである。

三　加藤の農本主義の多面的性格

現実への対応と幻想性

以上をふまえて、加藤の農本主義にたいする評価をまとめると、加藤の主張は、一方では、自作農による農家経営の確立をめざすものであるかぎりでは、農本主義といっていいものだろう。農業生産が社会の存立を支えているという主張は農本主義としては当然だし、農業者間の協同を唱えていることも農本主義の特質を備えている。その点では、本書でいう農本意識からそれほど遊離したものとはなっていない。ある意味では現実に対応したものとなっている。

しかし、加藤の農本主義は、他方では、現実から遊離した幻想的な小経営イデオロギーとしての性格が決定的である。家族の重視は家族主義となっている。また、戦前から戦後にかけて一貫して天皇を絶対視する天皇主義がある。これは、絶対的なもの一般的なものへの帰依の現れといえるだろう。この絶対的一般的なものが、戦前においては天皇であり「大東亜共栄圏」だったのだが、戦後は世界平和という旗印に変わっている。このように、加藤の農本主義は、論理的に体系化されたものというよりは、多様な側面を併せもっていて、それを天皇という絶対的なものでくくって、その時々の社会状況にあわせてそれぞれの側面を押し出すという多面的性格が特徴だといえるだろう。そのことによって、加藤の農本主義は、現実からかけ離れた幻想性を帯びている。

こうした加藤の農本主義について、桜井武雄は「家族主義の原理に立つ天皇制国家構造の支柱として、半封建的小農制と家父長制家族制度を維持し、擁護し、礼賛する」という「オーソドックスの農本主義」（桜井　一九五八、四七頁）と対比して、『農村経済更正計画』の行きづまり、経済更正運動から精神更正運動への転換、その満州侵略移民運動への飛躍という動きにつれて、正統派農本主義のイデオロギーは後景にしりぞき、かわって主流にのしあがってくるのが、神がかり的侵略的農本主義のいわゆる内原イズム、加藤イズムである」（桜井　一九五八、四八頁）という。すでにみてきたように、桜井はこれを「侵略型農本主義」と名づけて「あらゆる近代的なものと既成勢力的なものにたいする反撥を特徴としている」（桜井　一九五八、四九頁）というが、たんに「神がかり的」なイデオロギーと切って捨てるだけではなく、戦前の加藤が時流にうまく乗って自己の主張を実現していった側面をおさえなければならない。

これは農民教育においても同様である。一方では、農業の担い手としての自立した農業者の確立をめざして農民教育の場を維持発展させようとする。この姿勢は戦前でも戦後でも変わらない。そのこと自体は農本意識から離れてはいない。だが他方では、「打起し」の奨励に見られるように、勤労主義が唱えられ、それが自己の精神的な「鍛錬陶冶」を追求させる場になっている。また、科学的な農業生産といいつつも、農作業こそが精神的な鍛錬になるという非合理的な精神主義を唱えている。ここでも、現実への対応と幻想性をあわせもちつつ、多様な側面を一つにくくって提唱するという特徴がみられる。

多様な側面の並存

こうしてみると、加藤の農本主義は、多様な側面が論理的に体系化されないで、並列的に示されるという多面的性格をもつものとしてとらえられる。この多面的な主張は古神道から導入された日本主義によってくくられている。戦前においては、天皇の絶対視とそのもとでの日本の発展という論理に直結させる形でとくに植民事業を提唱していた。戦後においては、その多面性はそのままで世界平和を唱えるが、これは「終戦の詔」で天皇が表明したものを、そのまま受けとっているにすぎない。たとえば、戦後の日本社会にとってもっとも重要な論点といってもいい民主主義については、加藤の言及は示されていない。天皇を頂点として入れ子状になった日本という論理のままである。

武田共治は「加藤の思想には、多様なものが混在している」（武田　一九九九、三二五頁）としてキリスト教、無政府主義、武士道、老農思想、西田哲学、古神道、トルストイ、農民道をあげている。また、「加藤完治は、一方で農業主義（農業は天地の化育）・勤労主義（金儲け批判）を、他方で愛国主義（日本精神）を強調するわけである。その媒介項が家族主義（家系重視）であった」（武田　一九九九、四五〇～一頁）と加藤の農本主義がもつ多様な側面を分析している。加藤が戦前戦後を通して一貫しているのは日本主義によって諸側面をくくるということである。こうした諸側面が体系化されずに、時と場合に応じて前面にもちだされるわけだが、それが加藤の勤労主義や家族主義、侵略主義などとなって表面化している。

武田清子の加藤にたいする評価のなかでは、加藤の農本主義には「表現はどうあれ、その意味内容においては、むしろ目覚めた農民による下からの村づくりを基礎とする国づくりとしての『国民主義』こそ彼の使命と考えていた」（武田　一九六七、三一六～七頁）という側面と天皇主義的な国家観という側面とがあり、「両要素の関係は、後者、すなわち、皇国主義的国家観が前者に絶対に優先するものであり、後者のためには前者は自己を亡びにいたるまで献身すべきものであった」（武田　一九六七、三一七頁）としている。そして、加藤の農本主義は「両要素が一致するものとして、単純に一体化する時、それはおどろくべき実践的エネルギーをもった教育運動となって、日本ファシズムを推進してゆく一つの力となった」（同前）という。これは、一方での現実への対応と他方での幻想性とが混在しているのである。しかも両要素が一体化するというよりも、雑多な側面が並存するというものであって論理的に体系化されたものではない。それでも、軍国主義や天皇主義が深まっていく日本の状況のなかで、加藤本人としてはまったく矛盾を感じなかったのだろうと思われる。

加藤の農本主義は、一面では農業者の農本意識にもとづきながらも、農本意識という日常意識の背後で作動している機構をとらえ、緻密な論理を組み上げて体系化するのではなく、整合化を図りながらも多様な諸側面を並存させているイデオロギーにすぎない。そして、そのことによってむしろ、その時々の社会状況に対応することができた。加藤の農本主義については、現実への対応と幻想性とをあわせもつイデオロギーとしてとらえることが必要である。

第四章　開拓村と果樹農業者の軌跡

第一節　戦前の開拓村計画

本章では、山形県東根市の一集落で果樹農業者を事例調査した実証研究を述べるが、この集落は戦前に開拓されたものなので、本節でその背景についてみておくことにしたい。以下では、とくに明治末期から大正期、昭和初期にかけての自作農創設の動きに注意しながら、先行研究の助けを借りて概要を確認していく。というのも、河相一成が指摘するように、「未墾地開発による自作農創設」は「国営をはじめとする開墾事業によって耕地面積を増加させてきたのであって、これらの動向を背景として戦時食糧増産に向け、国家総動員法下において農民を精神的に総動員するうえで、開墾事業と自作農創設とを政策的に結合させた」（河相　一九七八、八三頁）ものであり、本章で取り上げる山形県東根市若木集落がこうした開拓村を形成した一事例だからである。この事例は、日中戦争が始まった一九三七（昭和一二）年に入植し、自作農による農村構築をめざした集落で、今日まで紆余曲折を経ながら発展している。その点からも自作農創設に注目していく。

一　国家政策と自作農創設

小作争議と地主制の動揺

すでに述べたように、明治維新の地租改正によって公認された地主制は、明治期の資本制の発達とともに発展し、いわゆる寄生地主制を形成した。不在地主として大規模に土地集積を進めた巨大地主と、在村地主として小作人と直接に対峙する中小地主と、という地主のなかでの階層差を含みながら、地主制は資本制の発達を下支えするという役割をはたしてきた。しかし、地主主導の農事改良や資本制の発達による化学肥料や農薬の普及などによって農業生産力が上昇し、自小作前進層といわれる農業者が勢力を拡大し、それが中核となって小作争議が活発化する。

一九一七（大正六）年の米騒動のように、国内の食糧問題が社会不安を引き起こす事態はすでに進行していたが、大正後期に小作争議は一つのピークを迎える。それは小作料の減免が中心的な要求となって、一九二二（大正一一）年の日本農民組合結成にみられるような農業者の先鋭化をもたらし、他方では、それへの対応として一九二四（大正一三）年の小作調停法制定のような緩和政策がとられた。

地主のなかでも寄生地主のような大地主層は、こうした状況変化をいち早くつかんでいた。菅野正によれば、「大地主や商人地主は小作料収取よりも次第に資本利潤の獲得に投資の重点をうつしてゆく」（菅野　一九九二、四頁）。投資先を農村から都市へと転換していこうとするものであり、いわば地主から株主へと転換していくものである。土地に投資して、そこから小作料を取るということによる利回りよりも、当時発展しつつあった電気、鉄道、石炭などの企業に投資して株を取得することによる利回りのほうが利益が上回るのであれば、投資先に特定の関心をもたない地主は、当然ながら土地から株式へと転換していく。こうして寄生地主制が変質していった。

自作農創設と農村の疲弊

一九二六（大正一五）年に自作農創設維持補助規則が制定された。この自作農創設維持事業について河相一成は、「当時の地主的土地所有の危機――農業危機下においてその危機を回避する上からの政策として、また、その後の戦時国家独占資本主義における国家総動員体制下の一環として、極めて重要な意義をもつ」（河相　一九七八、四五頁）として、この政策の展開を四つに時期区分している。

前史は大正初期から一九二六（大正一五）年までで、「小作農民に土地所有権を与えて小作争議の沈静をはかる」（河相　一九七八、五五頁）ものだった。第一期は一九二六（昭和元）年から一九三六（昭和一一）年までで、「小作争議対策と地主経営不安定性による土地売逃げへの対応」（河相　一九七八、五八頁）というものである。しかしこの時期には日本農民組合が不買同盟を訴えて、「支配階級は土地所有権の一部を小作農民に、小作農民はそれを拒否して耕作権確立へと、真向から対立し合う関係が顕在化する」（河相　一九七八、五九頁）。第二期は一九三七（昭和一二）年から一九四二（昭和一七）年までで、一九三八（昭和一三）年に農地調整法、国家総動員法が制定されるのとあわせて「戦時体制下における戦時食糧確保を一義的目標とし、さらにそれの遂行には農民の思想をファシズムの影響下におく、といった国策と自作農創設とが結合するという著しく戦時色の濃い性格となった」（河相　一九七八、六三頁）。そのために「〝堅実〟で〝生産力を培養〟しうる自作農民を創出（農民に土地所有権を付与する）することに政策の中心課題がおかれる」（河相　一九七八、六四頁）こととなった。第三期は一九四三（昭和一八）年から一九四五（昭和二〇）年までで、「自作農創設と適正規模農家育成との結合は第三期の著しい特徴」（河相　一九七八、六五頁）とされる。これは「戦時食糧増産の尖兵となり得る農民層育成が急務となったことを意味し」（同前）ていて、「農家対策としてではなく戦時食糧対策としての位置づけ」（同前）になっている。

河相は以上をまとめて、「所有権と耕作権をめぐる激しい階級対抗を、上からの力で耕作権確立要求を圧殺し、それに代わるものとしてごく一部の農民に所有権を付与して寄生地主的土地所有を保持するとともに、独占資本主義のファシズム体制下における対外侵略のため国内（農村）体制を構築すること」（河相　一九七八、八四頁）に自作農創設維持事業のねらいがあったとしている。そして「日本資本主義体制の危機発現を回避せんとし、それに成功したのであ」（河相　一九七八、八五頁）り、「危機化における農民の小ブルジョア所有権がいかに歴史の歯車を逆転せしめるかの歴史的教訓を示した」（同前）と位置づけている。このとらえ方から農地改革後の戦後自作農についても「小ブルジョア的土地所有者としての性格を色濃く保持させられた自作農」（河相　一九七八、八六頁）だとして、かなりネガティブな評価になっている。

要するに、自作農創設維持事業は、頻繁に起こる小作争議の緩和をねらったもので、小作から自作への転換を推進し、また逆に自作から小作への転落を防止しようとするものだった。小作争議が頻発すること自体が地主制の動揺を示していて、そこを自作農を形成することで体制の安定化をはかろうとした。それに加えて、菅野正によれば「地主にかわって、独自の権力的基礎をもたない自作中上層に農村の安定勢力を期待し」（菅野　一九九二、三〇～一頁）ていたことを意味している。

しかし、昭和初期にはいると、一九二三（大正一二）年の関東大震災後の金融不安が一九二七（昭和二）年の金融恐慌となって表面化するなど、不安定な社会状況が続いていく。その上に、一九二九（昭和四）年の世界恐慌が一九三〇（昭和五）年に日本へ波及した昭和恐慌となって農業を直撃することになった。この時期には小作争議が第二のピークを示している。こうした国内の行き詰まりを海外への進出によって解決しようと、一九三一（昭和六）年には柳条湖事件を起こしていわゆる満州事変が始まった。日本社会は準戦時体制へと進んでいく。「対外的には帝国主義戦争への突入が、対内的にはファッシズムの抬頭による国民生活全体についての徹底した国家統制が進められていく」（菅野　一九七八、五九七頁）。つまり、国内では軍国主義、国外へは侵略主義という形で昭和十五年戦争に突入していくことになった。

満州事変が始まって時をおかずに一九三二（昭和七）年に「満州国」が建国され、一九一〇（明治四三）年の日韓併合以来の大陸進出は、いよいよ中国大陸へと侵入していった。他方では、同年の五・一五事件の結果、軍部の政治介入が強まり、翌年の一九三三（昭和八）年には旧満州への武装移民が始まるなど、国内統制と海外侵略という方向が本格化していく。安孫子麟によれば、この「中国侵略戦争の下で進行した諸政策の、集中的表現とでもいうべきものが、満州移民・分村計画であった」（安孫子　一九七八、四一頁）。対外的には海外侵略である満州移民によって対内的には「耕作者のいない耕地が生ずる」（同前）。これが国内での「農民諸階層・諸階級の再編成」（安孫子　一九七八、四二頁）の基盤の一つとなる。また一九三二（昭和七）年に農山漁村経済更生計画助成規則が制定され、経済更生運動が展開される。これは疲弊した農村を立て直そうとするもので、同年の時局匡救事業とともに、「未曽有の農村恐慌に対処する『時局匡救計画』の一環として発足し」（同前）、農村における小作争議を抑制し、農家の窮状を改善しようとするものだった。なかでも注目されるのは、農村における「中心人物」すなわち指導者の強調である。そして、この「『中心人物』に系列化する『中堅人物』の問題」（菅野　一九七八、六〇〇頁）が重要である。これは、農村への国家支配の直接的な介入の媒介となる存在であり、経済更生運動が、「従来の地主による農民・農村支配から、国家ないし国家独占資本が直接に把握した支配へと変っていく」（安孫子　一九七八、四〇頁）といわれるように、準戦時体制から戦時体制へと転換するなかで変質していくことを示すものだった。

この経済更生運動を森芳三は三つに時期区分している。第一は一九三二（昭和七）年から一九三五（昭和一〇）年の「指定制段階」で、「府県・町村における制度的組織的整備をこえるものでなかった」（森　一九九八、二九八頁）。第二は一九三六（昭和一一）年から一九三八（昭和一三）年の「特別助成段階」で、「特定の町村を指定し、……とくに農業土木事業を経済更生計画に組み込んだ」（森　一九九八、三〇〇頁）。ここで「とくに重大なのは、満州分村計画が経済更生計画にくみ込まれたことで、……村内に標準農家を設定し、一定規模以下の零細・小規模経営を移民の対象とした」（森　一九九八、八一〜二頁）。第三は一九三九（昭和一四）年から一九四二（昭和一七）年の「農村計画段階」で、森は「精神更生に特別の力点があること」（森　一九九八、八五頁）に注目している。この「精神更生の要点は国粋主義と農本主義であり、……『農立って国栄える』という勤労主義であった」（同前）。森はこのように経済更生運動を整理して、第三段階での日中戦争の開始によって「軍事的行政の諸要請が更生計画の初期目標に優先した課題となった」（森　一九九八、三〇一〜二頁）と、経済更生運動の戦時体制下での変化を指摘している。

自作農創設と戦争の遂行

一九三〇年代は天候不順が相次ぎ、一九三三（昭和八）年は良好だったものの「豊作貧乏」という状況で、翌一九三四（昭和九）年は一転して大凶作となった。こうした状況のなかで、一九三六（昭和一一）年には二・二六事件が起こり、また同年に満州農業移民百万戸移住計画が制定されるなど、国内外の強権体制が強化されている。そして、一九三七（昭和一二）年に盧溝橋事件が起こって、日本と中国は全面的な戦争状態すなわち日中戦争となり、満蒙開拓青少年義勇軍が組織された。こうして国内的には戦時体制へと移行する。さらに一九三八（昭和一三）年の国家総動員法、一九四〇（昭和一五）年の大政翼賛会成立と、総力戦体制が強化されていく。

この時期には、一九三七（昭和一二）年に自作農創設維持助成規則が制定されるが、これは、以上の状況をふまえて、それまでの小作争議対策としての自作農創設維持というよりも、戦争を遂行するために食糧の供給を確保するという目的に比重が移ったものだった。農業経済の悪化が続くなかで、小作争議は、地主が所有地を整理して小作から土地を取り上げ、地主経営から脱しようとする動きにたいして、小作側が小作料減免よりも耕作権を確保するための争いへと変質し、また、巨大地主にたいしてよりも在村の中小地主との対立が激化したために、争議はより深刻となった。他方で、日中戦争は中国大陸で泥沼化の様相を示し、長引く戦争への人員の徴収が重くのしかかってきた。以前は地主制が農家経済を圧迫して、次三男や子女を農村から排出する機能をはたして資本制の発達に寄与したのだが、むしろ、男子労働力の村外流出が食糧生産をおびやかすまでになってきた。

こうして、一九三八（昭和一三）年の農地調整法、一九三九（昭和一四）年の小作料統制令などが制定されて、自作農創設維持が総力戦体制のなかに組み込まれていった。菅野正によれば、この農地調整法は「小作権の擁護と自作農創設に大きく踏みきっていった」（菅野　一九七八、七一七頁）ものとされるが、それは、日中戦争が始まってからの戦時体制強化の一環としてであり、これらの措置によって自作農創設維持事業は「小作争議対策よりはむしろ戦争遂行と食糧確保のための小作農保護、つまり地主的土地所有の制限に重点が移っていった」（菅野　一九七八、七二〇頁）ことが重要である。けれども、これらの動きが地主制そのものの解体へと向かったわけではない。地主制は戦前の日本社会のなかで、農村地域における国家支配の構造の一端を担っていたのであり、地主が地方名望家として農村地域から戦前の国家支配体制を積み上げていた。したがって地主制そのものは、戦後の農地改革によって基本的に解体されるまで存続した。

昭和十五年戦争は、一九四一（昭和一六）年には真珠湾攻撃などによって太平洋戦争が始まって戦域が拡大した。この時期には、一九四四（昭和一九）年に皇国農村建設運動が取り組まれている。これは、昭和十五年戦争が長引くにつれて農業就業者が減少し、食糧生産の確保が危ぶまれてきた事態に対応しようとするもので、「皇国農村確立政策の三本の柱、すなわち標準農村、自作農創設、修練農場」（菅野　一九七八、八六三頁）からなっている。そこでは「健全な自家労働力をもつ適正規模の自作農」（同前）が農村の中核となるべきであり、そこに「食糧の増産確保とともに、優秀なる兵力と労力の供給源としての機能を期待した」（同前）のだが、しかし、すでに総力戦のなかで国力を消耗しつくそうとするような状況のもとでは「実体のない空虚なスローガン」（同前）でしかなかった。そして、一九四五（昭和二〇）年に壊滅的な打撃を受けて昭和十五年戦争は終結した。

このようにみてくると、戦前における自作農創設維持事業は、昭和十五年戦争のなかでその性格を変遷してきたと思われる。まずは昭和の初めにこの事業が取り組まれたのは、激化する小作争議への対策として、また地主制の退潮という事態への対応として、自作農を増やすことで農村における政治的安定と農業者の経済的保護をはかろうとするためだった。一九三一（昭和六）年の満州事変から準戦時体制が形成されるなかで、自作農創設維持は、小作争議への対策として取り組まれていたが、しかし、一九三七（昭和一二）年に日中戦争が始まり戦時体制に移行すると、小作争議対策から戦争遂行のための食糧確保を担う農業者の養成へ、というように性格を変えていく。そして、総力戦体制が強化されるなかでは、皇国農村の一翼を担うものとして、自作農創設維持が位置づけられていく。

なお、この事業は戦後の農地改革における戦後自作農の創設へとつながるけれども、戦後自作農の性格は、また異なった独自なものとしてとらえられなければならない。

二　山形県の動向

山形県自治講習所

以下では、山形県における開拓村の計画と実際についてみていく。ここでは、その歴史的背景となった山形県自治講習所について概観する。

この自治講習所は一九一五（大正四）年に大正天皇即位大典記念事業として創立されたもので、森芳三によれば、「農村中堅人物の不足を痛感した山形県は、その養成にのり出した」（森　一九九八、六六頁）というねらいがあった。これは日露戦争後の地方財政の悪化などを打開するための地方改良運動などの延長上に、「町村の自治事務の担当者・産業組合その他団体の実務的担当者の必要」（同前）に応えるものだった。当初は、デンマーク国民学校を模範として「国民的自覚に立つ農民文明と都市人士におとらぬ高潔なる人生観の育成」のために「格高き教師と共同生活を通して教育する」（森　一九九八、六八頁）という方針で、「そこには開拓・移植民の意図は一切みられない」（森　一九九八、六九頁）ものだった。

しかし、初代所長に加藤完治が招かれると、加藤は「一切を自分にまかせることを求めた」（同前）が、そのことで、この自治講習所は、すでに本書第三章でみたような加藤の農本主義が全面的に採り入れられていくことになった。そこでは、「師弟ともどもの共同生活を営みつつ、開拓労働を心身鍛錬として実践する教育事業」（森　一九九八、七二頁）が進められたが、それは、加藤が師事した筧克彦の古神道にもとづいたもので、岩本由輝によれば、「筧克彦のいう皇国精神にのっとった農本主義による精神教育の実施を公然と打ち出している」（岩本　一九八九、一九四頁）。禊、日本体操（やまとばたらき）、礼拝など「開拓農民の精神主義的養成が主内容となっていた」（森　一九九八、七二頁）。だがそれとともに、農業実習や開拓事業の実践が組み込まれていて、思想教育に終始していたわけではない。そこで「実業補習教育その他分野に勤労教育がとり入れられる影響を与えた」（同前）といわれる。長期講習生はなかなか集まらず定員を満たすのがやっとだったが、「短期講習生が非常に多人数にのぼったのであり、総数一八〇〇名をこえた」（同前）。この修了生が加藤の農本主義の担い手となっていく。

開拓事業の実践として取り組まれたのが、一九二〇（大正九）年に実習農場として開かれた大高根青年修養道場での開拓実習である。ここでの講習は国内開拓だけではなく海外植民のために「移植民基礎訓練にあたる」（同前）ものとなるが、「自治講習所の海外移民への加担は、いわゆる自由移民すなわち米国あるいは南米諸国への移民にたいし関係したことはなく、いわゆる国策的植民政策の一翼としての農業移民であった」（森　一九九八、七三頁）。そのために「この講習所の出身者はみずから朝鮮や満州に渡ることによって、日本の海外侵略の文字通り尖兵の役割を果したことになる」（岩本　一九八九、一九四頁）とされる。加藤が、一九二五（大正一四）年に日本国民高等学校が創立されるとその初代校長として転出したのちも、その影響は大きく続き、一九三三（昭和七）年に満州武装移民が始まると大高根道場からも多数が参加している。「大高根道場は訓練場となった」（森　一九九八、七五頁）のである。自治講習所は同年に山形県立国民高等学校に吸収合併されて廃止された。この学校もまた経済更生運動における「中堅人物養成の修練農場」（菅野、一九七八、六〇二頁）としての役割をはたした。これは、戦時体制下において、行政の末端機構の一員としての地域指導者ではなく、「農業の実務を実践的に体得し、かつ農本主義に徹した部落レベルの中堅人物の養成が意図された」（菅野　一九七八、六〇四頁）ものだった。

加藤完治の役割

加藤は、一九一五（大正四）年に山形県自治講習所の所長として赴任したが、この自治講習所の卒業生から、次三男にとって土地がないことが致命的だと訴えられて、開拓による打開という方針を立てていく。それが一九二〇（大正九）年の大高根青年修養道場における開墾事業となって具体化した。加藤が一九二五（大正一四）年に創立された日本国民高等学校へ移ったのちも、山形県では一九二七（昭和二）年の塩野郷開拓や一九三七（昭和一二）年の若木郷開拓などで、加藤の門下生が開墾事業を指導している。

このように加藤は、小作農対策あるいは日本農業の零細性への対策として国内開拓を主導するのだが、それとともに朝鮮半島や旧満州への海外植民を主張し実際に推進している。満州事変と引き続く「満州国」成立は、加藤の満州移民にとって絶好の機会となった。一九三三（昭和七）年に旧満州への武装移民を実施し、一九三六（昭和一一）年に満州農業移民百万戸移住計画を政府に認めさせ、一九三七（昭和一二）年に満蒙開拓青少年義勇軍を送り出す。こうした加藤の動きは、もちろんすでに検討した独特な農本主義によるのだが、それは、戦前日本の海外侵略という側面と親和性をもち、そのことによって加藤の行動は国内開拓から海外植民へと変わっていく。それが日本の中国大陸への侵略の一翼を担っていることについて、加藤は終生にわたって問題視していない。加藤は、南米移民などのいわば平和的な海外移住にはまったく関心を示さず、もっぱら植民地である朝鮮半島や軍事侵略した「満州国」への移民に執着している。

加藤の農本主義は、そもそもの農業中心的な考えと古神道から導入した日本主義との結合からなっているが、しかしこの古神道に由来する農本主義は「農村の通念にほど遠く、営農改善を望む子弟に『かんながらの農道』はなじまなかった」（森　一九九八、七五頁）とされる。他方で加藤の海外植民に対する特異な侵略的性格については、「未開地は他国のものでも侵入を許されるとする驚くべき思想と、己を空しうし神（天皇）に帰一しておこなうものはすべて許されるという、極端に無責任な姿勢」（森　一九九八、七六頁）にもとづくと言われている。「中堅人物養成」という目的自体は、すでにみたように、小作争議解決から食糧確保へと性格を変えていく経済更生運動の中心的な課題だが、そこには海外植民それも朝鮮半島や中国大陸への侵略の一環としての植民という要因は内在していない。満州移民がそもそも対外的には侵略的性格をもっていたとしても、自治講習所がそのための養成機関となる必然性はない。その意味で、山形県自治講習所そして大高根青年修養道場は、所長だった加藤によって侵略主義的な方向へと歪められてしまったといえるだろう。

自作農創設の動き

山形県における自作農創設は、「大正十五年に、『山形県自作農創設資金貸付規程（県令第八九号）』が公布され、本格的な自作農創設政策がはじまった」（佐藤　一九七三、七三四頁）。これは一九二六（大正一五）年の「自作農創設維持補助規則」が制定されたのを受けて、山形県での自作農創設の事業を展開するためのものである。佐藤繁実は自作農創設政策を、「大体二つの段階に区分して検討することができ」（同前）るとしている。第一段階は「大正末期から昭和十年まで」であり、第二段階は「昭和十年以降、第二次大戦後の農地改革まで」である。「第一段階の前段は、大正末期から高まってきた農民運動に対処して、小作農を土地所有者にすることによって、農民運動の沈静をねらった」ものであり、「その後段は、……戦争体制確立、農村中堅層育成のために行なわれた」という。また「第二段階は、準戦時体制の経済が、戦時経済に移るにしたがって、農村における地主・小作の対立を全面的に解消する必要から」のものであり、「さらに、戦争が長期化し、……農家の労力不足による耕作放棄を防ぎ、農民の増産意欲をもりたてるため」のものだった（佐藤　一九七三、七三五～七頁）。

第一段階前半における山形県の自作農創設政策は、「小作農のわずかに一部分を自作農化することができただけであった」（佐藤　一九七三、七四〇頁）が、山形県では一九二九（昭和四）年に「山形県自作農創設維持資金貸付規程（県令第一八号）」を公布して、「自作農の創設政策とともに、維持政策を重視するようになった」（同前）。これは、一九二七（昭和二）年以降の農村の窮乏化に対応しようとしたものであり、大正末期から昭和初期にかけて激化してきた小作争議への対応策でもある。山形県では大正末期には庄内地方での大地主と中下層小作農とが対立した比較的穏やかな小作争議が、昭和にはいってからは村山地方での中小地主と下層小作農との対立となったかなり激しい小作争議が展開されたが、これは「地主制がしだいに困難な事態に直面していたことを意味した」（佐藤　一九七三、七四五頁）のであり、そこで地主は「有利な条件で零細な耕地を売り、他の産業投資へ転進」したり、「小作人から土地を取上げて、自ら耕作者となることで……地主制の退却」（同前）を図った。

このように自作農創設維持事業は、「農村窮乏の救済のために実施された」（佐藤　一九七三、七四五頁）農村経済更生政策や、「貧農家を当時の満州に移民させて国内の農村に適正規模耕作を作ろうとした満州移民政策」（同前）と並んで、「中層自作農の増加をはかろうとした」（同前）ものといえるだろう。そして、そのような動きのなかで、一九二七（昭和二）年の塩野郷開拓事業や一九三七（昭和一二）年の若木郷開拓事業が取り組まれている。この点からすれば、山形県が満州移民政策に深入りして全国的にみても多数の移民を送り出したこと、県内での開拓事業を推進していったことは、自作農創設維持のために、一方で移出したのちの耕作放棄地を生み出すため、他方で開墾による新たな耕作地を生み出すため、という両面の方策がとられたということになると思われる。

第二節　東根市若木集落の事例

一　開拓の計画と実行

開拓のねらい

本節では山形県東根市の開拓村の事例を取り上げる。その背景を簡単に確認しておく。

すでにみたように、昭和初期には昭和恐慌や凶作などによって、農村の疲弊は深刻になっていた。とくに農村にとって打撃となったのは、一九二九（昭和四）年の世界大恐慌によるアメリカへの輸出品であった生糸価格の大暴落であり、一九三〇（昭和五）年の昭和恐慌では、米価や繭価の下落によって農家の負債が多くなった。それに追い打ちをかけたのが一九三一（昭和六）年に続く一九三四（昭和九）年の東北の冷害による大凶作であり、小作農への転落や貧農子女の身売りに至るまで、生活は困窮をきわめた。

そうした苦境の打開策として経済更生運動が展開された。そのなかで自作農創設の補助と維持という政策も実施された。「疲弊した農村の経済更生が強く叫ばれ、総理大臣を会長とする東北振興調査会が設立され、東北振興の総合計画が立てられることになった。その一環として東北各県にモデル的あるいはパイロット的な農地を開拓し、集団的経営によって理想的な村を築こうとした」（東根市　二〇〇二、八五〇頁）。その一環として東北各県に一〇〇戸の開拓農家を入植させる計画が立てられた。集団的な経営にもとづくモデル農村を創設するというもので、東根市若木郷がその一つである。これについて、若木開拓地の移住指導員を務めた東海林泰[1]は「このねらひは内地の次三男対策として部落を構成することで、本省の農村更生指導は農村を強くするには、之が根幹となつて、部落々々を強化し、常に親睦を本旨とする模範部落を作つて地方の模範となり、大いに之が啓蒙に当らせるというのであつた」（東海林　一九五七、二頁）と述べている。また横山昭男も「それはいわば農村更生指導のための模範部落の建設であり、内地における次三男対策であった」（横山　一九六九、二二九頁）としている。農家の長男は後継者として家を継ぐけれども、次三男は家を出なければならないというのが一般的だった。ところが、昭和初期の経済不況は次三男の農外就労を阻み、かといって農家にとどまることもできないという困難な状況をつくりだしていた。そこで次三男にたいして土地を提供して自作農として自立させるという対策が立てられた。

そもそも戦前の地主制のもとで、「農家の大半は小作農であり、幾ら働いても農家の経済の良くなるはずのないことは明白な事実であったろう。依って自作農こそ一般農家の羨望の的であったと思う」（東根市史編集委員会　一九七八、一頁）と東海林は指摘している。また、農業者自身の感覚としても、ある農業者が「当時日本農業の実態は、一部の大地主、又豪農と呼ばれる支配者以外は、一般的に農地の規模も小さく、いわゆる零細農家の自給自足的な内容と、大半は小作農であり限られた農地からの所得にもおのずと限度があり、農家の生活や経済が豊になれるはずがないことは明白でもあったと思う。したがって農地の面積の大きな、自作農こそ一般農家の望みではなかったかと思う」（七十周年記念実行委員会　二〇〇七、六頁）と述懐しているように、農家にとっては自作農になることが目標だったのである。

したがって、前節で検討したように、明治以来の地主制が揺らいできている状況と昭和初期の農村経済の困難な状況とを打開するために自作農創設という政策が打ち出され、それを農村の現場でも歓迎したのだといえるだろう。といっても土地があり余っているわけではない。そこで、新たに農耕地を開拓するという方針がとられ、国内開拓と海外植民という方策として展開してきた。その意味では、前述したように加藤完治の農本主義は時代の動向にうまく適応していた。

しかし、もう一つの要因として食糧確保という目的も見逃せない。というのは、これもすでに述べたように、日本の大陸への海外侵略が進み、そのための軍事費が高額となり、兵士、軍馬などがいわば戦争に取られて、国内での食糧生産が不安定になったからである。「満洲開拓政策によって、内地の開拓事業よりもむしろ焦点が大陸に向けられてきた。しかし支那事変勃発とともにまたまた食糧難に悩むこととなり、開拓政策が再び真剣に論じられてきた。しかし従来と異なる点は政府が援助し、県営事業として推進したことであり、その目的とするところは農地開拓と自作農維持創設とを兼ねた自作農耕地開発事業にあり、兼て農村の次三男対策に資するためであった。そこで政府は昭和一二年全国各府県に命じて開拓事業を実施したが、この扇面にある若木集団開拓地もその一例である」（山形地理学会　一九七〇、一〇一頁）といわれている。隣接して一九四三（昭和一八）年に開拓された「若木営団」も食糧生産の増強が大きな目的だった。

開拓地の状況

東根市は山形盆地の北東部にあり、乱川扇状地一帯を占めている。東西に国道四八号線、南北に国道一三号線と山形新幹線、奥羽本線が走っている。山形空港もあり、その近辺に臨空工業団地と大森工業団地、さらに陸上自衛隊神町駐屯地がある。

若木原は古くから東根村の支配下にあったが、「延宝年中に山形藩の御立林となり、一七四二年（寛保二）に東根領三万石の幕府直轄化にともない若木御林となった。……安政二年、東根陣屋附村々が松前藩領となり、若木御林も松前藩の御林となって明治維新をむかえている。……明治に入り、若木御林は官林（国有林）となった」（東根市史編集委員会　一九七八、八六頁）。

明治以降の行政区画の変化だが、一八八九（明治二二）年の町村制施行で旧六ヵ村が合併して東根村が成立した。一八九六（明治二九）年には東根町となり、一九五三（昭和二八）年の町村合併促進法を受けて一九五四（昭和二九）年に他の五ヵ村と合併して拡大した。そののちの人口増などから一九五八（昭和三三）年に東根市となった。また、「明治三年（一八七〇）若木原に板垣新田・中島新田が成立、昭和二十年には大字若木が成立した」（若木　二〇〇二、三九頁）ように、若木郷は開拓から八年たって、ようやく行政上の地区すなわち若木集落として認められた。

山形県の内陸部は「内陸性気候で雨量や暴風などの自然災害が少なく、夏季は高温で乾燥し、昼夜の気温の差が比較的大きい村山地方や置賜地方は、果樹の生育に適した自然的要素を備えている」（東根市　二〇〇二、八一五頁）といわれ、果樹生産の地理的な優位性があった。しかし、若木郷は乱川扇状地の扇央部に位置している。そのために、「乏水性でしかも地味不良な砂礫地の開墾は蓋し容易ではなかった」（山形地理学会　一九七〇、一〇一頁）。というのも「当時の若木原の状況としては、村山盆地のほぼ中央に位置しながらも開発の遅れた未開の地であり、名の通り乱れまくった乱川の扇状地帯で漏水が激しく不毛の地として取り残された、おおげさに云えば昼なお暗い一面赤松や、ならにおおわれた密林地帯で」（七十周年記念実行委員会　二〇〇七、七頁）、とても開墾に適した土地ではなかったからである。「水源が無く、地下水も低く更に乱川扇状地で表土が浅い上に、官地、民地が点在しており開拓が出来なかった」（朽木二〇一三、一頁）ともいわれている。だから「この松林は秋田大林区署のものであつたのを明治二十何年頃に民間に払下げになつた」（東海林　一九五七、二頁）といっても手のつけようがなく、「その後明治三〇年台の耕地整理法の施行や、大正八年の開墾助成法、さらにその裏付としての開墾地移住奨励策が実施されたにかかわらず、この扇状地面には昭和初期まで一つの新開地も開かれていないことは注目に値する」（山形地理学会　一九七〇、一〇一頁）といわれるほどである。開墾したとしても水田はもちろん畑地としても貧弱な土地でしかなく、ともかく水利が厳しい障壁となった。そこで、現地の農業者も「この地帯の開発の遅れた要因に水利があり扇状地なるが故に保水力が弱く不毛の地として取り残されたのが真実と思われる。その為初代の人々は、いずれも水で苦労しこの地への水資源の確保に奔走されたと思うが、この開拓計画の中で水の確保が不十分で計画の欠陥ではなかったかと推察される」（若木昭和会　二〇一七、五〇頁）と述懐している。

開拓計画の立案

国の東北振興の総合計画政策を受けて、一九三五（昭和一〇）年五月、東根町議会は「県営若木郷集団農耕地誘致」

を議決した。次いで山形県は県営事業として最上郡萩野村塩野郷とともに、北村山郡東根町若木郷を開墾予定地に指定した。一九三六（昭和一一）年には土地買収が開始され、若木郷の開拓事業が進みだした。「この農地開拓は従来の企業的開墾事業と異なり、大正末期に、国の開墾政策が大規模開墾は国営とし、中規模開墾は府県営と分けて、開墾事業に対する財政的補強策へと変化したことと期を一にして、自作農創設維持の考え方は、農地開拓政策と結びついて、自作農耕地開発事業の実施に現れてくるのである」（東根市　二〇〇二、七九八頁）とされている。「県営」というように、自作農創設維持政策の一環として推進された開拓事業なのである。

県が作成した一九三六（昭和一一）年の「県営集団農耕地移住要項」によって、移住者を募集し、一九三七（昭和一二）年四月に入植者選考を実施している。この移住要項によると、開拓の目的は「互いに扶け合う所謂隣保共助の部落精神を土台とし従来の農業経営と農村制度の欠陥を匡正し、五人組を単位とする協同組織に依って各方面の生産を増殖し、併せて消費、販売方面一切の統制をとり、団結した熱と力とを以て平和で健全な自作農の自治的新部落を創ると共に一般農家経済更生の模範たらしめようとするのであります」（東海林　一九五七、六頁）というものだった。

また、移住要項における事業の計画は「百八十一町七反歩（一町歩＝一ヘクタール、一反歩＝一〇アール、以下同様）が事業施行地」（東海林　一九五七、九頁）とされ、そこでは「一戸当の経営面積は水田四反、畑二町五反とし、畑地の中一町歩を果樹園とし、尚牛一頭、豚三頭、緬羊二頭、鶏四十五羽を飼育する」（東海林　一九五七、一〇頁）こととし、「此の外共同経営地として五町五反歩をとって共同耕作」（東海林　一九五七、一一頁）することとされている。これを移住する開拓農家の全体でみれば、農耕地の総面積は一四三ヘクタールで、そのうち果樹面積が五五ヘクタールとなり、「畑地の経営を果樹に重きを置く所を特色と致します」（東海林　一九五七、一〇頁）という。しかし、飯米確保のための水田もあり畜産もおこなうという「水稲、果樹、畜産の複合で入植十年後には、その収支が黒字になる計算の開拓計画の設計」（七十周年記念実行委員会　二〇〇七、七頁）だった。また、五・五ヘクタールの共有地があって共同耕作するというのも注目される。つまり、開拓農家の協同性を保持する計画だったということである。

入植者の募集と定住

入植者は県下から募集したが、それには厳しい募集条件があった。「山形県集団農耕地移住規定」には、

「第二条　移住者ハ強健、思想堅実ニシテ左ノ各号ノ資格ヲ具備スル者ヨリ選考ノ上知事之ヲ択定ス

一、農業ニ経験ヲ有スル者ニシテ県内ニ本籍ヲ有シ引続キ三年以上居住セル満二十歳以上四十歳未満ノ男子ニシテ配偶者ヲ有スル者又ハ直ニ配偶者ヲ得ラレルヘキ境遇ニ在ル者

二、家族ノ労力二人半以上ヲ有スル者

三、移住後六ヶ月以上ノ自家生計ニ有スル費用及必要ナル農具ヲ準備シ且ツ負債ヲ有セサル者」（若木　二〇〇二、四三頁）

とあり、これに加えて、「移住要項」で

「此処の経営資金は次の通り必要ですから其の年度に間に合う様に予め用意して置くことが肝要であります。

第二年度　一六〇円〔内訳略〕

第三年度　三〇〇円

第四年度　二〇三円

第五年度　一四八円　計八一一円」（東海林　一九五七、一一頁）

と、かなりの自己資金が求められている。

こうしたことから、「政府資金だけでの開墾ではなく、相当の自己資金を準備できる人が応募資格であった」（東根市二〇〇二、八五一頁）ので、「まあ主として中流以上の農家の分家移住といつた形にはなつた」（東海林　一九五七、四頁）といわれている。つまり、「当時農村の不況時とて、長男でも勇敢に、之に参加した人々も居つた」（同前）とはいうものの、中堅農家の次三男の自立による自作農創設がめざされていたのであって、いわば貧農対策というものではなかった。戦時体制下の国策としての自作農創設は、農村の窮乏への対策というよりも、戦争遂行のための食糧確保という目標が重視されたのである。「土地の買収、工事の施工、其の外移住家屋や共同建造物の建築等は全部県で之を行いまして、最後に移住者に譲渡するもので、移住者は之等に要した費用を昭和十四年度から同三十八年迄二十五年間に年三分二厘の利率で年賦償還の方法で県に納入するもので、此の金額一戸当一ヶ年百七十三円六十九銭の計算となります」（東海林　一九五七、七頁）という償還計画からしても、まったくの丸腰からの開拓では返済の負担に耐えることは難しかっただろう。実際、後述するように、この償還は相当の重荷になったのである。そういうこともあって、「実家を含め、親類縁者から、当面五年間の生活援助が出来ることが、入植の条件だった。とは云っても、入植者は開墾作業の合間をみて、日雇人足、冬期間は出稼ぎ等で生活費を得ていた。水路工事（太田新田の北側）は冬期間であったが、素足の草鞋（わらじ）履で、人力のみで工事にあたり貴重な現金収入だった」（朽木　二〇一三、二頁）という。

一九三七（昭和一二）年四月に「県会議事堂で選考が行われた、身体検査もあつた」（東海林　一九五七、四頁）。移住希望者は願書と誓約書を市町村長に提出した。「五十五人必要なのに三十五人を採用して、後は次回となった」（若木二〇〇二、四三頁）という。それは「役人は事業の第一回の募集には良き模範部落とするために相当厳重な選考をした、五十五戸の処にたつた三十五人丈けとなつた」（東海林　一九五七、二八頁）という事情があったからである。追加の「募集方法は県報を各町村長に依頼し、又、開墾進行中の若木の現場を見学説明を行なった。その結果、第二次　昭和十二

年十一月一日　十四名、第三次　昭和十三年二月十一日　六名、が決定、とくに第三次者は国民高等学校に於て訓練を終了している」（若木　二〇〇二、一〇五頁）。しかし、「第一回の募集はきわめて厳格な選考になったようだが、支那事変になってからは、事件が拡大され、したがって応召者も次々と出た。第二回目の入植者選考には、とにかくやかましいことは言っていられない時になっていた。しかし、秋頃までには、有為の人材もそろい、予定の五十五人の入植者になった」（東根市史編集委員会　一九七八、三三三頁）という。つまり、大陸への侵略が拡大することで農家の次三男が出征する事態が深刻化してきたということが、入植者選考の妨げとなってきていた。

入植者は山形県村山地方の出身者であり、東根町が一〇人、東根町を除く北村山郡が一七人、東村山郡一三人、西村山郡七人、南村山郡が四人となっている。また外地から帰国して入植したものが四人いる。一九四三（昭和一八）年に若木集落の隣に入植した「宮団」の入植者が北村山郡にかぎられていたのとは異なって、人選を厳格にしたために出身地が村山地方の全体に及んだのだろう。また、人口問題の解決策ということもある。「扇状地周辺の人口過剰となった水田地帯からの移住が多く、零細規模で分家も出せない農家における過剰人口の解決策としてこの扇状地が利用されたものと考えることができる。このことは移住者の質的構造をみるに、若干の長男入植は例外として、多くは次三男入植者によって占められていることにもうなずかれる」（山形地理学会　一九七〇、一〇六～七頁）といわれるように、農家の次三男問題の解決策としても若木郷の開拓事業が推進された。

集団訓練と共同生活

入植前に訓練期間があった。「移住規定」では「採用者は現地に移住する前約十日間萩野、東根に分けて訓練を致しますが、此処で先づ農業をやる正しい心を鍛えると共に共同作業の基礎訓練を受けるのであります」（東海林　一九五七、一三頁）とされていた。これは開拓地にかぎられたことではなく、前節で触れた農民道場でも行政機関への就職前に訓練を実施していた。「当時各県では農民道場なるものが設けられ、大学卒業者が本庁に就職する前に、一、二ヶ月は必ず道場に入り精神修養、又は労働体験を受けさせた」（若木　二〇〇二、四九頁）という。さらに海外植民のための訓練もこの農民道場でおこなわれた。「丁度その頃は満州移民が国是の如く推進されていた。そこに送られる移民者も又、これ等の道場で教育を受けたのである。ましてや内地移民若木移住民者もその通りであった」（同前）。

入植してからも、一ヵ月は仮採用期間となっていた。そこで「四月二十日から一ヶ月間は全員講習期間を含めて仮採用であると言われ、みんな緊張して作業や講義に参加した」（若木　二〇〇二、五二頁）という。それは開拓生活へ向けての共同訓練の場だった。だが、「訓練期間は一ヵ月の予定であったが、終了後、各人が入るべき住宅の完成が遅れて八ヵ月に及んだ。この共同生活は単なる技術的指導だけでなく、精神訓練期間ともいえる厳しさであった」（東根市二〇〇二、八五一頁）。移住指導員の東海林泰も「何しろ世の中に模範部落を作るので其の人を訓練する。そして一ヶ月間は主として精神の訓練をする。しかもこの期間は仮採用というので、この峠を越えなければ落第するとの見幕だ」（東海林　一九五七、一六頁）と当時の様子を述べている。

この集団訓練は同時に合宿による共同生活でもあった。というのも当初は「田畑は個人配分には至らず、従ってすべての共同の作業と共同の生活であった」（若木　二〇〇二、五二頁）からである。訓練と生活の日課は次のようである。

「午前　五：〇〇～　　起床・太鼓合図
五：四〇～七：〇〇　禊、日本体操他
七：〇〇～　　朝　食
八：〇〇～一〇：〇〇　講　義

一〇：〇〇〜一二：〇〇　実　習
一二：〇〇〜　　　　　　昼　食
午後　一：〇〇〜六：〇〇　実　習
七：三〇〜九：〇〇　講話、座談会
九：〇〇〜　　　　　礼拝、就眠

科目　日本精神と農民道徳
講師　国民高等学校校長　西垣喜代治。教諭、高橋良一。同宇野宇一。教授嘱託、船越直治。[2]」（若木　二〇〇二、一八八頁）

起床、点呼のあとの禊というのは近くの小川での行水である。日本体操は「やまとばたらき」というが筧克彦が考案した独特の体操である。[3]「それが終るとリーダーは唱へごとをする。その後に全員続いて唱える……そしてすめらみこと彌栄と全員が三唱する。……これが終って食事だ。……これをたべる前にみんなで『神ながらの心』を唱へる」（東海林　一九五七、一六〜七頁）。

こうした合宿訓練について、東海林は、「他人から見ればおかしかったと思うが、やっている我々は全く真剣であった。これは神々が荒野原に天降りしたと同じ心になったものだ」（若木　二〇〇二、四七頁）と述懐しているし、伊勢神社から分社して若木郷につくられた弥栄神社についても「神様の崇拝よりもむしろ、入植者一同の心を癒し、孤独感を払拭して、みんな集って団結心を培うよりどころとして、弥栄神社の建立を企てたものであった」（若木　二〇〇二、一八七頁）と団体生活にはたす役割を指摘している。

しかし、これはたんに集団生活を営むなかで開拓精神を養うというだけではない。共同開墾生活では「合理的な農業技術の修得よりも勤労と節約の農法、軍隊的な集団訓練に重点がおかれていた」（東根市　二〇〇二、三五五頁）のであり、東海林にいわせれば「昭和七・八年頃から始まった満州国への移民に深くかかわりあっていた加藤完治イズムで進められた合宿訓練」（若木　二〇〇二、一八七頁）だった。入植前に農民道場で訓練を受けるというのも「その時代の尊王愛国の精神教育であった」（東根市史編集委員会　一九七八、二九頁）という側面を見落とすことはできない。東海林は訓練中の経文についても「これも全く国学的な言葉だ、どうして斯うしたことが教育に用いられたかは多分明治時代に古神道の大家『かけいみつひこ』先生があり、此の弟子に山崎延吉翁（我農）この門下が加藤完治先生といつた流れからと考えられる」（東海林　一九五七、一七頁）と加藤完治の農本主義の影響をみている。[4] 弥栄神社の建立も加藤完治の影響によるものである。

入植者の抵抗

ところが、こうした加藤の農本主義にもとづく開墾事業について、入植者たちはいわば喜び勇むばかりだったのではない。東海林の述懐によれば「此処に集つた人々はいずれも中農以上の二、三男であつて独立の生計を営んで居ない。従つてきうくつな集団生活などは余り経験がない。従つて喜ばない」（東海林　一九五七、一九頁）。入植者によれば『米と布団を持参しての合宿訓練は、軍隊生活よりきつかった』……朝は五時に起床。点呼の後、小川で行水をし、体操をして朝食をとる。食事はご飯とみそ汁に漬け物。一定量とあって、いつもお腹をすかしていた」（若木昭和会　二〇一七、五六頁）というような状況だった。とにかく「まるで佛教大学か、修道院か、あるいは寒行か、神教大学と軍隊とを併せた様なものであった」（東根市史編集委員会　一九七八、二九頁）。「食事がすむ今度は九時半頃迄学科だ。……十時には現場へ到着松の根を掘り乍ら開墾するが、全くの山野であつて畑などになるのはいつのことかと感じられる」（東海林、一九五七、一七頁）という不安感や焦燥感があったのだろう。それなのに厳しい作業が課せられる。牧野友紀によれば、この時期に「三つの抵抗行動が見出される」（牧野　二〇〇八、九六頁）のだが、その背景として、こうした入植のための訓練や作業にたいする不満がかなり鬱積していたことがあげられるだろう。

「抵抗行動」の一つは一斉休業である。東海林が所用にでかけ「一泊して夕方帰って見たら誰も居らない。……そして決議文を渡されたそれは今でもあるが、毎日の仂労に耐え切れぬので一日無断で休むことを決議すると印を捺して各々の名前が署名されて居る。しかもそれが只の一日丈と書いてある。……今、考えてみると年令も二十代の素朴な人達の全く可愛らしいゼネストである」（東海林　一九五七、二〇頁）。精神主義的な合宿訓練で、休日が月に一日だけだったのを、月に二日にしてくれという要求だった。二つ目は野火である。「夕方帰って来たら野火事で開墾はしないで来たという。後でよく聞いて見ると誰か作業中松の枝に火を付けてもつて歩いたのが原因らしい。……みんなが青くなって防火に務めたらしい。……〔犯人は誰かと〕質問した。誰一人として声を立てない。とうとう其のままで終った。みんなあのとき程おそろしかったことはないといつて語り草になっている」（東海林　一九五七、二〇～一頁）。この事件は、開墾がなかなかはかどらないなかで、業を煮やした入植者がいたずら半分に起こしたものである。さらに三つ目は炭窯損壊である。そもそも入植して二ヵ月ほどたった六月末に加藤完治が視察に来た。加藤は抜根した松で炭を作れと指示した。そこで「加藤先生の云はれたとおり、早速炭焼班を組織して二つの炭がまを作つた。……何しろ青年連中のことゝて不平が出る。しかし先生の命令というので致し方ない。……ある日のこと炭がまを誰かこわした者があるという。しかし我々の事業に対して地元民がいたずらはしない筈だ。よく調査したら夕方の帰りにこの炭がまさへなければもつと早く飯を喰へると皆の中にこわしたものがあつたのだ。夕食後の点呼のとき白状させて、わびをさせた事などもあつた」（東海林　一九五七、二二三頁）。

以上の三つの事件は、若木郷への入植事業が必ずしも、行政や指導者たちがねらったような、国内開拓の農本主義的な理想郷をつくるという理念を入植者に徹底できていなかったことを示している。若木郷の開拓事業で戦前の農本主義一色に入植者が染まっていたとみることは妥当ではない。現場の入植者たちの対応は一様ではないことに注意しなければならない。このことは後述する入植者の事例でふたたび取り上げる。

個別住居への移転

一九三七（昭和一二）年の一二月に合宿を終了して個別に入居することとなった。県の計画によれば「建坪二十坪で建設費一、〇〇〇円」（若木 二〇〇二、五三頁）だった。家屋は一二月中旬に竣工し、第一次と第二次の入植者は直ちに入居し、第三次入植者は翌一九三八（昭和一三）年二月下旬にすべてが移住している。「その年の末、住宅の建設が終わり、西三八戸と東一七戸の団地にくじ引きで入居でき、家族を呼び寄せることができた」（東根市、二〇〇二、八五一頁）。この時の入植者の意識について、東海林は「さあ自分のものとなると、何となく可愛いもので、石一つも片付ける気分が違う。壁など乾ききらない処に戸も出て来ないのにむしろを張つて世帯を構えたそうだ。早速奥様連中を呼び寄せて新家庭の主人といっても、二十代の男が横座に構えてた風景も又一しほの感があつたと思う」（東海林 一九五七、二七頁）と述べている。まさに自作農が創設された現場だが、次三男が独立して一軒をかまえるという目標が実現できた喜びが手にとるようにわかる。

しかし、共同生活から個別住居へと移ってもやはり生活は厳しかった。聞き取りによれば、物心両面（生産活動や相保障での生活）で助けあった。「全員が同じスタートラインに立っていた。何もなかった。ないないづくしで、『神町には嫁にやるな』といわれた。米がない。石だらけだ。生産物が天候に左右されやすく、保証がない、とつい最近まで言われていた」。「二代が出生した時『産湯』が無く、板垣新田の川から『天秤桶』で運んだ。風呂の水は、各家庭で輪番で『五右衛門風呂』で豊富に有った、松の枝で沸かした。夕方になると、二代のこどもたちが『風呂つかい』に近所の家に告げてまわった。一週間、十日おきはあたり前だった。しまい風呂（順番が遅い）になると、松葉が燃えた灰が、風呂桶に入ったのと、汗と垢（あか）の独特の悪臭、又、身体中に黒い点が付着した。それでも、入らないよりはましと、にぎやかに社交の場にもなっていた。水は無くとも、いくらでも有った松の枝をどんどん燃やすので、熱くて入れないと、水が全く無い冬は、窓の外の雪で温度調節をした。臭いのは我慢できても、熱いのは、どうにも我慢が出来なかった」（朽木　二〇一三、三～四頁）という入植者（第二世代）の回顧からも、水利の悪い扇状地での開拓の困難な状況がわかる。聞き取りによれば、一九五二（昭和二七）年に上水道ができるまでは、道沿いに流れる川水を飲んでいたという。それだからこそ、入植者たちの相互の助けあいが強まったといえるだろう。

水田の断念と畑作の試練

当初の入植計画では、扇状地という水利の悪い入植地であることから果樹や畑作を中心としながらも、自給程度の稲作をめざして開田も予定され、各戸二〇アールを施工した。しかし、「二年続けた収穫は採つた人で四俵位、とらない人は全々収穫皆無であつた。何時ともなく誰も水田作りはしなくなつた」（東海林　一九五七、四一頁）という結果となった。これは、水利問題が大きな障壁となったからである。回顧によれば、「江戸時代から、神町堰として、現在の板垣新田を経由して、向田地区（現、神町駅西南）の水田の水利として利用していた。……〔新田地区〕の流水を利用して、水車で精米、精粉をしていた。……昭和一二年、開拓がスタートしたとき、県耕地課の出先現場事務所（現、若木支所）の平山所長の仲介で、神町の武田信吉氏（武田信美氏の本家）と東海林泰氏の間で分水することを取り決めた。

……入植以来、慣行水利権として、新田地区から『分水』として、生活用水、灌がい用水として使用してきたが、確たる『水利権』は無かった」（朽木　二〇一三、一～二頁）。

畑作へと専業しようとしたが、しかし、「水田はうまくゆかず、畑地の開墾も抜根作業に手間取り順調にすすまなかった。畑地には陸稲・南瓜・とうもろこし・大根・白菜・馬鈴薯などを作付した。土地配分の終った一九四〇（昭和十五）年春には、りんご・桜桃の苗木を植えつけている」（東根市　二〇〇二、三五五～六頁）。東海林によれば、「先ず陸稲から初まり南瓜、西瓜、とうきび、夏大根、白菜と作付けする計画を樹てた。……一番早く出来たのは夏大根で、次に白菜だ。……処が夏大根は直ぐにくさつてしまう」（東海林　一九五七、二一頁）。「次に馬鈴薯の収穫となつた。……それでもくさる、……西瓜や甜瓜、とうきびなどもろくな収穫はなかつたらしい。……但し秋大根は見事なものが出来た」（東海林　一九五七、二二頁）。この秋大根が、開拓当初の入植者にとって貴重な現金収入源となった。「秋大根だけは見事なものができ、漬物にして東京方面に大量出荷し、かろうじて現金収入を得ている」（若木　二〇〇二、三九頁）ということになったからである。野菜が栽培できなかったのは、火山灰土壌だったことも大きいという。

畜産も試みられた。これはしかし、昭和一〇年代後半のことである。「多分昭和十六年の秋頃だつたと思うが、尾花沢の田中氏が樋田祐太郎君を連れて私の処に来た。土地を改良するには乳牛を飼育するに限ると云う」（東海林　一九五七、五二頁）ことから、乳牛を飼育する酪農が進められた。「昭和十八年頃と思うが、北郡の乳牛品評会を若木事務所で開催、大変な人気であった。十九年には農林大臣から戦時下の農村功労者として表彰も受けた」（東海林　一九五七、五三頁）。しかし、この乳牛飼育も一九四五（昭和二〇）年の空襲によって大打撃を受け、そののちは果樹栽培に特化していく。

年賦金の返済

開拓事業が本格に始まったものの、大きな懸念があった。それは入植時に借金していた年賦金の返済である。年賦金は、三年据え置いたあと、一年に一九〇円余り、一五年で返済することになっていた。その前提となる各農家の収入は次のように想定されていた。

「移住者一戸当りの収支は次のようになる。

収入　一、二三八円二三

支出　家屋維持費　　二〇円

家　計　費　五三二円四〇

県納付金　一九一円〇七

共同施設分担金　一〇円

農　具　費　　三八円

計　　七九一円四七

差引　四四六円七六

即ち、熟田畑化した後は一切の費用を支弁しましても四四〇円余の剰余金を生ずる計算である」（若木　二〇〇二、四二頁）

この計画通りならば、十分に経営が成り立つはずである。ところが、実際には後述するように、開墾が予定通りに進まず、また稲作はできず畑作もほとんどが順調に進まなかった。さらに、次のような事態も起きた。「昭和十二年からやつたので三ヶ年据置きの約束の年賦金一ヶ年分百九拾何円也は十五年からの返済と考へて居った処工事着手は十二年だが事務的には十一年からとなつて居るので十四年から納金せよといふ」。そこで「初年度は百円を納めることとしたが、なかなか之も出来る筈はない。……何かの方法をと考へた末にとうとう勧業銀行から一戸百円づゝの割合で借金出来るようにしたが夫れも其のまゝ肥料資金となつた」。なんとかしようと「一戸一反歩づゝのホワイトバアレイといふ米国煙草を作ることに交渉した……そうした金でいよ〳〵一年おくれて大枚金百円也を支払つた」（東海林　一九五七、三三頁）。

他方で、同じ県営開拓事業がおこなわれた最上郡萩野村塩野郷では旧満州への移民によって解決しようとした。「萩野では……一部の希望者を更に満州に移住したら如何ということになつたそうなれば後に残ったものも出たものも良いと、大変理屈は良い、……手前五戸の移住者がとう〳〵満州へ出て行った」（東海林　一九五七、三三頁）。つまり、五戸が満州へ移住することで、残った入植者たちはその跡地を経営に増反することができる。そのことで経営を安定させようというのである。だが、東海林は「敗戦後其の人々は果してどうなつたであらうと思うが、之れこそ全く年賦金の為に戦死した犠牲者のようなものである」（東海林　一九五七、三三頁）と述懐している。若木郷の場合は、あくまで若木開拓地での農業によって打開しようとしたが、塩野郷では再度の移民という手段によったという違いがあった。

このことについて、牧野友紀は「年賦金の返済という差し迫った状況が、やむをえず農業生産活動を専念させるにいたった」（牧野　二〇〇八、九七頁）という見方をしている。「萩野では、五戸の希望者を満州に移住させることによって解決を図った。……当の若木では、東海林や事務所所長が、現金収入を得る方途を模索していく」（同前）。その結果、「制度を入植者たちの生産や生活に活かしうるように、場合によっては制度には内包されていない項目を設定したりして、入植者たちの生活をおかれた条件のもとで最大限展開することを企てているということは、大いに評価されてよかろう」（牧野　二〇〇八、九八頁）。年賦金の返済をいろいろな手段を講じて切り抜けようとする姿勢は、当時の満州移民の風潮のなかでは相当の重圧があったと思われるが、あえてその方法をとったのは、東海林の考え方が大きかったといえるだろう。そこには、加藤完治を高く賞賛しながらも海外植民を一途にめざすのではないという姿勢がみられる。同じ開墾事業としても満州移民を避けようとしていて、加藤の農本主義にたいして一定の距離をとっている。また、それとともに入植者全員の協同性を重んじる姿勢が表れたのではないだろうか。塩野郷とは異なって、松林の抜根作業に手こずり水利の悪さに悩まされた若木郷では、相互に助けあうという共通の意識ができあがっていて、この協同性が、移民によって仲間が欠けるのを避けようという行動になったのだと思われる。その協同性はのちの土地の再分配の際にも現れている。

果樹栽培への特化

当初は複合経営をめざして始まった若木郷開拓事業だが、水田は水利が悪くて廃田し、畑作も秋大根以外は収入にならなかった。そこで果樹栽培が進められたが、以下でこの地域での果樹栽培の歴史をみていく。

乱川扇状地では、一八七五（明治八）年に板垣新田の板垣董五郎がリンゴ・サクランボ・ブドウの苗木数本を栽植したのが導入の始まりである。そののちしだいに果樹を栽培する農家が増え、一九一三（大正二）年に神町に果樹組合が設立され、この時期にかなり普及した。しかし、当時は葉タバコ、桑（繭）が中心的な換金作物で、果樹が主要だったわけではない。昭和初期の不況によって繭価格が下落し、果樹栽培への転換を余儀なくされる。若木郷開拓が始められたのが、まさにこの時期だった。

若木郷での果樹栽培は、一九四〇（昭和一五）年春のリンゴ・サクランボ植付けが最初である。入植者それぞれへの土地配分が終了し、「この地は土質からして果樹が適しているという開拓指導者だった東海林泰の意見で、宅地まわりから旭、国光種のリンゴ苗の植栽が進んだ」（東根市　二〇〇二、八五二頁）。二・九ヘクタールの配分面積のうち二ヘクタールを果樹園にする計画で、リンゴ八〇アール、サクランボ二〇アールの苗木が配分され、「永年願望の果樹は定植された」（東海林　一九五七、四一頁）。この果樹栽培は青森県農事試験場の指導で順調に進み、そこで開拓地周辺でも本格的に取り組み始めた。「その意味で開拓団が果した役割は極めて大きく、乱川扇状地の土地利用の方向づけの基礎はこの時期に確立された」（東根市　二〇〇二、三五六頁）と評価されている。また、「若木郷の開拓方式は一般的に珍しく、水田なくとも成立つことが実証されたことになる」（若木　二〇〇二、四〇頁）ともいわれている。だが、米や野菜の自家消費分すら購入しなければならず、聞き取りによれば、果樹栽培が軌道に乗るまでは、山形県のなかでも最底辺の貧乏村だと言われ、嫁の来手がなかったほどだという。

果樹栽培は、水田作や畑作の困難な状況を克服する重要な転機となり、戦後に大きく発展した。その評価として、「立地条件に恵まれない扇状地において果樹栽培で一応成功した原因について考えるに、一つは入植者が県内中堅農家の子弟であったことと、入植条件を吟味して自己資本の有無を検討した点にある。さらに他の条件としては、県営であったがために、県の積極的指導奨励が適切であり、戦時下の統制経済下にあっても他の一般農家に比して肥料の配給も円滑であったことと、直接的指導者に適切な人物を得たことにもよるものと考えられる」（山形地理学会　一九七〇、一〇二〜三頁）と言われている。だが、そこには「第二次世界大戦後の、わが国民の食生活の変化と果物に対する需要の増加が背景にあった」（東根市　二〇〇二、七九九頁）ことも見逃せない。

土地の再配分

若木郷の開拓事業では、当初の共同生活から個別住居へと進んで、各戸に土地が配分された。しかし、その配分面積がそのまま維持されたのではない。数度にわたって再配分がおこなわれ、土地面積は当初からみて大幅に減少している。ここでは、戦前の再配分についてみていく。

すでにみたように、若木郷で入植が開始された一九三七（昭和一二）年には盧溝橋事件が起こって、国内は戦時体制に入り、大陸では日中戦争に突入していった。昭和恐慌や凶作、また長引く戦争で農村の疲弊は深まり、政府は戦時食糧増産計画をたて、一九四一（昭和一六）年に農地開発法を公布して、開田二〇万ヘクタール、開畑三〇万ヘクタールの開拓事業を実施して六万戸の自作農を創設し、そのことによって食糧問題に対処しようとした。

山形県では営団開拓地を設定したが、そのなかで「若木営団」開拓地が、これまでの若木開拓地に隣接して設置された。若木営団にたいしてこれまでの開拓地は若木集団と称された。若木営団が買収した土地面積は三七六ヘクタールだった。

若木営団では、「戦時下の食料増産が営団開拓の主目的なので、一戸当りの耕地面積四町歩のうち、果樹は四反歩位としている。また集団開拓のときのような合宿訓練もない。通いで農耕する（非移住）者も適格として含め、一九四三年に五五名が入植した」（東根市　二〇〇二、四七〇頁）。戦時中の食糧増産対策が最優先されたため、一九三七（昭和一二）年の入植と異なって、入植者についての人選や訓練などが省略されて、ともあれ開拓事業が急がれたのである。

東海林がまとめたところによれば、

「（一）事業の内容とその概要

イ、目的はあくまで、戦時下の食料増が主である。

ロ、したがって果樹は四十アール位に限る。

ハ、耕地面積は四ヘクタールとする。

二、年齢は、労働力さえあれば制限しない。
……」（東根市史編集委員会　一九七八、四四頁）

となっているし、「若木郷のときのように、訓練などやっていられない」（東根市史編集委員会　一九七八、四五頁）状況だった。「時は大東亜戦争の最中と来ている。もう大半の人は、それ陸軍も海軍もなく招集されて行く。肥料もなければ、農具もない。それどころか毎日の生活物資さえ、只のことでは手に入らない」（東根市史編集委員会　一九七八、四七頁）。こうしたなかで五五戸が入植した。しかし、若木集団の場合は各戸二・九ヘクタールの配分面積だったのにたいして、若木営団では各戸四ヘクタールと、配分面積は大きかった。

第一回の再配分が起こったのは、戦争末期に神町に海軍航空隊の飛行場が建設されたことによる。一九四一（昭和一六）年、舞鶴海軍管轄海軍航空隊施設部が神町に移駐して、事務所を置き、軍用飛行場建設の計画を進めた。用地の買収・収用はあわせて第一次から第三次にわたる。買収された用地の全面積は次のとおりである。

「一九四三（昭和一八）年三月　第一次用地買収始まる。約一七〇ヘクタール
一九四四（昭和一九）年三月　第二次用地買収。約一六〇ヘクタール
一九四五（昭和二〇）年三月　第三次の飛行場拡張。約四〇ヘクタール」（東根市　二〇〇二、六六二頁）

一九四三（昭和一八）年三月のときは、「若木では、一本二〇〜三〇個は成り出したりんご園を含む六〇ヘクタールが、兵舎用地として接収され、しかもりんごやおうとうの木は迷彩として活用できるからという理由で、移植は認められなかった。……入植者五五戸が狭義の末、未開墾の部分を平等に再配分した。」（東根市　二〇〇二、八五二頁）。東海林は「飛行場と共に、八年も手がけた若木の五十八ヘクタールは接収されたのである」（東根市史編集委員会　一九七八、四五頁）と述懐している。

さらに、一九四四（昭和一九）年三月には、「神町に海軍の航空基地を建設するにともなって、若木郷集団開拓の土地のうち四九町三反三畝一六歩が接収された。これは集団開拓地の三分一弱に当り、『集団』農家経営を圧迫したので、若木営団の土地を譲りうけて再配分した」（東根市　二〇〇二、四七〇～一頁）。また、東根町神町西ノ原の果樹園を含む一五戸が強制的に移住させられたので、「若木営団はその一五戸をもむかえ……農地を一律、三町五反に再配分した」（東根市　二〇〇二、四七一頁）。

こうした再配分は、ほぼ同質同規模の開拓農家として入植し、相互の協同や扶助が不可欠だったからこそ、平等におこなわれたのだといえるだろう。

加藤完治の役割と影響

すでに述べたように、東北振興調査会のもとで東北振興の総合計画が立てられ、東北各県にモデル的な開拓事業を推進しようとした。その一環として東北各県に一〇〇戸の開拓農家を入植させる計画が立てられた。集団的な経営にもとづくモデル農村を創設するというもので、山形県では一九二七（昭和二）年の塩野郷開拓事業と一九三七（昭和一二）年の若木郷開拓事業が取り組まれている。この両地ともに加藤完治の影響力が大きく、とくに塩野郷開拓では加藤の影響が強かった。

加藤が山形県に来たのは、すでに述べたように、一九一五（大正四）年に設置された山形県自治講習所に初代所長として赴任したときである。加藤の農本主義にもとづいた農民教育を実践するという考えだった。そのときに農家の次三男には土地がないという土地問題に気づき、開拓による打開という方針を立てていく。そこで一九二〇（大正九）年に大高根青年修養道場における開墾事業を始めた。こうしたなかで加藤の薫陶を受けた門下生が開拓事業に取り組んでいった。加藤は国内開拓よりも海外植民へと志向して、一九二五（大正一四）年に創立された日本国民高等学校へ移ったが、塩野郷開拓や若木郷開拓では、加藤の農本主義が開拓の精神的なバックボーンとなった。

若木郷開拓で直接に入植者を指導したのは、これまで取り上げてきた東海林泰で、かれは加藤に直接の指導を受けたわけではない。したがって、加藤とは一定の距離をもっているが、それでも加藤にたいする尊敬の念は示されている。「加藤完治先生は近代の農聖であるしかも農地開発の英雄でもあろう」（東海林　一九五七、六〇頁）と評価している。

加藤自身が若木郷を訪れたのは計二回しかない。一回目は入植直後の一九三七（昭和一二）年六月で、このときは塩野郷開拓の一〇周年記念式典に来たときに立ち寄っている。抜根した松の根を炭焼きの材料に使うようにと東海林に教え、「流石天下の農聖だ東海林君をタツタ十分間で指導をした」（東海林　一九五七、二二頁）といわれた。加藤は「天皇陛下、彌栄と我々は三唱したのを見て帰られた」（同前）という。二回目は戦後の一九五三（昭和二八）年春で「十七年振りで又来られて喜んで帰られた」（東海林　一九五七、二三頁）。『若木農業協同組合史』の口絵写真にも加藤の写真が掲載されている。

このように、加藤がいわばカリスマ的な敬愛の対象となっていたのだが、しかし東海林の加藤にたいする評価には、上述したように微妙な距離感がある。一九五七（昭和三二）年に執筆された『若木開拓史』では「私はこの尊い大農聖の仕事の導きを思い健康と彌栄を念じて已まない」（東海林　一九五七、六一頁）と述べているが、のちの一九七八（昭和五三）年に執筆した『東根市史編集資料』では、「加藤完治先生の流れ、いわば古神道筧克彦先生の弟子で、今で言えば右翼そのもので、一にも、二にも天皇陛下万歳での仕事である」（東根市史編集委員会　一九七八、二一頁）と「加藤先生イズム」を右翼思想とみている。同じ文章を二〇〇二（平成一四）年に刊行された『若木農業協同組合史』にも転載している。

若木郷への入植当初に集団生活への反発がみられたことはすでに述べたが、加藤の思想的な影響を受けながらも、しかし、加藤の農本主義に一辺倒だったというのではないということが注目される。それは、ほかに対抗するイデオロギーがあったというのではなく、入植者がもっていた農業者本来の農本意識が、より現実的な、その意味で合理的な思考をもたらしていたのだといえるだろう。たとえば、満州開拓青少年義勇軍に加わって満州へ移住した山形県村山地方の青年は、「少年義勇軍の思い出」として「茨城県の内原訓練所に入所したら、写真で見たり話で聞いたりしたのとはまるで違ってた」（東根市　二〇〇二、四七八頁）と述懐している。聞き取りによれば、若木郷の「抵抗行動」でも「ストライキしたのは不満がいろいろあって、みなでやれば、とやったらしい」ということで、加藤の農本主義を信奉した者であっても、必ずしも心酔していたわけではない。入植当時の共同生活で加藤の農本主義が教えられたのも出身や経験がさまざまな入植者をまとめる手段としてだったのだろう、という意見もある。

二　戦後の経過

土地のさらなる再配分

一九四五（昭和二〇）年八月に昭和十五年戦争は終結した。その年の秋に戦後の営団開拓事業として「東郷営団」の五一戸が入植することになった。戦災によって都市住民が故郷へ帰村する動きに対応したものである。ここでも移住指導者の東海林泰がリーダーシップを発揮している。東海林の回顧によれば、「日本の国土が狭くなつたのだからすべて寸尺の土地も分けあつて立派に耕作すべきであるとして、こゝで両者各々五反づゝの土地を出し会へば、更に一戸一丁五反づゝの移住者、約五十名が入植可能であることを私は主張した。営団、集団の人々に協議の結果少々、無理もあつたが了解を得た」（東海林　一九五七、五〇頁）。この東郷営団の入植者は配分面積が一戸当り一・五ヘクタールとなり、

「東郷営団入植者のために、若木郷（集団）と営団の土地が割譲されたので、一戸当り二町五反歩となった」（梅津　一九七八、八八頁）。それまで三・五ヘクタールだった若木集団と若木営団では、実際には各戸が一ヘクタールを削ることになり、二・五ヘクタールへと縮小された。

ところが、この時期にもう一つの難題が待ち構えていた。アメリカ軍の進駐である。アメリカ軍は一九四五（昭和二〇）年九月に神町に進駐し、海軍の飛行場や施設を接収した。さらに新たな兵舎建設や訓練場用地などのために接収地が拡張された。一九四六（昭和二一）年六月に「若木郷の土地一三町五反二畝一八歩、若木営団と東郷営団の土地一四九町三反五畝九歩が接収された。戦時中に海軍に接収された土地をあわせると、実に二一二町二反二畝一三歩におよび、全開拓地の約半分にあたる。東郷営団の場合、一七戸分の土地が全部接収された」（東根市　二〇〇二、七二五頁）。それまでにかなり面積が減少していたのに、「それが米軍施設になるんだから、大変なさわぎ、といっても至上の命令である」（東根市史編集委員会、一九七八、五〇頁）という事態になってしまった。これにたいして、またもや土地の再配分が実施された。その結果、若木集団と若木営団は一・六ヘクタール、東郷営団は〇・八ヘクタールにまで減ってしまった。それについて、「これでは開拓農家の経営も成りたたず、補償なしの立退き強制も同然である」（横山　一九六九、二三四頁）という批判もあるが、東海林は「五五戸の開拓者は再度協議を重ね、営農存続基盤を確保するため、平等主義に基づいて二回目の土地配分のやり直しをやったためか、一人の脱落者も出なかった。……五五人が同じ条件で入植し、協同で開墾した人たちだからこそ『合議、平等、協力』の精神が継続されたのであろう」（東根市　二〇〇二、八五二頁）と評価している。ただし、「神町キャンプ返還期成同盟」の返還陳情書の文面では「当時は他に入植開拓地が多くあつたにもかかわらず、このような姑息な手段をとつたのは接収解除後に土地を入植者に返す計画からであつた」（若木　二〇〇二、四五一頁）と記されていて、そのような意図があったとも思われる。ともあれ、接収された土地の位置にこだわらず、若木集団、若木営団、東郷営団が平等に再配分を実施したという点に、開拓地としての特徴が現れている。

アメリカ軍の神町駐留は一九五六（昭和三一）年六月までにおよんだ。そののちアメリカ軍は茨城県の朝霞に移駐し、神町キャンプは日本政府に返還されたが、アメリカ軍に入れ代わって陸上自衛隊の駐屯地になっている。また、海軍飛行場の跡地は一九六四（昭和三九）年に民間の山形空港として再出発し、山形県の空の玄関口となっている。

なお、土地代金の償還は、一九五二（昭和二七）年の入植十五周年を節目として、それまで「年賦償還で土地代金を返還していたが、一括繰上げ償還方式で返済、耕地の譲渡の登記を完了した」（若木　二〇〇二、一九五頁）。

補償問題と基地返還運動

アメリカ軍による土地の接収は、入植者にとっては大きな打撃となった。そこで、土地接収にたいする補償金と土地の返還を求める動きがでてきた。一九四八（昭和二三）年春に山形県にたいして「第一に接収地の代替地を与えること、第二に、補償金の増額を要求した」（横山　一九六九、二三五頁）。この運動は翌年までおこなわれた。

ところが、一九五一（昭和二六）年にはさらに六四ヘクタールが接収された。それに該当した農家は一・六ヘクタールからまたもや〇・二～〇・四ヘクタールを削られてしまった。

一九五三（昭和二八）年春には、「調達庁は要求の耕作権の補償問題を取り上げ、これを検討することになった国でも耕作権の補償問題が検討された」（横山　一九六九、二四三～四頁）。横山昭男は「これは運動の大きな成果といえよう」（同前）と評価している。こうした動きのなかで、同年六月に「神町キャンプ接収地補償対策連合会」が結成された。これは若木集団、若木営団、東郷営団の三つの開拓地が集結したものである。この時期には、アメリカ軍基地前で賑わった歓楽街が問題となっていて、「県で青少年問題協議会が開かれた際にも先ずこの神町の風紀問題がとりあげられた」（横山　一九六九、二四一頁）ほどである。代替地や補償、さらには風紀上の問題などの基地問題のめどが立たない状況が続いた。一九五四（昭和二九）年一〇月三〇日から一一月五日まで、アメリカ軍基地前での総決起大会と座り込みの抗議行動がおこなわれ、青年行動隊、女子青年行動隊が組織されて参加した。「この実力行使の当面の目標は、耕作権の補償を国が早急に認めること、また米軍が武田〔入植者〕ら所有の土地を勝手に使用しているので、この土地を実力で奪還する、というものであった」（横山　一九六九、二四五頁）。

一九五五（昭和三〇）年四月には「神町キャンプ接収対策連合会」が結成された。さらに、同年九月に「神町キャンプ返還期成同盟」と名称を変えて運動は続行されたが、「その会員は入植者全員ではなく、〈営団〉のほとんどと、〈集団〉の少数者に限られている」（横山、一九六九、二四七頁）ので、総決起大会が「部落ぐるみ」（横山　一九六九、二四五頁）で取り組まれたほどの熱はもうなかったといえるかもしれない。

ともあれ、こうした運動の成果として一九五五（昭和三〇）年九月には耕作権にたいする補償金が支払われ、一九五六（昭和三一）年一月に、アメリカ軍の撤退にともなって接収地の一部が返還された。その面積は三二ヘクタールにすぎなかったが、それでも若木集団に〇・二ヘクタール、東郷営団に〇・六ヘクタールが配分された。

土地再配分の経過の全体は、「海軍航空隊用地として接収され、さらに敗戦による無条件降伏のため進駐米軍の基地使用として、強制接収された土地も、米軍撤退にともない、少しずつではあるが返還され、昭和三十一年三月に北門附近、五月に演習地が返還されて、平等に再配分、一戸平均一町七反（一七〇アール）の耕地面積が確定した」（若木二〇〇二、一九四頁）ということになる。また入植者の第二世代となる農業者は、「二度にわたる土地の接収を受け、現在自衛隊駐屯地となって、そこに勤務する家族の皆さんの協力で果樹栽培専業として、農業経営が成り立っている……現実は現実として受け入れ、地区あげて協調し、地区の特長を活用することが産地の活性化になるものと思われる」（若木　二〇〇二、四〇九頁）と現状をみている。

以上からすれば、開拓地でのたび重なる接収と返還という事態に「『合議、平等、協力』の精神」で対処しえたのは、厳しい条件のもとでの開拓、また自作農になったという入植者の自覚が大きな要因になっていると思われる。農業者がもつ農本意識が、この特殊な条件下だからこそ鮮明に示されている。

果樹研究会の誕生と経緯

以下では、若木集落の農業生産や農業組織の経過をみていく。

果樹研究会とは、果樹栽培に必要な特殊な技術を学び身につけるための学習会である。神町地区では一九五〇（昭和二五）年に神町青年果樹研究会がつくられていたが、若木集落では、一九五四（昭和二九）年秋のアメリカ軍基地前での総決起大会と座り込み行動に、入植者の第二世代が青年行動隊・女子青年行動隊として参加していることが契機となった。この青年たちが果樹栽培の学習を始め、そこから若木果樹研究会が結成された。したがって、この果樹研究会は開拓地の若手が中心で、行動力があり結束も強かった。

また、当時全国的に盛んだった青年団や青年学級の活動と比べて、この若木集落の青年活動は「単に流行を追うのでなく、開拓村の青年の役割や開拓地の生産と密接に結びついていた」（横山　一九六九、二五〇頁）ことが特徴的である。とくに果樹栽培について熱心に研究しようとする態度がこの研究会にあった。

若木果樹研究会は一九五五（昭和三〇）年に結成された神町果樹研究連合会のなかで中心的な存在となった。「この頃の果樹研究会の成果としては、第一に病虫害の防除、第二に樹形の改善、第三に共同化の推進という大きな課題があった」

（若木　二〇〇二、二七四頁）。果樹研究会は、そののちも果樹栽培の技術の向上という点で重要な役割をはたしていく。

若木農業協同組合

一九四八（昭和二三）年に若木青果物出荷組合が設立され、その年の秋に初めてリンゴが共同出荷された。共同選果がおこなわれ、神町駅から神田市場に出荷された。

この年に農業協同組合法が制定された。若木郷でも同年の一二月に若木郷農業協同組合を設立したが、信用部門をもたない非出費の組合だった。そこで、「若木の農家は、毎年春になると営農資金の名目で隣組単位で集まり、お互いに相保証による連帯保証の形で地元銀行から生活資金を借り受け収穫後に返済する方法を昭和三十四年まで続けた」（若木　二〇〇二、四〇一頁）。こういうところに、共同入植をした開拓村の協同性が現れているといえるだろう。

他方で、総合農協である神町農協に出資して、若木集落の生産者は神町農協の正組合員になっていた。しかし、若木集落でも総合農協を必要とするようになり、一九六〇（昭和三五）年の定例総会で若木果樹農業協同組合の設立が決議された。そして一九六一（昭和三六）年四月に、「神町農協から分かれ、独立の道を選択、若木果樹農業協同組合として発足した。」（若木　二〇〇二、二〇九頁）。若木集落が、ようやく「自分たちの農協を持つことになったのである。……販売、購買、共済、営農指導に加え、待望の信用事業が発足し文字どおりの全国規模でも、小さな総合農協が誕生した。」（若木　二〇〇二、一九九頁）。歴史的ないきさつがまったくない開拓地で、しかも果樹栽培が安定しているという事情が、全国で最も小規模な総合農協を可能にしたといえるだろう。

そののちの若木農協は順調に発展し、「りんご生産量が、昭和四十八年に一〇万ケース、五十五年には十四万ケースとなり、農協の販売高が五億五千万円を突破した。ようやく組合員一戸当り、一〇〇〇万円の販売額を達成した。農協貯金残高も、昭和五十三年、五億円、昭和五十八年、七億と順調に推移していった」（若木　二〇〇二、四〇六頁）。この時期に「農家経営も安定、必然的に農協経営も黒字に転じ、配当も実施、安定期に入った」（若木　二〇〇二、四〇三頁）。また、共同出荷体制も「新共選場は昭和三十九年五月に完成して、共、個選の二通りの出荷体制から徐々に共選体制に移行した」（若木　二〇〇二、二〇九頁）。この共選体制の変化を、そののちの経過も含めてまとめると次のようである。

「若木共同選果場　一九四八（昭和二十三）年　手選果方式・木箱・籾殻詰

〃（改築）一九六四（昭和三十九）年　重量式機械選別・ダンボール・パック詰

若木大型共同選果場（新築）一九八〇（昭和五十五）年　重量式機械選別・ダンボール・パック詰

〃　一九九五（平成七）年　先進的農業生産総合推進対策事業として「光センサー」方式に切替え」

（東根市、二〇〇二、八四七頁）

そののち、一九九八（平成一〇）年に「東根市（平成元年合併農協）、山形東郷、神町、若木の四農協が合併推進協議会を設立」（若木　二〇〇二、二三六頁）して、一行政一農協をめざしたが、最終的には東根市農協と若木農協が合併することになり、二〇〇一（平成一三）年に新たな東根市農業協同組合が発足し、「平成十三年三月三十一日、財務内容も健全となり若木農協として最後の日を迎えたのであった」（若木　二〇〇二、四一六頁）。若木農協は若木支所となった。合併時には「水田が全く無い、又畜産、野菜等も無く、果実だけが販売品販売高となるＪＡであったので実行組合の組織がなく」（若木　二〇〇二、二三八頁）、新規に二つの実行組合を組織して、それぞれに実行組合長を選任した。

防除の機械化と共同防除組合

若木集落での果樹栽培は一九四〇（昭和一五）年春のリンゴ・サクランボ植付けが出発点である。開拓当初の戦前には稲作はもちろんのこと、畑作もいろいろと試行錯誤して失敗してしまったが、この果樹栽培は青森県農事試験場の指導で順調に進んだ。果樹栽培で重要なのは防除作業で、「薬剤の効果を高める為には地域全体が一斉防除により、病害虫の発生密度を抑え、短期間で地域全体の薬剤散布を実施することである」（東根市　二〇〇二、八四四頁）。そこで、しだいに動力機が導入された。その最初は一九五二（昭和二七）年で「画期的な動力噴霧機が若木に初めて導入された」（若木　二〇〇二、一九四頁）。しかし、「神町の果樹の面積が拡大するのと、成園化するのにともない、重労働であったのが、薬剤散布作業であった。……手押ポンプ噴霧機から、動力噴霧機に移行して大巾な労力の軽減になっても、合羽、マスクを付けて手散布の作業には変わりなかった。夏季の散布では一回終わる毎に体調を崩す人も出て、薬剤散布作業は深刻な、重労働だった」（若木　二〇〇二、一九六頁）。さらに高度な機械化が必要だった。そこで導入されたのがスピードスプレーヤーである。

ところで、こうした機械化の動きは神町地区全体で進んでいた。手押しポンプ噴霧機から動力噴霧機へと進み、「更に十年後の一九五八（昭和三十三）年には大型トラクターでけん引する大型高速度スピードスプレーヤー（風を起し高速風で薬剤液を霧状にして飛散させる散布機）を神町共同防除組合（七一ヘクタールの果樹園一〇五戸で構成）が二台導入し、県内初の発足となった」（東根市　二〇〇二、八四四頁）。乱川扇状地は水利が悪いので「給水車もセットしたことで、神町方式と呼ばれた」（東根市　二〇〇二、八五二頁）。ところが、このスピードスプレーヤーは、「高性能、高能率でも個人で購入出来る価格ではなかった」（若木　二〇〇二、一九七頁）。また果樹の樹間における畑作物の間作が通路のじゃまになっていた。「この二つの問題を解決するため、防除作業の共同化、畑作物のかわりに密植栽培、わい化栽培へと移行した」（同前）。スピードスプレーヤーの導入は、共同化、果樹栽培への集約化と大規模化、また「家族総出の散布作業から、特殊大型免許所持者でなければ、散布出来ない」（若木　二〇〇二、一九六頁）作業への変化をもたらした。その結果、薬剤散布の重労働からの解放、適期散布、生産果実の品質の均一化と高度化が実現することになった。東根市では、一九六三（昭和三八）年に、農業構造改善事業の実施計画を立案したが、それには神町地区の果樹園にたいする事業が含まれていた。その内容は次のとおりである。

「①未整理地を近代的果樹園にするための果樹園造成事業
②自動式選果による集出荷の合理化をはかるため共同選果場の設置
③果樹の適期防除と生産費引き下げをはかるため、スピードスプレーヤーの導入」（東根市　二〇〇二、八〇四頁）

この事業は一九六五（昭和四〇）年に完成している。

このように神町共同防除組合のもとで、農薬の共同購入や散布暦の統一化など、共同化が急速に進んでいった。若木集落でも、「スピードスプレーヤーの威力を眼のあたりにし、共同購入の動きが急速に高まっていった」（若木　二〇〇二、一九七頁）。導入資金を農協からの借りることができないので銀行から融資を受けるなどの苦労をして、一九六〇（昭和三五）年に二台のスピードスプレーヤーを導入した。運転免許が問題となったが、入植者の「二代目の受験対象者を数班に分け、特訓の結果、全員が大型特殊免許に合格した」（同前）。「導入資金に目途がついたことで、共同防除の体制づくりになった。その骨子は、初代入植者と二代目の後継者から運営の役員を出して、それぞれ役割を分担するというものだった」（若木　二〇〇二、二〇三頁）。しかし、そののちに若木果樹共同防除組合を設立し、この構成員は完全に第二世代に移行した。スピードスプレーヤーの導入で共同防除体制ができあがったが、これによる作業は、「加入戸数五三戸の散布面積は五一ヘクタールで二台、一台当り二五ヘクタールとなり、一日八時間稼働しても約三日程度要した」（東根市　二〇〇二、八四六頁）という。

このようにしてスピードスプレーヤーによる防除が進められたが、しかし、「従来の樹体の上に、更に結果部位を上に延ばす剪定法のため、物理的に問題が出てきた」（若木　二〇〇二、二〇二頁）。というのはスピードスプレーヤーの散布が届かないほどの樹高になってしまったからである。そこで、一九六六（昭和四一）年にヘリ散布によって上部から防除する方法をとった。ところが、上部からの散布は果実と葉が密着している場合に効果が出ず、また高濃度の散布ができないために、「ヘリ散布は三年で中止となった」（若木　二〇〇二、二〇三頁）。このように、防除は果樹栽培にとって適切な薬剤の選択、時期や回数、作業効率など非常に大きな負担となっている。現時点ではスピードスプレーヤーによる防除が続けられている。

そのほかに機械化は耕耘機でも進んだ。若木集落では、これまでに土地の再配分を数次おこなったために、各農家の果樹園が分散されてしまった。「若木の農地も入植当時は、一ヶ所の面積も大きかったが、二度にわたって接収されたため再配分を繰りかえし、一町七反の耕地が確定したときは多い人で八ヶ所に分散した農地になっていた。」（若木　二〇〇二、一九七頁）。こうした「細分化された農地」（同前）に対する作業効率を高めるために、一九五七（昭和三二）年に「ティラー型の耕耘機が二十数台一度に共同購入された。……若木の機械化元年の感があり、分散した畑への移動も楽になり、早朝からティラーの音が響きわたった。……このティラー型耕耘機の導入で若木の果樹園化が急速に進み、さらに機械化を積極的に進めたのであった」（若木　二〇〇二、一九八頁）。

サクランボ栽培への重点化

果樹栽培が軌道に乗り、「個選出荷から共選へと移り、生活にもようやく、ゆとりらしいものが出てきた。品種の更新により、リンゴの消費がのび、さらに価格も安定してくる」（若木　二〇〇二、二〇二頁）。そこで、サクランボの栽培をさらに拡大する方向が模索された。しかし、ここでも問題となったのは栽培面積である。「限られた面積での営農が限界を感じられるようになった」（同前）。サクランボ栽培は、加工中心から生食用への転換、品種も佐藤錦への更新が進み、苗木養成などを考えると栽培面積の拡大が必須だった。けれども「若木地区内に余分な農地などあるはずがなく、周辺の地区から購入していった」（同前）。

こうしたなかで、栽培技術にも改善がはかられ、一九八七（昭和六二）年には大型選果機が導入され、また、摘蕾、摘花、摘果の各作業、雨除けテントが普及していった。とくに「雨除けテントの普及で、雨による裂果など激減したので、大玉の高品質のさくらんぼ生産が可能となった」（若木　二〇〇二、二三四頁）。

その他の動き

最後に、農業生産以外での若木集落の戦後の動きや開拓記念事業の開催などを経年ごとにみておく。

一九五五（昭和三〇）年に、アメリカ軍のモータープール跡地を確保して、墓地と保育所を設置した（若木　二〇〇二、一九五頁）。

一九五五（昭和三〇）年ころには「二代目の後継者の結婚もピークを迎えていた。昭和四十年前後は一年に二、三組のカップルが生まれた」（若木　二〇〇二、二〇三頁）。

一九五七（昭和三二）年に、有線放送が完成し、各農家は出資金を納入して加入した。この有線放送は一九八五（昭和六〇）年まで運営された（若木　二〇〇二、一九六頁）。

この年に入植二十周年記念式典を挙行した。このときには加藤完治が訪れている。その前の十周年は一九四七（昭和二二）年になるが「戦後のドサクサで移転中でやらなかった」という。

一九六二（昭和三七）年には二十五周年を祝ったというが、これ以降の五年ごとの事業は、集落の集会所で飲食する程度の内輪ですませているという。一〇周年ごとでは「神主を呼んだり、モチをついたり、正装して写真を撮ったりしている」という。

一九六七（昭和四二）年に入植三十周年記念事業として、入植記念碑として「拓魂碑」を建立した（若木 二〇〇二、一八九頁）。

一九七七（昭和五二）年に入植四十周年記念式典が開催された。このとき「初代入植者、三十五名、女性四十八名の存命者であった」（若木 二〇〇二、二一〇頁）。

一九八二（昭和五七）年に開拓四十五周年記念祝賀会が開かれた。これを機会に、第二世代が昭和会を結成した。「後継者二代目の尚一層の親睦と団結力の高揚推進に務める努めるべき思いに、昭和十二年に開拓なので若木昭和会と命名する。開拓者二代目各位は心良く全戸賛同下さいまして、一戸一名の会員による会員組織により結成発足となる」（若木 二〇〇二、二五四頁）。初代は「農業経営も、二代目後継者に譲り、……新たに若木会を結成した」（若木 二〇〇二、四〇八頁）。また、世代ごとに全員の集合写真を撮っている。

一九八三（昭和五八）年に若木集落のこれまでの活動が昭和五七年度の朝日農業賞を受賞した。これは「合議、平等、協力を旗印として五五戸の若木地区営農集団が歩んできた中で、新技術の導入や農業書制度の活用によって築き上げた果樹産地の実績が高く評価され」（東根市 二〇〇二、八五四頁）たことによるものだった。

一九八四（昭和五九）年に、NHKラジオ番組の「早起き鳥、農村日記」で「『若木の里から』という題で昭和五十九年六月四日から七月二十七日まで四十回にわたって放送された」（七十周年記念実行委員会 二〇〇七、一九頁）。その内容は開拓当時から今日までを語るもので、二ヵ月間を同時進行形でシナリオを書いて放送した。大きな反響があって聴取者の便りなども放送中に読んでいる。

ところで、「昭和五十年代は、若木の姿が急速に変わりはじめた年代であった」（若木　二〇〇二、二〇六頁）。というのも、いわゆる混住化が進行したからである。若木集落付近の一帯は「神町小学校、若木山公園、山形空港が近くにあり、とくに若木山公園付近の農地には急速に住宅の建設が始まった」（若木　二〇〇二、二〇七頁）。扇状地のために水田ができず畑作地や果樹園となっていたことで宅地化が容易に進み、非農家が外から移入してくるようになった。「昭和五十七年には、若木地区内に市営住宅もあり、その後、定住するようになった。非農家世帯も一三〇戸になっていった。平成十三年の現在、若木の総戸数は二七〇戸を越え、混住地域となった」（若木　二〇〇二、四〇八頁）。

一九八六（昭和六一）年に開拓歴史史料館が完成した。

一九八七（昭和六二）年に入植五十周年記念行事として、「盛大に祝賀会が開催された。この時の入植初代存命者は男二十五名、女四十五名を数えた」（若木　二〇〇二、二三三頁）。このときから実行委員会方式になった。

一九九七（平成九）年に、若木開村六十周年記念式典、祝賀会が開催された。「初代開拓存命者、男九名、女三十六名、夫婦健在者四組であった」（若木　二〇〇二、二三六頁）。入植時には「五十五戸の小さな集落の誕生だったが、若木地区も二五〇戸（持家一八七戸、借家六十三戸）になった」（同前）。

二〇〇七（平成一九）年の開拓七十周年記念事業では、それまでとは異なった取り組みがおこなわれた。それは、農家が家族全員で式典に参加するようにしたことである。

記念式典には、来賓は極力県会議員や市会議員は呼ばず、知事、市長、本所から組合長を代表として招いた。基本的には入植者の子孫の集まりということで、「イベントを華々しくやるのではなく中身を濃くしようと」した。というのは、これまでのように来賓を多く招くと、参加者が会場に入り切らないので各戸から一～二人しか参加できず、農家の家族が全員参加にならないからである。開拓の事情が第三世代やその嫁にはわからなくなっているという危機意識が強かった。そこで、以前と同様に農家に限定して可能なかぎり全員参加とした。もう一度総意を確認しようという意図である。「次の八十周年記念では年をとってしまうので、若木支所を守っていくためには大事だ」と考えたという。後継者もそうだが、とくに嫁の参加を重視していた。「昔は、水はない、やせている、学校は遠い、で嫁にやりたくない地域の代表だった。今はみな嫁が来ている」。だが第三世代の嫁は農家出身ではなく、恋愛をして結果的に農家に嫁に来る人が多い。それで「農業にたいする意識が希薄になってきている」。そこで、来賓も農協関係に限定して嫁の席を確保しようとした。町内会で開催するのではなく農家が開催するという趣旨をはっきりさせるために、「開村七十周年」ではなく「開拓七十周年」とした。これならば返還された墓地を分譲した収益金もあてることができるという。会費も個々の参加費に個別均等割を加えて、非農家からの協力金は募集しなかった。こうして農家が「総参加」できるような式典にした。「いままでを確認し、これからどうするか、というのが一番大きなねらい」だった。

はじめに弥栄神社で祈願して神輿を担ぐ。そのあとの記念式典では、挨拶やアトラクション、神楽舞いがあり、さらに懇親会が続く。記念式典のほか、第二世代、第三世代、第四世代それぞれの集合写真撮影と記念誌の発行をおこなった。以前の五十五周年の時にも集合写真を撮ったが、それ以来だという。記念誌には第一世代の存命者の氏名を記載した。

二〇一二（平成二四）年の七十五周年記念事業では、残されている資料をもとにして、集落の各戸に資料を配布した。二〇一七（平成二九）年の開拓八十周年記念事業では、東根市から地域活性化のための予算がおりたので、それを使って四つの記念事業をした。それは、記念式典、記念誌の刊行、さらにＤＶＤの作製、小学生用の教材として「歩み」の作成である。この「歩み」は平和教育の教材だという。

三　現在の状況

農業経営の概況

本書の事例調査の対象地は、山形県東根市若木集落だが、これまで述べてきたように、この若木集落は、山形県村山地方の乱川扇状地に広がる若木原といわれる松林を開墾した。三次にわたる入植によって若木集団、若木営団、東郷営団に区分されて、現在では若木集落と営団集落となっている。これまではさまざまな資料を参考に、開拓から今日までの足跡を検討してきたが、ここでは、農林業センサスの集落カードを利用して、若木集落の概況をみていく。また調査対象者からの聞き取りで補足する。

まずは、集落の農家戸数を表４-１「若木集落の農家数」でみると、一九九〇年代初めまで開拓当時の五五戸がほぼ継続していることがわかる。そののち数を減らすが、目立って減少するのは二〇一〇年代にはいってからで、それでも全体の一割であり、全国的な農家戸数の減少と比べて、大半の農家が維持されていることは大きな特徴である。他方で、非農家はすでに一九七〇年の時点で農家を上回っているが、そののち急速に増加している。すでにみたように、一九七三（昭和四八）年に若木集落に市営住宅ができたこともあって、非農家の移入が続いて混住化が進行していたが、二〇〇〇年代に入って顕著となっている。

表４-１　若木集落の農家数　（単位：人）

	総戸数	総農家数	非農家数
1970	120	55	65
1975	／	54	／
1980	178	54	124
1985	／	55	／
1990	214	55	159
1995	／	54	／
2000	299	53	246
2005	／	53	／
2010	322	51	271
2015	350	50	300

注：2015 年農林業センサスにより作成。
　　1990 年以降は販売農家。

農家数が大きく変化していないとしても、兼業化の波は若木集落にも押し寄せている。表４-２「若木集落の専兼別農家数」では、一九八〇年代半ばまで兼業農家は一割強だったが、そののち四割近くに及ぶようになった。若木集落

表4-2　若木集落の専兼別農家数

（単位：戸）

	総農家数	専　業	第1種兼業	第2種兼業
1970	55	42	9	4
1975	54	51	1	2
1980	54	47	4	3
1985	55	39	14	2
1990	55	35	20	—
1995	54	36	16	2
2000	53	37	13	3
2005	53	29	22	2
2010	51	30	15	6
2015	50	33	12	5

注：2015年農林業センサスにより作成。1990年以降は販売農家。

表4-3　経営耕地

（単位：a）

	総面積	田	畑	果樹地
1970	8,540	—	130	8,410
1975	9,228	—	120	9,108
1980	10,014	—	130	9,884
1985	11,054	44	30	10,980
1990	11,487	—	—	11,478
1995	10,944	85	20	10,839
2000	11,043	—	70	10,973
2005	11,348	—	—	11,348
2010	11,249	—	—	11,249
2015	11,256	—	10	11,246

注：2015年農林業センサスにより作成。

表4-4　経営耕地面積規模別経営体数

（単位：ha）

	総数	0.3未満	0.3～0.5	0.5～1.0	1.0～2.0	2.0～3.0	3.0～5.0	5～10
1970	55	—	2	1	44	8	—	／
1975	54	—	1	3	36	14	—	／
1980	54	—	1	3	25	24	1	／
1985	55	1	2	4	14	30	4	—
1990	55	／	2	3	14	33	3	—
1995	54	／	2	3	14	31	4	—
2000	53	／	1	2	17	28	5	—
2005	53	2	—	3	12	31	5	—
2010	51	—	—	3	14	28	5	1
2015	50	—	2	3	13	25	6	1

注：2015年農林業センサスにより作成。

の近くには工業団地や商業地もあり、雇用機会があって農外就労は比較的容易である。しかし、ここでも全国的な動向とはかなり異なる様相がみられる。それは、専業農家が現在までで六割台とそれほど減少していないこと、兼業農家は第一種が主であり第二種は少ないことである。今日の全国での専業農家は一割台まで落ち込んでいることや、第二種兼業農家が過半数を占めていることとの違いが際立っている。これは、若木集落の農業生産が果樹栽培なかでもサクランボに特化していることによる。

それを表4-3「経営耕地」でみると、若木集落の営農が果樹専業に特化していることが明らかである。平均的な経営面積は二・二ヘクタールだが、これではリンゴ栽培だけでは生活できないという。しかし、サクランボだけにすると面積が多すぎて作業しきれない。そこで、リンゴ、サクランボ、モモ、ラフランスという多品目の栽培体系をとっている。また、サクランボは生食用としては保存できないので、豊作で価格が下がるといっても消費者が大量に食べることはないし買いだめもできない。そこで「豊作貧乏」になるという。だから品目ごとの栽培面積の割合が重要になる。経営面積からいうとリンゴが多いが、販売額ではサクランボが多い。それを勘案して、サクランボに特化した農家と、リンゴ、ラフランスに特化した農家とがある。サクランボは手間がかかるので、サクランボの栽培面積が多い農家ほど人手が必要になる。表4-4「経営耕地面積規模別経営体数」では、一～二ヘクタール層が大半だった一九七〇年代から、一九八〇年代半ば以降は二～三ヘクタール層が中心となり、徐々に経営規模が拡大していることがわかる。しかし、二〇〇〇年代にはいってからは少数の農家だけがさらに拡大している。とはいえ、二～三ヘクタール層が依然として多数となっていて、このことと専業農家が多いことは、果樹栽培に特化した若木集落の農家が、安定した農業経営を継続できていることを示している。

そこで、表4-5「若木集落の年齢別農業就業人口」をみてみると、一九八五年と一九九〇年の就業人口が示してい

表4-5　若木集落の年齢別農業就業人口

（単位：人）

	男女計	男						女					
			15～29	30～39	40～59	60～64	65以上		15～29	30～39	40～59	60～64	65以上
1970	189	89	20	29	26	11	3	100	34	21	38	6	1
1975	172	85	5	36	12	21	11	87	8	35	27	16	1
1980	167	82	13	16	31	3	19	85	5	27	21	15	17
1985	171	86	15	5	45	1	20	85	11	8	41	—	25
1990	177	91	20	11	43	2	15	86	11	8	44	1	22
1995	171	90	20	17	39	6	8	81	5	16	39	4	17
2000	183	88	9	23	27	20	9	95	21	17	34	12	11
2005	167	90	7	19	23	17	24	77	2	15	25	18	17
2010	159	79	6	7	32	2	32	80	6	10	24	6	34
2015	148	78	3	5	38	3	29	70	1	4	29	1	35

注：2015年農林業センサスにより作成。1990年以降は販売農家。

表4-6　若木集落の雇用者数

（単位：人）

	雇い入れた実経営体数	常雇			臨時雇い（手伝い等を含む）		
		雇い入れた実経営体数	実人数	延べ人日	雇い入れた実経営体数	実人数	延べ人日
2010	48	1	2	350	48	420	14,100
2015	49	6	24	2,200	49	437	14,291

注：2015年農林業センサスにより作成。販売農家。

るのは、男女ともに、一五歳～二九歳、四〇歳～五九歳、六五歳以上の三つの年齢層に分かれていることである。これは、開拓第一世代、第二世代、第三世代を表していて、開拓村に特有の年齢構成となっている。さらに後継者層が着実に就農していることを示していて、これもまた全国的な後継者難という動向とは大きく異なっている。果樹栽培に特化した農業経営の有利さによって後継者問題が起こっていないといえるだろう。第一世代から第二世代への経営権継承は、一九九〇年代後半を中心に移譲されたが、それには世代ごとの役割分担が寄与して、「入植した一代目が若木農協の営農部会で日々の生産販売の第一線に立ち、二代目が協議会として品種更新、無袋栽培などの研究、三代目が果樹研究会に集い、わい化栽培などの研鑽に励むという世代による分担・交代がスムーズに行ったこと」（東根市、二〇〇二、八五四頁）が強調されている。第三世代が就農するのは当たり前となっているという。第四世代は、就農を始めている者や農外就労している者に分かれている。その子どもすなわち第五世代も生まれ始めている。

また、表4-6「若木集落の雇用者数」をみると、最近の数値に限られているが、臨時雇が相当採り入れられていることがわかる。果樹栽培では、剪定作業や摘蕾、摘花、摘果、収穫の作業という短期間に多量の人手を必要とする作業があり、そのために臨時雇用が定着している。ここでも常雇が少ないことが注目され、営農があくまで農家経営として営まれていることを示している。労働力をもっとも必要とするのはサクランボ栽培で、一ヵ月間という短期間のうちに収穫して販売するには臨時雇用は必須である。いかに臨時雇用を確保するかが経営にとって重要な要素になっている。収穫期には多い農家で一日に二〇人ほどで、管理作業も含めて四〇日間雇う。少ない農家では三~四人くらいになる。被雇用者は非農家、自衛隊駐屯地の妻、工業団地の妻などで、農家ごとにツテがある。一番多いのは自衛隊員の妻だが、しかし転勤があるので労働の質が問題となる。だが自衛隊員のなかには定住した家族もあり、その妻が被雇用者のリーダー格を担っている。規模の大きな専業農家が多いことからも、自衛隊駐屯地の存在は大きい。自衛隊員の妻の協力がなければ「果樹王国」はできなかったという。基地反対運動があった「昔は昔、今は今。平和な時代だから」。将来を考えて後継者が農外就労した場合には規模を拡大しないので、家族労働力だけで経営することになる。一・七ヘクタールほどに経営規模が小さければ家族労働力でできるという。逆に、規模の大きい三ヘクタールの農家では通年で雇用している。リンゴだけでは通年雇用での採算があわないので、サクランボでの雇用で調整する。

以上から、若木集落の特徴として、扇状地での開拓村ということから果樹専業に特化せざるをえなかったこと、しかしそのために現在では経営が安定し後継者問題はないこと、全国的には集落営農や法人化などによる規模拡大の傾向がみられるが、若木集落では安定的な農家経営が持続していること、などが指摘できるだろう。それにはサクランボ栽培が大きな要因となっている。一九八〇(昭和五五)年ころはナポレオンが中心で、加工用だった。生食用が難しかった

表4-7　若木郷の現況　(2007年4月20日現在)

地区名	世帯数	男女計	男	女
若木一区	143	519	236	283
若木二区	185	600	291	309
計	328	1,119	527	592

注：『山形県営若木郷開拓八十年の歩み』、166ページより作成。

表4-8　東根市と若木郷の現況　(2017年2月28日現在)

地区名	世帯数	男女計	男	女
東根市	17,049	47,714	23,568	24,146
神町	5,615	114,172	7,312	6,860
若木集落	326	1,024	492	532
若木一区	148	503	241	262
若木二区	178	521	251	270

注：『山形県営若木郷開拓八十年の歩み』、145ページより作成。

のは、交通網が整っておらず流通時間がかかって傷むからである。外国産がなく、国産でケーキ用などにも対応した。アメリカ産サクランボが解禁になった時からは、高品質をめざして雨除けテントが普及し、ナポレオンから佐藤錦に品種を変えていった。ナポレオンは受粉用が残っている。

なお、現地の資料から若干補足しておくと、表4-7「若木郷の現況」にあるように、二〇〇五（平成一七）年四月に若木集落は行政上「若木一区」と「若木二区」に分かれたが、実質上は全体で一集落となっている。二〇〇七（平成一九）年四月時点で、世帯数が三二八世帯、人口が一、一九二人となっている。これはもちろん非農家も含んだ数値であり、改めて混住化の進行が実感される。この時点での開拓初代である第一世代の存命者は男性一名、女性五名で、第二世代は男性が三八名、女性が四五名であり、「夫婦健在」は三五組となっている（若木昭和会　二〇一七、一六六頁）。二〇一七（平成二九）年二月時点では、表4-8「東根市と若木郷の現況」のように、東根市では約四七、七〇〇人の人口があり、神町でも約一四、〇〇〇人と、山形県の中堅的な地方都市としての位置にあり、若木集落は、世帯数が三二六世帯、人口が一、〇二四人となっている。また、この時点での開拓初代の第一世代の存命者は女性五名で、第二世代は男性が二九名、女性が四一名であり、「夫婦健在」は二八組となっている（若木昭和会　二〇一七、一四五頁）。農家経営の中軸は第三世代へと移っていて、第二世代は補助労働力として「健在」ぶりを発揮していると思われる。

第二世代までは親の第一世代と同じで結束が固かったが、第三世代は農外就労している者もあるので、専業従事者だけでまとまってしまう。「それはどうしようもない」という。世代をこえた交流はいつもあり、第二世代が第三世代の集まりに参加している。生産や防除は第三世代が担っているが、販売部門で部長以上に第二世代がいる。それで第二世代と第三世代とは一緒に行動していて、一緒に懇親会もする。ところが、第三世代は、農協が合併して他集落と交流できるようになってからは、ほかの集落の者と「話があわない」という。というのも、若木集落では共済部長や評価委員に三〇代でなっているのに、ほかの集落では親世代がいつまでも農業や農協関係に従事しているからである。消防団などでも、若木集落が三〇～四〇代なのに、ほかでは六〇～七〇代になってもやっているという。他方で、第三世代が農業を継がない農家が一割ほどあるが、第三世代が専業になるか農外就労するかは経営面積の不足が最大の原因だという。それ以外にも第二世代が農業に従事できず労働力が不足していたり、第三世代が女子だけで他出したりする場合もある。

農協組織

すでにみたように、若木集落では全国で最も小さな総合農協として若木農業協同組合ができていたが、東根市では一九九八（平成一〇）年に「東根市（平成元年合併農協）、山形東郷、神町、若木の四農協が合併推進協議会を設立」（若木　二〇〇二、二三六頁）して、一行政一農協がめざされた。また、若木農協としては、農業協同組合法が改正されて総合農協として出資金が一億円必要となったことで、合併を選択したという。最終的には東根市農協と若木農協が合併することになり、二〇〇一（平成一三）年に新たな東根市農業協同組合が発足した。東根市農協は一、九〇〇戸あったので、ふつうなら吸収合併のはずだが、若木農協の健全な経営もあって新設合併となり、両方がいったん解散して新しい農協を結成した。若木農協は東根農協若木支所となった。販売、購買、営農、信用共済の各部門はなくなり、営農指導員は神町支所と一緒になって巡回するようになった。

合併直前の二〇〇〇（平成一二）年度の若木農協の実態は、農家戸数は五四戸と少数だが、出資金は五、三〇〇万円、単体自己資本比率は、二五・四％、販売品販売高は五億九、四七〇万円、購買品供給高は一億九、四九九万円、貯貸率は一五・一パーセント、共済保有契約高五七億一、七〇〇万円という健全財務を誇るものだった（若木　二〇〇二、四一八頁）。この若木農協の優良ぶりは東根農協の若木支所となった現在まで続いている。やはり、サクランボ栽培の収益が効果を発揮している。

若木集落は果樹専作なので減反政策への対応といった必要もなく、そもそも農事実行組合もなかったが、農協の事務連絡などのために、新たに若木支所に第一実行組合と第二実行組合が組織された。水稲作がないので、一般的には集落ごとに組織される農事実行組合は、ここではたんなる事務連絡だけの組織になっている。自治組織（町内会）にあわせて、その第一隣組から第四隣組までに対応させて、第一実行組合に第一班から第四班まで、第五隣組から第八隣組までに対応させて、第二実行組合に第五班から第八班までを組織している。隣組は三三あって、このうちの八つが農協組織の班ということになる。農家は八班のうち六班が若木一区、二班が若木二区となる。それぞれの班からは協力員を選出し、「農協からの連絡事項等を受け持ち基本的には二年交替の輪番制である」（若木　二〇〇二、四〇七頁）。実行組合には農家は全戸加入しているので、どんな兼業農家でも伝達ができる。町内会は「若木区」と称して非農家も加入し、行政上の連絡事項が伝達される。

総会もしくは総代会が年に一回開催される。合併したので総代制をとっている。一一戸に一戸で計五人となる。総代会の前に全体の意思決定はできないが、座談会を年に二回開催して農協に対する要望や意見を出している。これには農協の幹部もやってくる。

生産組織

東根農協内には三つの生産組織が存在している。ここでは、若木集落の生産組織をみていく。[5] 三つの生産組織は集落内の機能別組織となっているが、牧野友紀によれば「実質上は単一の農業生産組織として把握しうる」(牧野　二〇〇七、五八頁)。組織の加入者は、ほとんどが第三世代の後継者層だが、それは、若木集落が開拓村で入植時の各農家の年齢層が似通っていたために、第一世代と同じように第二世代、第三世代もそれぞれ近い年齢層となり、現在の経営層が年齢のそろった第三世代になっているからである。

まずは、若木果樹研究会である。上位団体として東根市果樹連合研究会があり、そのなかの七つの果樹研究会のうちの一つの「単位として若木果樹研究会があるわけだが、歩みを語る上で東根市果樹研究連合会の存在は大きく、共に歩んできたと言える」(若木　二〇〇二、二七三頁)。若木果樹研究会では、事業として、一つめに共同研究の四部会がある。それぞれがチームとなって、それぞれ自由に研究テーマを立てて研究成果を発表する。そのなかで第一位となったものが連合研究会で発表する。二つめは立木審査会で、果樹園で全員が参加して実地に審査し、これも三位までが連合研究会に上がって審査される。三つめは栽培技術講習会である。立木審査会で第一位となった会員が講師となって、栽培技術をほかの組合員に教え、若木支所全体で優れた技術を共有する。最後は剪定作業で、果樹の剪定を請け負う。

次に若木果樹共同防除組合だが、これはスピードスプレーヤーによる防除作業を共同でおこなうための組織である。若木農協管内の樹園地の薬剤散布を担当しており、農協と別組織になっているが、組合員はまったく同じである。スピードスプレーヤー六台、薬液補給車六台を所有し全国有数の内容となっている。企画班、農薬班、機械班に分かれてそれぞれが役割を分担する。サクランボは約一〇回、リンゴ、西洋梨は約二〇回の農薬散布をおこなう。防除作業は個別農家が単独でおこなえるようなものではなく、ここに共同化の必然性がある。防除作業はすべてこの防除組合が担っているので、個別農家の規模拡大は防除組合で散布できる範囲にかぎられる。

三つめは若木果樹協議会で、「JAさくらんぼひがしね」の果樹共同選果施設を運営している。桜桃部会、もも部会、リンゴ部会、西洋なし部会、アグリネット部会があり、組合員はそれぞれの栽培品種によって参加する。生産活動部門では管理作業などを折々に連絡する。販売活動部門では出荷開始時期など共撰場に選ぶものを指定する。各部会で出荷計画を立て、会員が出荷作業をおこなうが、「出荷先の選定や、共選場の運営は販売担当理事を中心に各部会に一任される」(若木 二〇〇二、四〇七頁)。出荷は農協を通してと個人と両方あるが、大半は農協へ出荷する。というのは、面積が大きく収穫するのが精一杯で、出荷まで手が回らないからである。

このように、若木支所では、農協の内部に果樹研究会、共同防除組合、果樹協議会という複数の生産組織を抱えつつも、それらの参加者が同一人物すなわち第三世代であることがほとんどであり、「一つの農協、一つの共防、一つの共選場と、統制のとれた内容で、品質の確かな、若木ブランドが、消費者にアピールしている」(同前)という自信となっている。また、農協のパンフレットでは開拓をセールスポイントにして前面に出している。開拓当時は土地がやせていて、野菜もなにもなかったが、今は逆に食味のバラツキがないと評判がいい。土地がやせていると肥料でコントロールできるからで、水耕栽培のようなものだという。

調査対象地である若木集落について、牧野友紀は「農家は全数が樹園地経営をしており、果樹専作の単一経営を行っている。このような土地条件の特殊性にもとづいた農家経営のゆえに、各農家の利害状況はほぼ似通っている。第二に、開拓村という特殊性である。……同一の時期に入植がなされている。共同開墾、共同合宿生活が営まれた後、住宅が一斉に建設されて、家族生活が始まっている。……①各農家の似通った利害状況、②重なる家族周期や年齢構成という点で、各農家の同質性がきわめて強い、特殊な地域である」（牧野　二〇〇七、五一頁）と指摘している。そして、そうした特殊性のむしろ有利な点として、近年の激しい産地間競争に対して、高品質の生産物を十分な数量を供給するために、「栽培技術、防除、出荷の局面で共同化をはかることによって、そのような供給の仕組みを実現してきている」（牧野　二〇〇七、六〇頁）と評価している。その点をふまえながらも、さらに付け加えるとすれば、果樹栽培への特化が今日の高品質の果実を好む消費者のニーズに合致したこと、あるいは合致するようにと経営努力を怠らなかったことがあげられるだろう。リンゴやモモでは経営状況の先細りが心配され、それを回避するためにサクランボやラフランスといった高価格の果実へと経営を転換してきたことが功を奏したわけである。

直売所「よってけポポラ」

これは「ＪＡさくらんぼひがしね」が運営している農産物の直売所で、二〇〇三（平成一五）年に運営が始まった。東根市農協の営農指導部のなかに特販課があり、そこで担当している。各支所に運営協力会が置かれて役員が出ている。四季折々の果物や米、野菜、加工品、全国の農協と提携して各地の特産物などが販売されている。参加農家は最初は十数戸だったが、次第に増加した。

若木集落は果樹専業なので、野菜出荷はない。また果物類も共選場での共同出荷が中心なので、ポポラへの出荷量は少ない。

ポポラでは、市場一辺倒よりも消費者の動向が早くわかるという。販売品をレジに通すと日に四回売上げが携帯電話に配信される。畑で携帯電話の配信をみて、売れると補充する。消費者の反応が早いので、消費者がなにを望んでいるかよくわかる。ということで「みんなが生き生きしてきている」。自分でパック詰めをするので、どういう詰め方が売れるかわかるという。田畑と果樹が少しだけという小規模農家は、ポポラに出荷するために野菜や花やハウスものなど多種類を栽培して、通年で販売しようとしている。販売品のワンポイントを書くとどんどん売れる、という面白さがわかってきて、「いろいろ楽しみが出てきた」という。余ったものでも出荷すればみな売れるということで、販売額は当初の目標を完全に達成した。

開拓歴史資料館

一九八六（昭和六一）年に若木集落の開拓歴史資料館が完成した。

成立のいきさつはもともと資料館をつくろうとしたのではないという。共同防除のスピードスプレーヤーは積立金と補助金で更新してきたが、バブル期に補助金がなくなった。そこで対策を考えたが、単体はだめだが集落全体が活性化するならよいという山形県の「村づくり推進事業」第一号の対象となった。受益主体を行政の区にすることで補助金の対象となったが、実質は防除組合と農協で受けたことになる。農用機械と歴史資料館とセットならよいとのことで資料館を建設することになった。農協の若木支所も手狭になり資料が散失する心配もあったのでちょうどよかったという。費用の不足分は寄付金を集めようとしたものの、それほど集まらなかったので、農家が均等割で大半を負担した。設計の基本は耐震構造で、コンクリート打ち込みなので絶対に壊れないという。

資料として残っているのは入植当時の書類がほとんどで、入植当時は現場事務所があって、山形県の耕地課の職員が何人かいて記帳をしていた。地元の写真館が常住していたので写真も相当ある。また、各農家からは入植以降から最近までの資料を出してもらった。唐箕やリンゴの箱まで無償で出品された。

管理は若木支所でしていて、維持費はほとんどかからない。常時は閉めてあり、必要な時に開ける。正月や御斎燈の一月一五日、四月二〇日の開拓記念日には開放する。神町小学校の四年生が総合学習で毎年見学に来る。

その他

農協の女性組織として農協女性部がある。これは、若木農協婦人部の時代から、「農協組織の一員として、栽培管理作業の中心的役割を果してきた」（若木　二〇〇二、四〇七頁）。農協直轄の組織なので、農協にあわせる事業が多い。単独では祭り年一回、研修旅行、趣味の講座（手芸、エアロビ、太極拳、歌謡教室）などを催している。

混住化の進展とともに非農家が増え、行政上の組織として婦人会ができている。女性だけの研修旅行や趣味の活動が多く、近年は活発ではなくなったという。

また一九六一（昭和三六）年に若妻会が発足した。これで第一世代は婦人会、第二世代は若妻会と「はっきりと線引が出来た」（若木　二〇〇二、二八九頁）。これは入植後二四年目のことであり、開拓初代から第二世代へと世代交代が進んできたことを示している。さらに二七年後の一九八八（昭和六三）年には、若妻会の参加者が第三世代だけになった。

その他の団体として老人会、消防団などがあるが、青年会は若木集落以外の後継者が農外就労で参加できず解散した。

冠婚葬祭では、葬式は隣組の班が中心となっている。「二代目が初代を送っている」。手伝いが多数集まる。最近では六〇人も来たという。「共同生活でやってきて結束が固い」。結婚式は家ごとで、ホテルなどで挙式する。隣組の女性が手伝いに行く。こうした相互扶助は、開拓村なので近所に親類がいないことが影響しているが、その分、近隣関係は良好だという。「赤ちゃんが生まれたとか、嫁さんが来るとか」みな隅々まで分かってしまうという。墓も七割は入植したのちに個人で入手している。

第三節　果樹農業者の軌跡

前節では山形県東根市若木集落の開拓とそののちの経過、現在の状況などをみてきたが、本節では若木集落の果樹農業者の個別事例を取り上げる。調査対象者のK氏には、二〇〇四（平成一六）年一一月に初めてインタビューし、そののちも現在まで継続して十数回聞き取り調査をおこなっている。以下では、K氏もその制作にかかわっている集落の資料とK氏への聞き取り調査の結果から、果樹農業者としての営農状況、家族生活、農本意識などを分析していく。

一　K氏の経歴と活動

第一世代の父親

K氏は若木集落の第二世代で、一九三九（昭和一四）年の入植三年目に出生している。

K氏の父は、一九〇六（明治三九）年生まれで一九七八（昭和五三）年に死去している。山形県中山町出身の三男で、家が小作農だったために分家もできず、軍隊に志願した。そののち茨城県友部の日本国民高等学校の第一期生となり、一九三二（昭和七）年に第一回の植民で旧満州へ行った。加藤完治とともに写っている「第壱回満洲植民講習会記念」と題された集合写真が残っている。

旧満州に行ったものの「見ると聞くとで大違い」で、「満州は広くてだめだ」と帰ってきた。一緒に帰国した者が三名いた。海外からの入植者は、父のほかにテニアン島から二名が来ている。また、入植者の前歴は多様で、元の職業には郵便業務や豆腐店もいる。軍人からの転職も三名いる。

旧満州にいるときに、たまたま新聞で東北地方での開拓事業を読み、入植を申し込んだ。入植の条件として、妻帯、五年間は実家が面倒を見る、妻の実家の協力などがあった。そこでどこから嫁をもらうか困ったが、向かいの家から娘をもらわないかと、別の村の者から紹介されたという。結婚を約束して入植し、そののちに結婚した。

すでにみたように、第一世代は入植当初に合宿訓練を受けていたが、そのときに加藤完治に心酔していたのではなく、一斉罷業などの「抵抗」もしていた。K氏の父も、生活のために志願して軍隊に入隊したこと、第一回満州移民に参加したものの海外植民には批判的な態度だったこと、開拓によって土地を手に入れるという意志が強かったこと、など生活のためにということが若木入植の動機となっている。

図4-1　K家の家族構成　(2004年)

世帯主	65歳	シンショモチ・民生委員
妻	63	農作業＋家事＋育児
長男	38	農業
長男の嫁	39	農業＋家事
長男の長女	14	
長男の次女	12	
長男の長男	10	
長男の三女	8	

家族の状況

K氏の家族構成は、二〇〇四（平成一六）年一二月の時点では図4-1のとおりである。

妻は、直売所の「よってけポポラ」でジャムを販売している。自家用にジャムをつくっていた。二〇〇三（平成一五）年にポポラができたとき、そこで仲間と販売しようとした。保健所の許可を取るためにグループの名称が必要なので、「かがやき会」とした。かがやき会は会員四名で、全員が若木集落の主婦である。加工は個別におこなっていて、出荷元をこのグループにしている。作業は約一〇日で、手助けを頼んで五人ほどで果実をシロップ煮にして、ポポラの冷蔵庫に納める。サクランボ、モモ、プルーン、ラフランスとリンゴ、カリンをジャムにする。このようなグループは若木集落には他にない。

長男は、農高卒業後に新庄の農業大学校で果樹栽培のコースを二年やって戻ってきた。

二〇〇九（平成二一）年にK氏が農業者年金を受給したので、経営権を移譲された。しかし当時は、いわゆるシンショモチはまだK氏で、農作業も半分ほどをK氏が手伝っていた。確定申告は息子名義でおこなう。

長男の嫁は鶴岡大山の専業農家出身である。

長男の長男は、二〇一四（平成二六）年の時点では福島大学に在学中で、中国留学をめざしていた。

営農活動

K氏が経営を担当するようになってから、経営面積は一・七ヘクタールから三・三ヘクタールまで増加した。一九六五（昭和四〇）年ころから隣の天童市などに果樹地を買い求めたという。機械化が進んで、共同防除も広面積を処理できるようになり、集落のなかでは皆がこのころに規模拡大を図った。農地価格は当然値上がりしたが、専業でやるには拡大しかないと皆が競って拡大したという。その負担は大きかったが、専業で営農するという覚悟と、親の苦労からすればたいしたことはないという楽観論とで拡大した。「隣近所のイロリに寄って、相保証で金を集めた」。しかし返済の負担は大きく、K氏は二〇〇三（平成一五）年になってようやく完済した。

二〇〇四（平成一六）年時点では、経営面積は三・三ヘクタールで、サクランボを一ヘクタール栽培している。臨時雇用は多いときで二〇人雇っている。作付面積は、サクランボ一ヘクタール、モモ〇・五ヘクタール、ラフランス〇・六ヘクタール、リンゴ一・二ヘクタール、自家用野菜二アールである。

七〇歳で農業者年金を受給できるようにと長男に経営権を移譲したが、農作業には長男と同様に従事している。

果樹栽培の年間作業は図4-2のようになっている。基本的には、リンゴ、モモ、サクランボで、剪定、摘蕾・摘花・摘果、草刈り・葉摘み、収穫、といった作業時期を組み合わせて、作業が三重に重ならないように分散して、年間の農

図4-2　K家の年間作業

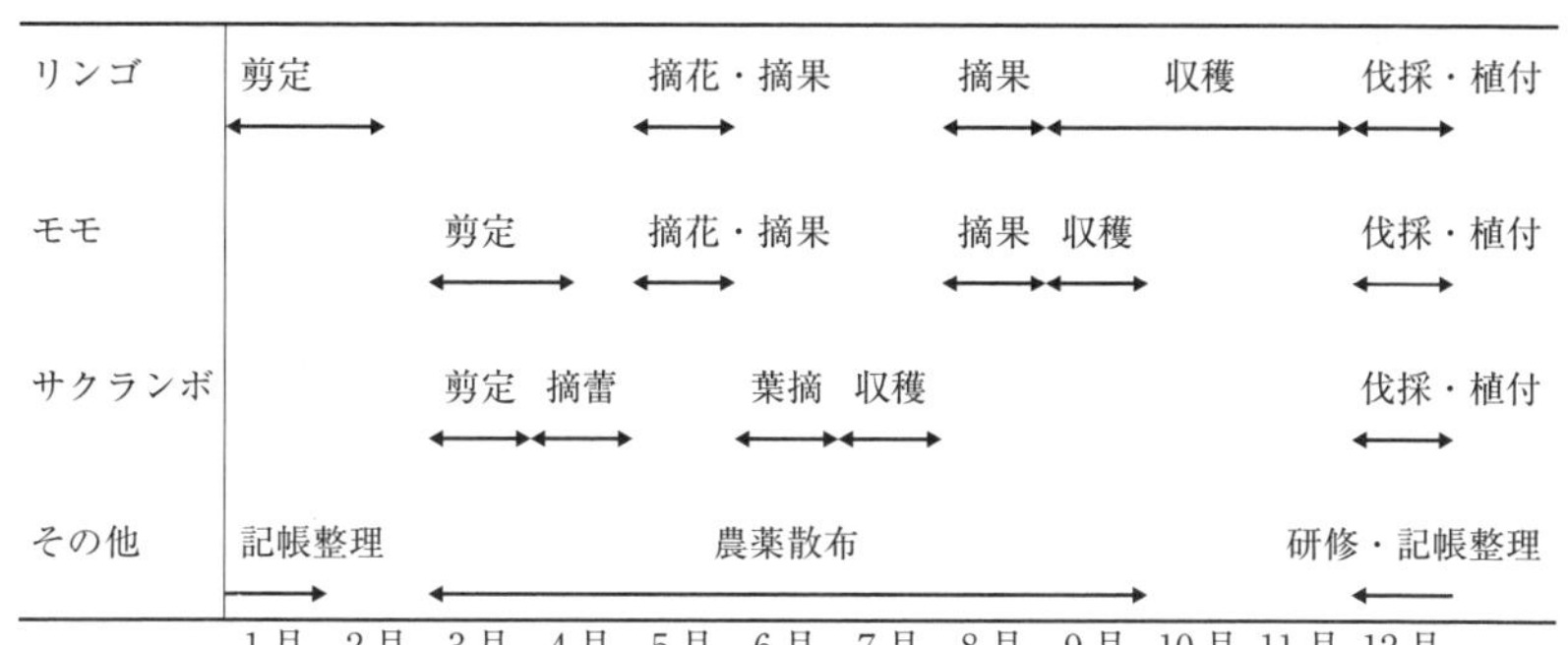

作業をおこなう。リンゴの収穫期が長いのは、ワセ・ナカテ・オクテの三系統があるからで、モモやサクランボも品種によって収穫期は若干異なる。農薬散布は断続的に実施する。老化した果樹を伐採し若木を植付ける作業も必須である。また、冬期の農閑期には、研修旅行や確定申告に備える記帳整理などの事務作業もおこなう。このように一年で作業が途切れないように植栽している。

果樹の主力になっているサクランボは、ほとんどが佐藤錦で、そのほかに適期をずらすために紅秀峰などがある。品種は多様だが「佐藤錦にかなうものはない」という。

果樹栽培の労働力は夫婦二名だけでは足りない。栽培可能な面積は、一人で八〇アール、夫婦で一・六ヘクタールが限度でそれ以上は無理だという。しかしこれでは専業農家として生活できない。若木集落の平均が二・二ヘクタールで、専業農家の場合は三〜四ヘクタールまで拡大した農家も五〜六戸ある。

そこで、管理作業から収穫まで含めてパート雇用が絶対に必要となる。もちろん農家経営なので、企業のように労働者を雇用することが経営の基本だということではない。経営主自身が農作業に従事している。しかし摘花・摘果や収穫期がごく短い果樹栽培では、繁忙期にパートを雇用してやりくりせざるをえない。K氏の家では、パート雇用は、周年雇用になるが、四月初めから一〇月まで、同じく一一月まで、一二月までの期間でそれぞれ一人、計三人いる。そのほかにサクランボの繁忙期に多いときで一五～六人を雇う。年間延べ二五〇人、延べ日数一五～六日間になる。したがって、生産費に占める割合では人件費が一番多くなる。販売額の六～七割が経費となるが、人件費は経費の半分を占めている。防除費が年間二〇〇万円かかるが、人件費はそれよりも多いという。

売上額では、リンゴは三割、モモとラフランスが一割、サクランボが六割になる。二〇〇三（平成一五）年度でみると、年間売上高は二、五〇〇万円、必要経費一、七九〇万円、収入七六〇万円である。税理士に依頼して青色申告をしている。

K氏は直売所のポポラに果実類を出荷している。また妻が加工しているジャムも出荷している。このポポラの発足当初にK氏は営農販売部の役員の責任者を、長男は運営協力会の役員を担当していた。ただし、共選場への共同出荷が主なので、収入としてはたいしたことはない。収穫の段階で仕訳してポポラに出荷したり、自分の顧客に送ったりする。

地域リーダーとしての活動

K氏は、若木昭和会会長や若木開拓史資料館館長といった、この若木集落のなかで農業に直接かかわる生産組織や、行政機構の末端である町内会などとは異なった、いわばインフォーマルな地域活動に積極的に取り組んでいる。とくに若木集落の開拓記念事業で中心的な役割を担っていて、記念式典や記念誌の刊行はK氏の存在が不可欠になっている。

すでにみたように、一九八二（昭和五七）年に開拓四十五周年記念祝賀会が開かれたのを機会に、第二世代が昭和会を結成した。この中心となったのがK氏である。一九八七（昭和六二）年の五十周年記念事業では実行委員会方式になった。これは、第二世代が会員となっている昭和会ができて、その他の諸組織の協力を得るために組織したのだという。記念事業では昭和会が中心になり、事務所は農協若木支所においた。

またK氏は、戦前の山形県の開拓地でもう一つの開拓村である塩野郷と、最近になって交流会を始めた。これも開拓の歴史を振り返るためである。

二　K氏の農本意識

ここでは、前項でみたK氏の生活歴や営農活動などをふまえて、かれの農本意識をこれまでの聞き取り調査の結果から探ることにする。農本意識とは、農業者が生産と生活を営むなかで保持している農業者意識のなかでも、農業、家族、村落にかかわる意識を指している。K氏が日常の生産と生活を営むなかで、どのような農本意識をもち、どのように行動しているのかをみていく。引用文はK氏への問いにたいする返答で、最後の数字は聞き取った年・月である。なお、引用文中の「部落」という表現は、この地域の住民がみずからの集落を指す日常的な用語で、被差別部落とはまったく異なる。

開拓のとらえ方

若木集落は昭和初期に国策の開拓事業によって形成された開拓村である。K氏がこの入植をどのようにみているのかを聞くと、開拓時の加藤完治については、その貢献は評価しているが、農本主義についてはそれほどではない。前述したように、K氏の父は満州移民にたいして否定的な評価をしていた。それをK氏も聞いている。

次三男対策で県が募集ということで公募した。入植初代の父は満州開拓に行ってからここに来た。加藤完治の自治講習所に行った。満州は広くてだめだと帰ってきた。入植当時は全員が加藤完治の教えを受けて合宿した。加藤は戦後二回くらい来た。部落には加藤完治の薫陶を受けた開拓碑が今もある。(2004.11)

満州に行って侵略だとわかって帰国して、再度開拓しようと若木に来た。(2016.7)
父は満州に昭和七〔一九三二〕年に行った。見ると聞くとで大違い。現地の人が開拓したものを大義名分のために略奪している。勉強して行ったが、やめると考えた。(2017.11)
こうした父の経験から加藤の農本主義には批判的である。
加藤完治の思想に惚れ込んだのではなく、生活のために入植した。考え方がバラバラなので、合宿して「洗脳教育」したのが加藤完治の農本主義。開拓なので一人抜け、二人抜けしたのでは具合が悪いので。ストライキしたのも不満がいろいろあって、皆でやれば、とやったらしい。(2017.11)
だが、若木郷での開拓事業そのものについては、冷静な評価をしている。
県の営農計画で果樹を植えるように言われた。自給自足を原則に県で計画。住宅も県で用意。ここでは住宅や作業小屋も同間隔でつくった。(2010.6)
基本的な思想は二宮金次郎。相互扶助など。共同合宿した時はそうした勉強をした。(2016.7)
そののちの苦難について、K氏は子どものころから見聞きしていた。
戦前は海軍飛行場、戦後は占領軍基地に接収される。そのあとは自衛隊基地に。昭和三二〔一九五七〕年に平和条約でバラバラに返還された。一町七反〔一・七ヘクタール〕が最終面積。ジャガイモは昭和四〇年代までつくっていた。ウリやスイカもつくっていた。果樹が大きくなるまでに、そういうものをつくってきた。初代のときに苗木を県から配布された。戦争で食糧増産のために果樹を切って畑作となったが、若木では半分を残した。それが自宅に一本だけ残っている。(2010.6)
こうした扇状地の荒れ地を開墾するという苦難をともにした入植者ならではの結束の固さもK氏の記憶にあり、またそれが今日まで続いている。

開拓なので近所に親類がいない。隣近所でもらい風呂をした。隣近所は仲がいい。（2004.11）

父と同じ中山町出身はいた。入植後のつきあいは大いにあった。同郷なので強制移転の時に残った人が手伝いもしてくれて、今もつきあいがある。その時は、移転した人たちは運が悪いので、移転しない人が手伝わないと悪い、となった。二代目になっても、冠婚葬祭や病気などで。入植した同士しか知り合いがいないので。（2017.11）

K氏からみれば、開拓時の加藤の農本主義の影響よりも、困難な開拓事業で培われた協同性が、今日の若木集落に大きな影響をあたえている。それが基盤となっているから、土地の再配分で平等を貫いたことや、果樹栽培での共同作業や共同出荷が皆に受け入れられている。これが開拓という特殊な経験を経た農業者の農本意識になっている。

果樹栽培の工夫

K氏はこれ以上の規模拡大はせずに現状維持でいくという考え方でいる。

拡大はせず現状維持。三町歩〔三ヘクタール〕くらいがいいところではないか。会社でも同じだが、目いっぱいではないように。三町歩がフルになったら回れない。（2004.11）

現状維持といっても植樹はおこなう。

実をつけていても切って苗木を植える。系統選抜といって悪いものを切っていくようにしている。将来の品種も植えている。畑地が高齢化社会にならないように。品種は佐藤錦がほとんど。品種はいろいろあるが、今は佐藤錦にかなうものはない。今は佐藤錦が中心だが、紅秀峰などもある。適期をずらすため。（2004.11）

だいたい三町歩なら八割を成木にして、二割では将来に向けた品種を模索している。つねに満タンにしていると明日からが大変。よかれと思ったものが、収穫期になると当て外れということが何度もある。世の中に受け入れられないことも多い。苗木屋から勧められて、やっても売れない、売れても安い。(2004.12)

昭和一二〔一九三七〕年に五五戸の青年が入植したが、六〇年たつと一番から五五番まで差がつく。樹木の選択など間違うと面積は同じでも収入は半分になる。老齢化すると生産があってもいいものがでない。つねに畑は若くしておかないと。(2004.12)

果樹栽培は、定植したら実るのを待っていればいいというものではない、つねに樹木の状態をみているとともに、剪定や防除など農作業も多く、ほぼ通年で働いている。

果物は年間通して作業がある。米と違う。そのように木を植えている。台風などを避けるためもある。リスク分散が一番大きい。リスクを避けるために六月から一二月まで収穫できるようにしている。果物は野菜と違って一年に一回しかとれない。休眠期が必要。花は一度しか咲かない。企業は、リスクが大きいのと収穫が年一回では参入してこない。野菜や菌茸は年何回もとれるので企業が参入している。(2016.7)

そうした苦労を経て収穫を迎えるが、それも簡単にはいかない。

豊作貧乏。主食ではないので、安いからといって消費者が倍買うわけではない。買いだめできない。しかも豊作の次の年は裏年になる。(2016.7)

こうした問題を乗り越えるために、開拓村としての協同性が力を発揮している。そのことは共同出荷のときに現れている。

技術をほかに教えないことはない。共選場が主なので、自分だけがいいものを出すことができない。全体のレベルアップが必要。(2004.11)

初代目、二代目は量を多くとればいいだったが、今はそうでなく、消費者から認知してもらわなければやっていけない。うっかりすると産地崩壊になりかねない。自分ばかりでなく部落全体でやっていかないと、一人だけでみんなが言われてしまう。（2007.12）

果樹栽培で各自がさまざまに工夫して収量や品質の向上を図っているが、それは単独でおこなうのではなく、「部落全体でやっていかないと」という姿勢がK氏に示されている。もちろん、農家経営なので市場で有利性を出すために共同出荷するというのは、開拓村にかぎられたことではないが、開拓事業の経験が二代目、三代目へと受け継がれていることは見逃せないだろう。

販売の苦労

出荷では消費の動向が大きな要素となる。第一世代や第二世代のときは量産を重視していたというが、今はそうではなく、「消費者から認知してもらわなければやっていけない」。それだけ市場競争が厳しいので「うっかりすると、産地崩壊になりかねない」。また、現在は量販店への出荷がほとんどなので、市場では伝票だけで生産物は直接に販売店や量販店へ出荷されることもある。

昔は半分が八百屋。今は九割が量販店。したがって競りが形骸化している。伝票だけで品物は直接に店にいく。昨日まで家具や服をやっていた人が、担当が変わってやってくると、知識はないので売れ筋だけ欲しがる。上と下はいらないとなる。それで農家は中だけにしようとしている。それが摘果や管理作業に現れてくる。今のスーパーではいらないものはただでもいらない。それで産地もがたがた変わる。若木では当たり前だが、米をやっていた人が果樹に転換するとついていけない。ある意味では面白みもあるが。（2004.12）

量販店中心になると弊害も出てくる。

量販店が日本の青果物販売の中心になった。それにあわせるのは標準化したものでなければならない。スーパーのバイヤーが一人でも大量にチェーン店に配分できる。ロットが確保できる。それには共選でなければ。本格的に共選になったのは昭和三八～九〔一九六三～四〕年で、個選と両立でいった。それは善意ではなく世の中の流れ。経費はかかるが、それ以外では売れないからしょうがない。（2005.8）

それで若木集落では、関東各地で宣伝販売をして、販売経路の拡大を図っている。

今年〔二〇〇四（平成一六）年〕も一一月に関東へ農協が行って、築地から仕入れている八百屋で、リンゴ、ラフランスを売った。去年はサクランボを湘南のスーパーで売った。八百屋はおやじが客に商品の説明をするが、スーパーではそれがない。商品説明がないので、売れるものしか売れない。八百屋は意外といい商売をしている。（2004.12）

共同出荷は、若木集落のもともとの体質に適合していて、その取り組みにはそれほど違和感はなかった。そしてそれが、量販店との大量取引という形態にもあっていた。いわば「世の中の流れ」に対応できたといえるだろう。そこには、K氏や若木集落の果樹農業者としてのしたたかさが垣間見える。

パート雇用

すでにみたように、若木集落ではパート雇用が不可欠になっている。家計を維持するための面積からすれば、繁忙期には手が足りないので、それを補足するためにパートを雇用している。しかもサクランボは剪定から収穫まで作業適期が短く、手間がかかる。防除や草刈もあって、パートが管理作業をやるが、そうすると労働力の質が問題となる。そこで、自衛隊基地に勤務している隊員の妻がパートで雇用される。というのは、隊員のなかには転勤せずに東根市に定住している者もいて、長期にわたって雇用されて経験を積んでいる妻がいるからである。

近くに自衛隊があるが、その家族のおかげで労働力が確保できる。(2004.12)

自衛隊員の妻に、サクランボ作業の手伝いをしてもらっている。昔は昔、今は今。平和な時代だから。この協力がなければ果樹王国はできなかった。栽培に手数がかかるので。(2010.6)

もっとも忙しい時期には、一日で三〇人以上のパートを使うというが、そのときに自衛隊員の妻が中間管理職的に働いてくれるという。若木集落では土地の接収をめぐって基地反対運動の経験もあり、K氏自身もいわゆる草の根平和主義の考え方をもっているが、しかし営農では、農家経営と自衛隊基地の存在を両立させる、という方針をとっているわけである。ここにも農業者の農本意識が現れているといえるだろう。

農薬問題への対応

高品質の「若木ブランド」を維持するためには農薬も必要だという。

有機農業や減農薬はできるが無農薬はできない。消費者に応えるものができない。東京で話をすると、虫が食ったりキズがあると選ばない。残留農薬をクリアしたものという国や県の指導の範囲内でやっている。(2004.11)

そこで、トレーサビリティを厳格に実施しているが、それも共同防除なので集落で統一している。

防除組合でつくったサンプリング以外では農薬散布ができなくなっている。トレーサビリティでそれがないと販売できない。無登録農薬問題が発生したのは平成一四〔二〇〇二〕年で、その時からこういう仕組みになった。(2005.8)

もともと若木は運命共同体だったのでうまくいくが、それを六つの支所でもやろうということ。みんなで安全・安心を追及する。全国農協へ発信する。東根農協の全体的な運動にしようとした。水稲はヘリコプターで空散しているが、ドリフトで農薬飛散が問題となる。田の隣が畑とか複合している産地こそ大変。これは全国にある問題で、若木が手をあげて、となった。（2007.12）

こうしたなかで、K氏は国の農薬政策について、農水省の担当者を集落に招いている。高齢化、兼業化のなかで、安全安心に対応できなくなる心配があるからである。

台風でラフランスの四割が被害になったので衆院議員が来て視察した。そのとき現場では高齢化、兼業化でポジティブリストを理解するのが大変なので汎用性を考えてほしいと言ったら、実態を聞いてみたいとなり、組合長が農水省に呼ばれた。現場をみてみたいと農水省から農薬のトップが十数人来た。それでホテルで一四〇名位で質疑応答して、国に農薬行政を変えてくれとなった。これが大きなイベントとなった。国の担当が来ていてもろに陳情を受けた。ふつうは県を通してとなるが、今回はトップが直接に来た。（2007.12）

このときに農水省の審議官がK氏宅に来ている。農水省キャリアが研修するときに山形県に出向していたが、そのとき以来の交流があって今回のこともできたという。K氏が東根市や山形県の行政側に「顔が広い」という強みが発揮されたといえるだろう。だが、K氏にとってみれば、行政とつながりがあるということよりも、農薬行政を改善してもらうことのほうが切実である。

農薬行政の全国的な問題に若木が少しでも貢献できればと思う。法律的には後退してはならないし、より厳しくするべきだが、試験散布のデータ収集に国もかかわってもらいたい。高齢化、兼業化のなかで、安全・安心に対応できなくなる。農薬メーカーに対する指導を厳しくしてもらいたい。運用面でメーカーの利害だけを考えた登録の仕方が問題だ。試験研究期間、場所、面積が大きいが、それが農家の現場でできずにネックになっている。全国のあらゆる農業者でも同じで、安全・安心の流れに逆らえないという問題だ。そこで生活が成り立つような農薬行政をしてもらいたい。(2007.12)

この陳情については、異なる意見もあったようである。

そっとしておいた方が、という意見もあった。しかしウミを出した方がいい、ということ。机上だけで文書化して行政に出しているとわからない部分がある。理解してもらえてよかったのではないか。以前の無登録農薬問題のときも隠さなかった。しかしと農水省でいう。県、メーカー、試験場のデータはあるが現場の実態がわからなかった、犠牲者も出した。青森県では自殺者もいた。ここでも公的な立場にある人が辞職した。食の安全・安心はそのくらい大変だ。今回はそうなる前に対応しようということ。(2007.12)

このような、目の前の問題にたいする真摯な態度、行動力、今後の見通し、などにK氏の農本意識がよく表れている。

後継ぎの問題

K氏の長男はすでに経営を任されていて、二代目から三代目への経営権継承は順調だといえるだろう。そのいきさつについて次のように言っている。

長男の将来について自分は注文しなかった。長男が中三のときに制度資金を借りて規模拡大した。借金するけどいいか、と確認した。そのときに長男も覚悟をした。長男は三代目の中間の年齢で自然に継いだ。三代目の後半が価値観が変わってきていて、別な職業を選んでいく人も出てきた。(2004.12)

若木集落の全体でも、三代目までは後継者問題はほとんどない。ただし、K氏がいうように、農外就労している者も少しいる。このことが不安材料であるとともに、K氏の家でもさらに次の継承がどうなるかはわからない。今までは順調だが、ここまでは…。孫〔長男の長男・四代目〕が農業を選択するか、別な職業を選択するのか、はわからない。(2004.12)

子ども〔長男〕は短大を出て二〇歳からやったが、孫は一度就職したいと言っているが、どうなるか。田んぼは技術が簡単なのでできるが、果物の出荷用の高品質のものは技術がないと作れない。農業するなら早めにしないと技術がともなわない。定年になってからではだめだ。若い時にやって何年もやっていないと。技術は何年もやらないと。(2016.7)

果樹専業で、サクランボという高価値農産物を生産しているということで、K氏の家でも高収入を得ていて、それでK氏から長男への経営権継承は問題がなかったのだが、しかし、孫の代でどうなるか、となるとK氏にも不安がある。現役の農業者の後継者がいないという後継者問題が全国的には一般的なので、ある意味ではぜいたくな悩みだが、しかし高度な技術が必要な果樹栽培では、Uターンなどという形での就農はむずかしい。そこがK氏を悩ませている。

中国との交流

K氏は中国との交流をおこなっている。その一つは、東根農業協同組合での二〇〇四(平成一六)年の訪中である。大連に行ったが、新植した五年くらいの木が先が見えないくらいまであった。実質資本主義の国だ。都会の成功した人が出資してサクランボをやっている。日本は株式会社が進出できないが。ほとんど佐藤錦とフジだった。こちらの商事会社を通して売っていた。接木を覚えたので、苗木畑がいっぱいあった。それを商売にしている人がいる。加温サクランボもある。会社一つで二〇〇町歩あまり。一二〇人で管理している。ただ、密植してイヤ地現象がどうなるか、不安を感じた。(2004.12)

中国のサクランボ栽培には相当の脅威を感じているようで、不安だという。

大連は広大で緯度が青森と同じ。日本が市場になったらどうしようもない。リンゴだけだと経営は成り立たない。サクランボがあるからこそ成り立っている。売りようによっては、顔のみえる販売をやっているが、それがいつまで続くか。グローバル化というか、世界を相手にしないとどうしようもない。それが一番の不安。（2004.12）

二〇〇六（平成一八）年にも農協理事の研修会で大連を訪れている。

二月の春節にサクランボを出すために温室栽培していた。現物をみたが、何年かすれば日本が追い越される。コンピュータ管理で研究の意気込みがすごい。ただし水の問題が不安だ。地下水だが、雨量で変化するので。（2006.10）

水利について疑問を出しているのは、若木郷開拓の扇状地という地形での苦労した経験が、そうした視点をもたせているのだろう。そののちも中国と交流している。

今回〔二〇〇七（平成一九）年九月〕行ったら農家宿泊があった。「農家飯」といって自然食品を食べさせるところがあった。開拓三十周年記念事業で万里の長城や敦煌などを観光した。東根市の「市民の翼」で七〇人くらいで。上海のリニアモーターにも乗った。（2007.12）

今年〔二〇一〇（平成二二）年〕二月に中国の技術者と農協が交流。日中友好協会の山形県会長と大連で果樹の勉強をさせてもらった。サクランボとモモの加温栽培で、春節にあわせて収穫する。（2010.6）

また、中国人研究者との個人的な交流もある。

以前〔一九九四（平成二）年〕に永平寺に短期の在家修業に行ったら、中国の研修生がいて、北京大学を出て日本文学を勉強しているが、総本山を知りたくて来ていた。今も交流している。自宅に一週間来て農作業をしたりした。（2010.6）

中国の研修生と同室になった。文学専攻で『雪国』を実際に体験しようと来た。その縁でかれの妻も一緒に自宅にホームスティした。(2014.5)

この中国の研修生が日本の大学に就職したのちも交流は続いていたが、二〇一五(平成二七)年に在職していた大学で講義中に病死した。

このように、K氏は中国との交流をいろいろと経験していて、東根市日中友好協会の会員にもなっている。長男の長男が二〇一五(平成二七)年に大学在学中に交換留学で中国の河北大学に行ったことにも、K氏の家の民間交流の活発さがうかがえる。

世代交代への危機感

すでに述べたように、二〇一七(平成二九)年時点では、若木集落の営農活動の主力は第三世代に移っている。第三世代までは経営権継承はそれほど問題とならなかったが、それでも農外就労している第三世代もいる。

三代目は七人(公務員二、民間三、自営二)が農外就労していて、二代目が農業で三代目がサラリーマンになっている。二代目までは同じ専業なので、パートの雇用も同じ。しかし農外就労するのは経営規模が小さい人が多い。三代目を専業でいくか、他の職業に就くかが分かれ目。兼業になった人は規模拡大をあまりしなかった。(2005.8)

第三世代が集落の中心になってくると、開拓村としての協同性にゆるみが出てきはしないか、というのがK氏の心配である。それで開拓七十周年記念事業は、そうした世代交代にたいする備えという意味があったという。

まもなく三代目に移行する、となると農家出身でない嫁も増えている。農業にたいする意識が希薄になってきている。国の政策も厳しくなっているので、ここでもう一回昔を偲んでやろうかなと思っている。本当に身内だけ呼んで。部落の活性化や維持をしていかないと、部落自体がだめになる。いろいろな施設が地域の雇用確保になっている。いい意味で上手に活用して地域の拡張をはかるのが大事。二代、三代、四代で一二〇～三〇人は集まるかと思っている。極力県会議員や市会議員は呼ばず、知事、市長、本所組合長だけに代表として来てもらう。入植者の子孫の集まり、ということで。いままでを確認し、これからどうするか、というのが一番大きなねらい。以前は無医村を解消した医者の子孫を呼んだりもしたが、今回は家族中心に切り替えた。（2007.3）

それまではかなり広範囲に来賓を呼んで記念式典を挙行していたので、若木集落の農家は家の代表が参加する程度だった。それを家族員が全員で参加できるように、来賓を極力抑えて集落員のための式典にしようとした。この試みは成功して、集落員の絆を深めることができたという。

ところがK氏は、開拓七十周年記念事業が無事に終わった直後に次のように言う。

七十周年は初代、二代目と、部落の維持に目が向いていた。今からは世の中の動きにあった主張をする、ということで三代目も動いている。今回は全面的に三代目だ。二代目ではいったのは私だけ。私は農協の側なので。生産現場にいるのは三代目。危機感もあるし、運動に積極的になっている。（2007.12）

ただたんに集落の結束を固めるという消極的な姿勢ではなく、「今からは」と今後を見すえ、「運動に積極的になっている」第三世代を応援するという考え方から、記念事業への反省を示している。この点にK氏の柔軟性が現われているといえるだろう。だが、世代交代への不安が解消されたわけではない。

三代目までは農業をやっているが、四代目は大学へ行っているのでどうなるか分からない。（2014.7）

〔第三世代へ〕全戸が経営権を移譲している。それは全戸が七〇歳を越えたということ。（2017.11）

開拓時の記憶が残っている第二世代は、すでに二〇人程度が死去していて、経営権も移り、開拓村としての集落の独自性がどのようになるのか、K氏にとっては見通しが難しくなっている。

水利の問題

最後に若木集落に独特な問題を取り上げる。若木集落はそもそも扇状地を開拓したので、水田ができなかったことをはじめとして、水利の問題には苦労した。K氏は水利の問題を記録しておこうとしている。

昭和二七〔一九五二〕年に上水道ができるまでは、道の脇の流れを飲んでいた。川で鍋でもなんでも洗っていた。おしめや長靴、農具は汲んで洗っていたが。(2005.8)

集落の道路沿いにU字溝で作った川が飲料水などに使われていた。ようやく戦後になって水道をつくることができた。山形県営で開拓したので、入植時に水源の水利権を六対四で、若木が四割に分けてもらった。それを生活用水や農業用水とした。この権利が今でも続いている。当時は素掘りなので、四割だけでは末端まで行きわたらなかったので、井戸を五つ掘り、飲料水に限定した。天水を風呂につかい、風呂も輪番で二〜三日に一回入った。水がこの地のネックだった。それが若木土地改良区として二市一町(天童、東根、河北)の事業を今もやっている。四割の分の水は、U字溝を入れて「流れ水」「流れ川」といって、洗濯や炊事用に使っていた。扇状地なので水の悩みが強かった。水さえあればなあという思い。「流れ川」を使う生活を五〇年位前までやっていた。上流で洗濯や農機具を洗い、下流で野菜を洗ったり炊事したりしたので、赤痢になったりした。(2010.6)

扇状地という地形の不利が、開拓事業一般の苦労に加えて、水利の問題で悩ませることになった。だがこうした困難な条件を克服することで、若木集落の協同性が強まってきたのだといえるだろう。

三　K氏の農本思想への展望

これまでみてきたK氏にたいする聞き取り調査から、K氏の農本意識を読みとることができる。そこから農業者としての農本思想を構築するようにめざすことになるが、その契機となるものをここで考える。

開拓の歴史の強調

K氏は、若木農業協同組合が東根農業協同組合と合併したことを記念して刊行された『若木農業協同組合史』の編集後記で、「終戦を境に激変した世相と価値観」（若木　二〇〇二、四八四頁）を見すえて、「民主主義のなかで、開拓地の生活と文化を育んできた先人たちの叡智を学び、継承することが今を生きる私たち世代に等しく課せられた課題でもあると思います」（同前）と記している。また、開拓七十周年記念誌の後書きでも、「若木に生きる生産者家族が先輩から受け継いだフロンティア精神と進取の気構えを持ちながらもう一度助け合い、謙虚さとおもいやりの心を持って事に当たれば東根市農協の一員となった今、初代入植者の苦労に少しでも応えることになるのではないかと思う」（七十周年記念実行委員会　二〇〇七、六四頁）と述べている。

こうしたK氏の文章は、開拓時の経験を尊重し、それを戦後の「民主主義のなかで、……継承する」ことが大切だという考え方を表明している。そこには「フロンティア精神と進取の気構え」を持続しつつ「助け合い、謙虚さとおもいやりの心」をもつことを説き、「初代入植者の苦労」を忘れないという、開拓事業の経験を今日の集落の結束に生かそうという想いがこもっている。

ここで注目されるのは、「開拓地の生活と文化を育んできた先人」とか「若木に生きる生産者家族」というように、「初代入植者」が現実に営んだ開拓の実践、そして果樹栽培を定着させてきた営農活動の継承を強調していることである。農業者の実際の生産と生活を受け継ごうとしていて、開拓事業の理念や加藤完治の農本主義を掲げようとはしていない。ここに、理念よりも現実を重んじる姿勢が示されている。そのなかでも、開墾作業の困難さや水利問題など、営農活動でも生活面でも開拓当初に苦難をこうむり、また入植者なので近辺に親戚などの知り合いがいないことから、集落内の農家同士の協同性が重要だということを、聞き取りでくり返し話している。この協同性は共同防除でも発揮されているし、共同出荷でも同様である。歴史的にも現在の営農のあり方からいっても、協同性を重んじる意識が身についている。農家経営を営む農業者の農本意識として重要な契機になっているといえるだろう。

合理的な考え方

K氏の営農活動についての発現で目立つのは、非常に合理的な考え方をしていることである。「拡大はせず現状維持」というのも、消極的だからではなく労働力配分の問題に対処するためで、むやみに拡大しては堅実な栽培ができない。合理的な意識は果樹の扱いにも示されていて、剪定や植替えは必須の仕事である。将来も栽培を持続するためには「つねに畑は若くしておかないと」ならない。

こうした合理性は、パートを自衛隊員の妻から雇用している点にもみられる。自衛隊基地のあり方については、若木集落が土地を接収された経緯もあって複雑な思いをもっているが、営農としては自衛隊との共存を図るのが合理的なのである。また、農薬問題への対応でも、行政の農薬政策にたいして「安全・安心の流れに逆らえない」という農業者の立場を訴える場を設定するなど積極的な姿勢をみせ、「現場の実態」の理解を求めている。いわば「寝た子を起こすな」という態度ではなく、目の前の現実に真摯に向きあう態度が特徴的だといえるだろう。

次世代への継承

後継者については、第三世代の長男は就農しているが、第四世代となる長男の長男であるK氏の孫が今後どうなるかはまだ未定である。二〇〇四（平成一六）年には「今までは順調だが、〔第四世代が〕農業を選択するか、別な職業を選択するのかはわからない」と言い、同様のことは、二〇一六（平成二八）年でも、「孫は一度就職したいと言っているが、どうなるか」と不安を隠さない。というのも、果樹栽培は、出荷用の高品質のものは技術がないと難しく、就農するのならば若年のうちから技術を身につけなければならないので、「若い時にやって何年もやっていないと定年になってからではだめ」だからである。

若木集落の世代交代でも、経営権がほぼ第三世代に継承されて、現時点では次世代の就農に問題はないとしても、その第三世代で農外就労する者が出始めている。さらにK氏の孫のような第四世代になると、その世代が就農するかどうかはまったくの未知数である。集落としての結束、協同性が強い若木だからこそ、逆に兼業化あるいは離農といった動きが出ると、集落全体のまとまりという点で大きな動揺が生じる恐れがある。こうした不安感もK氏の農本意識に含まれている。

今後の果樹栽培

東根市はサクランボの優良品種である佐藤錦の発祥の地であり、「果樹王国」を謳い文句にしているが、これについてK氏は不安がある。「果樹王国として宣伝して、サクランボにこだわっているが、これがいつまで続くか」。というのも、訪中して中国でサクランボ栽培を本格化していることを知ったからである。「グローバル化というか、世界を相手にしないとどうしようもない。それが一番の不安」。中国では投資家がリンゴやサクランボの栽培に出資していて、企業経営で栽培している。接木による苗木栽培や加温ハウスもあり、そこに脅威を感じている。

しかし若木集落としては「サクランボがあるからこそ成り立っている」。リンゴだけでは経営が成り立たないので、サクランボ栽培をどのように維持していくのかが問題となる。K氏は今のところあまり問題にしていないが、サクランボ栽培は、山形県村山地方で特産化しているけれども、そのほかの地域にも栽培が拡がりつつある。というのは、やはり高収入が望めるからで、栽培技術を工夫することによって、山形県域だけにとどまらず、各地への広がりをみせている。アメリカ産チェリーの自由化は、食味などの点から脅威とはならなかったが、国内のサクランボ栽培地の拡大は厳しい産地間競争を招くかもしれない。そのときにサクランボ栽培をどのように継続するのか、ラフランスなどの増産を図るのか、ほかの作目を導入するのか、などの対応を迫られることになると思われる。

こうした今後の不安をK氏は隠していない。ここには現実を直視し課題を明確にして適切に対応しようとする態度が現れている。農業者として農業生産が順調に営まれることに心を砕き、集落の農家同士の協同に思いをはせ、現在の兼業化や混住化の状況を見すえて、後継者問題や市場競争などの懸案に正面から取り組もうとしている。困難にたいして理念をかざしていわば猪突猛進するのではなく、冷静な分析のもとで的確な判断をしようとする態度は、農本思想の構築をめざすにあたって大きな示唆として受けとめるべきだろう。


【注】

(1) 本文の引用は東海林泰『若木開拓史』からで、これは若木開拓二十年史として執筆されたものである。これはのちに『東根市史編集資料　第三号「若木開拓史」』として収録されているが、東海林が原稿を書き直しているので叙述が異なっている部分もある。また『若木農業協同組合史』でも戦前の部分を東海林が執筆している。『若木開拓史』を詳細に分析したものとして牧野友紀（二〇〇八）を参照されたい。東海林自身についても牧野（二〇〇八）で詳細に論じられている。

（2）原文には夕食時間の記載がない。
（3）日本体操（やまとばたらき）については、中房敏朗（二〇一六）に詳しい。
（4）この点については、横山昭男が「満蒙開拓青少年義勇軍の内地版として開拓精神を吹き込む」（横山　一九六九、二三〇頁）とか「徹底した国粋的農本主義であり、合理的な農業技術の修得よりも、勤労と節約の農法を、軍隊的な集団訓練によってたたきこむ」（横山　一九六九、二三一頁）と批判している。また、「本開拓事業が皇国農村建設の一環であることがうかがわれる。……これらの訓練は、精神修養を重視した訓練であったといえる」（牧野　二〇〇八、九六頁）とも論評されている。
（5）若木集落の生産組織については、牧野（二〇〇七）が詳細に論じているので参照されたい。

第五章　現代農本主義――宇根豊

本章では、現代日本の農本主義を取り上げる。戦前と同様に現代日本においても、農業者の日常意識である農業者意識なかでも農本意識にもとづいた、農家経営の農業者が担い手となる小経営イデオロギーとしての農本主義は多様な形態が現れている。以下では、こうした状況をふまえて、現代日本の農本主義のなかから宇根豊の所論を取り上げて、その内容を検討する。

第一節　今日の農本意識の現実的基盤

農本主義は、農本意識にもとづいて、それを整合化しようと図るものの、社会の諸事象の背後で作動する機構をとらえていないために、現実から遊離したイデオロギーとして成立している。したがって、今日の農本主義を分析するためには、まず今日の農本意識の分析がなければならず、また今日の農本意識が照応している現実的基盤を把握しなければならない。そこで本節では、ごく簡単ながら、戦後日本の農業と農業者の現実的基盤をみておくことにする。

戦後自作農の形成

地主制の限界が戦前にもすでに明らかになりつつあり、昭和十五年戦争の戦時中から国家政策としての自作農創設の動きとなって、新たな自作農が誕生したが、実際にそれが社会的に重要な役割を担ったのではなかった。戦前の政治体制のもとでは、地主制の解体までには至らなかった。戦後の日本が実質上のアメリカによる単独占領となるなかで、GHQは、日本政府が提案し帝国議会で審議を始めた第一次農地改革を拒否して、第二次農地改革を代案として示した。これが一九四九（昭和二四）年に制定され施行されて地主制は崩壊した。戦後自作農といわれる農家経営が輩出し、戦後日本の農業や農村社会の担い手となった。これはいわゆる小農に相当するもので、みずから所有する土地を家族労働力によって耕作し、家族生活を維持しようとする。ただし、地主制の復活を阻止するために土地所有規模を厳しく制限したので、零細性は克服できず、そののちの農業の発展にとって大きな問題となった。ともあれ、この戦後自作農の創設は、今日まで存続している日本農業の担い手を形成した。

戦後自作農体制から出発した日本農業は、戦後日本の経済発展による大きな荒波をかぶることになる。それは一九六〇年代を中心とした高度経済成長、七〇年代からの米の生産調整、八〇年代末のバブル景気、九〇年代からのデフレ状況と政治の混迷、二〇〇〇年代のリーマン・ショックに続く低迷などがあげられる。

兼業化の進行

一九五〇年代後半に始まり一九七〇年代初頭まで続いた高度経済成長は、日本農業や農村社会にきわめて大きな変化をもたらした。農業基本法や構造改善事業による基本法農政は、機械化や大型化などによって経営規模の拡大をめざすとともに、選択的拡大といわれる奨励作目の選別によって効率化を図ろうとした。このことによって、零細農家の離農による上層農家の規模拡大を推進し、農工間格差を解消しようとした。

しかし実際には、下層農家の滞留という現象が生じ、農政がめざした大規模化は実現しなかった。むしろ、専業農家の育成をねらった農政の思惑とは違って、兼業化が広汎に進行することになった。これは、機械化や化学化にもとづく省力化、それによる労働時間の縮小、そこで労働力を農業以外にふりむける農外就労が進んだことによる。兼業化が進むことで、農家は農外収入を得ることになり、生計の確保ができるようになった。

一九八〇年代以降の兼業化は、家族員の多くが農外就労する多就業化へと深化し、農業は家族のうちの一人または夫婦が従事するだけとなった。専業、第一種兼業よりも第二種兼業のほうが多数となり、日本農業は農外収入のほうが上回る農家によって支えられることになった。

兼業化は、農家の日常生活や農村社会にも大きな影響をもたらした。高度経済成長の時期にも電化製品が家庭に入り、食生活の洋風化や家事労働の軽減などが進んだが、兼業化は、それ以上の変化を生み出した。現金収入を家にもたらすのは、息子や嫁といった若い世代であり、家族内での発言権が強まった。さらに世帯主夫婦も農外就労するようになると、家産である土地をもとに家長の指揮によって家業としての農業を営む、という日本の家としての農業経営の形態は崩れて、家族員がそれぞれの行動をとるようになった。もはや家計の一体性は弱まって、親夫婦と若夫婦の生活行動が分離するようになった。

農家経営と農本意識

今日の家族農業経営という営農形態は、養鶏や畜産などの一部では変化しているものの、大多数の農家経営で維持されている。家の経済としての家計は、必ずしも家族員全体によるものではなく、若夫婦の収入と支出が分離される傾向が強まっているが、それでも営農を維持するために各自の収入を持ち寄ることがおこなわれている。こうした農家経営としてのあり方が農業者意識に影響している。農外就労による給与所得者としての側面と農家経営を営む農業者としての側面とをあわせもちながら、農業を営む姿勢、日常生活における思考などが独自の農本意識となっている[1]。

こうした農本意識を整合化しようとして今日の農本主義が形成されている。だがそれは、現実の社会から遊離しているのはもちろんのこと、実際の農業者がもつ農本意識とも異なって、虚偽的で幻想的なイデオロギーとなっている。

第二節　宇根の農本主義

宇根の経歴

ここでは、現代日本の農本主義者の一例として、宇根豊の所論を取り上げる。本人自身の紹介によれば、一九五〇（昭和二五）年生まれの宇根は、農業改良普及員として活動していた「一九七八年より減農薬稲作運動を提唱」（宇根 二〇一五、三三〇頁）し、「虫見板」によって「ただの虫」を発見して「天地有情の共同体」という発想をもつ。「一九八九年に新規参入で就農。二〇〇〇年福岡県を退職」（同前）したのちは「農と自然の研究所」を設立する。

このような経歴からは、宇根が一介の農業者ではなく、いわば知識人としての経歴をもって農業に新規参入したこと、したがって、本書でいう農本意識の担い手であるだけではなく、農本主義の形成者としての資質をもっているといえるだろう。他方では、知識人とはいっても都市生活者ではなく農業者として営農し生活をおくっている。それが宇根の主張を特徴的なものにしている。

宇根は数多くの著作を世に出していて、たとえば『農本主義のすすめ』（二〇一六）のように、現代の農本主義者を自称している。ここでは主に『愛国心と愛郷心』（二〇一五）を取り上げることにしたい。それに、『農本主義が未来を耕す』（二〇一四ａ）、『農本主義へのいざない』（二〇一四ｂ）を補足する。

宇根の自然観

まずは宇根の自然観である。とはいっても、宇根に言わせれば、このような「自然観」という言い方自体がすでに「外からのまなざし」（宇根　二〇一五、七六頁）によってながめているものであって、宇根が主張する「内からのまなざし」（同前）によるというとらえ方とは異なっていることになる。そうではなく、「自然な自然」（宇根　二〇一五、一八九頁）と「交感」（宇根　二〇一五、三三三頁）するのでなければならない。それは自然に生き、自然と一体化することである。宇根が「虫見板」を発明して益虫でもなく害虫でもない「ただの虫」を発見したこと、そうした無数の生きものの存在に支えられて人間が生きていることが強調される。つまり生態系的な世界のなかにいる人間という考え方に立っている。「天地有情の共同体」（宇根　二〇一五、二九頁）とは、このような意味での天然自然である天地と、生きとし生けるものの総体である有情と、そして人間とがともに共同体を形成するものだが、この共同体の一員となることが、人間のあるべき姿である。

そしてそのことは「百姓仕事」（同前）によってこそ可能となる。宇根は自然を人間が加工していない原生的な自然としてとらえているのではない。むしろ、田畑などの目の前の自然は人間の手が加わったものであり、「百姓仕事によって、百姓暮らしによって、そのようにつくり変えられた自然」（宇根　二〇一四b、六三頁）である。したがって、人間の「百姓仕事」がなければ「天地有情の共同体」も存在せず、人間がその一員となることもできない。となれば宇根が「国民皆農」（宇根　二〇一四a、二四九頁）を唱えるのは当然だろう。農業生産に従事することこそが人間の生き方であり、「農」の営みだけが人間を人間たらしめるということになる。

宇根の社会観

このことが宇根の社会観にもつながっている。宇根の社会のとらえ方は、一方で明治以来の近代化、資本制化にたいする批判と、他方でそれと連関して形成されてきた「国民国家」（宇根　二〇一五、二五頁）にたいする批判とが中心になっている。「百姓仕事」にもとづいて「天地有情の共同体」の一員として自然との「交感」のなかに生きること、これが人間のあるべき姿だとすれば、それを侵すのは「村の外から」（宇根　二〇一五、三〇頁）やってきた近代化や資本制化だということになる。効率性や「経済価値」（宇根　二〇一五、七五頁）を追求する近代化や資本制化は、「天地有情の共同体」を破壊するものでしかなく、それにたいしてむしろ「前近代（＝反近代）」（宇根　二〇一五、三二三頁）が主張される。科学技術の発展やその応用もまた、百姓の技とは異なり、こうした近代化の一環である。

そうした近代化や資本制化に対抗するのは、「経済価値」では評価することのできない、自然そのものがもっていて、人間がそこに「交感」できる価値である。宇根が好んで例としてあげる「赤とんぼ」では、赤とんぼの生息数や生態にも言及するものの、重要なのは百姓の「赤とんぼへのまなざし」（宇根　二〇一五、三〇一頁）である。赤とんぼをながめて赤とんぼと一体化するということに生きる価値があるということ、このことは近代化や資本制化がめざす「経済価値」とは無縁であり、むしろ近代化や資本制化は、こうした「天地有情」と「交感」する世界を破壊してきた。そうした近代化や資本制化にたいして「天地有情の共同体」を守ることが要請される。

この近代化や資本制化によって形成されてきた「国民国家」もまた、宇根の農本主義にとっては批判すべきものである。宇根は国家そのものを否定するわけではない。批判するのは、明治以来の近代化や資本制化のなかで国民の統合が図られ、近代化や資本制化が国家のめざすべきものとなってきたことである。いわば資本制的生産を国家という枠組みで形成してきたことへの批判である。

宇根の人間観

宇根の人間観あるいは人生観はどのようなものとなるのだろうか。ここで強調されるのは「百姓の情愛」(宇根　二〇一五、一一一頁)である。これは「共苦や共感」(宇根　二〇一五、三〇九頁)ともされるが、天地有情や村落や家族などにたいしてもつ「つつましく、たおやかに生きて」(宇根　二〇一五、二九七頁)いく感情であり、「天地有情の共同体」の一員として「天然自然に包まれ、天地自然からめぐみを引き出し、天地自然に返していく」(宇根　二〇一五、一四四頁)という行為によって醸し出されてくる感情である。この「情愛」をもって天地有情や村落、家族と接することのできる人間、これがあるべき人間の姿となる。そして、こうした「情愛」にもとづく仕事を営み、「情愛」のなかで暮らしていくことが最上の人生であり、幸福である。

「経済価値」を追求し、より高い生活水準を願望するのは、「人間の欲望を全開にしてしまった」(宇根　二〇一五、二八二頁)近代的、資本制的な人間なのであり、「国民皆農」のもとで「百姓仕事」にいそしむ人間は、あくなき欲求の連鎖から解放されて、いわば自足の生活を生きることになる。宇根が「自給」(宇根　二〇一五、一五〇頁)を強調する理由の一つがここにある。自給自足の生産と「天地有情の共同体」での「情愛」によるつながりのなかで生きることが人間のあり方である。

「新しい農本主義」

以上のような「農の原理」(宇根　二〇一五、一四六頁)から、宇根は「新しい農本主義」(宇根　二〇一五、五〇頁)を提唱する。「新しい農本主義」とは、いわゆる戦前までの農本主義とは異なって、農業を国家の基盤にすえるというよりも、「天地有情の共同体」にもとづいて農業に従事することで、自然、生きもの、村落、家族などとの一体感を得る生き方をめざすものである。したがって、「農は国の本」といった「国民国家」を前提としてその存立を図るようなことはしない。宇根は独特な言い回しで「無意識のパトリオティズム〈b〉を、意識的なパトリオティズム〈B〉にして、ナショナリズム〈a〉〈A〉にとって代わらせなければなりません」（宇根　二〇一五、二八六頁）というが、要するに「在所」（宇根　二〇一五、四二頁）という生産の現場、生活の場に依拠して、そこで生きることを重視するということである。

在所への愛着、自然との一体化にもとづいた「愛郷心」を、「自覚的で先鋭化された」（宇根　二〇一五、四九頁）「愛郷心」へと昇華し、それによって、「国民国家」を意識させるイデオロギーとしての「愛国心」を批判する。また、「天地有情の共同体」にたいして破壊作用をおよぼす近代化や資本制化を批判する。しかし、封建時代に戻るわけではなく、いわば非近代といった新たな社会のあり方を模索する。こうした「新しい農本主義」が国民の全体に普及していくことが、宇根の願望しているものである。

第三節　宇根の農本主義の問題性

一　宇根の主張の弱点

人間把握の弱さ

宇根が唱える「新しい農本主義」にはどのような問題があるのだろうか。まず言えるのは、宇根の人間存在の把握の弱さである。人間を生態系のなかの一員としていて、天地自然との一体化を強調しているが、その人間が自然にたいして働きかけるということは明確ではない。

第一章で述べたように、人間はなによりも自然的存在であり、人間自身が自然すなわち生命有機体であるとともに、人間は外部の自然がなくては生きることができない存在である。つまり、人間はそもそも、かれ自身の身体の外にある自然と一体として存在している。だから、人間の自然との一体化が渇望されるというのは、むしろ一体である人間と自然が分離されてしまっているからで、一体性の回復を図ろうとしているのである。また、人間は意識的存在であり、社会的存在でもある。そこで、人間はそもそも、自然との一体性に埋没してしまうのではなく、自然を自分の活動の対象として位置づける。それだけではなく、自分自身を意識し、自分の活動そのものも意識する。したがって、人間は自然のなかの存在でありつつ自然を活動の対象として自分に対置する。こうした人間のあり方をふまえて、農業という人間活動をとらえなければならない。農業は、人間が自然的存在であることをもっとも端的に示している。それは、人間が、生命有機体としての自分を維持するために、外的な自然を加工して、それを摂取し、また外的な自然に排出するという一連の活動である。人類史的にみれば、工業や商業は、この農業という人間の営みから分業していった活動形態であり、農業が人間活動の基本となっている。

このように、人間が自然的存在であり、その活動のあり方が自然とは不可分なものになっている、というところに、農本意識や農本思想の現実的基盤がある。宇根は、眼前に存在する自然は人間によって加工された自然だとしていて、人間の自然にたいする働きかけを認めてはいる。しかし、その働きかけが、自然にたいする「情愛」という意識のあり方に偏ってとらえられていて、それが、農本主義を「求道」（宇根　二〇一五、一五七頁）というような方向へと導く原因になっている。「百姓仕事」を重視しているものの、そこに人間の主体的な営みをみるというよりも、自然との一体化、自然への没入を強調してしまっている。したがって、「百姓仕事」にもとづいた勤労主義を唱えるわけではない。

勤労、節倹は日本農本主義の主張の一つとなっているが、宇根にとって重要なのは、勤労という動的な活動よりも、自然との「交感」という静的な状態である。

また、自然との一体感は「百姓仕事」にかぎられるわけではない。たとえば、工業における「職人」的な繊細な仕事、マリンスポーツや登山、庭園や生花、など生産や生活のあらゆる場面で得られる実感である。これは人間が自然的存在であるということからきている。宇根はそうした人間の多様なあり方を「百姓」という存在に限定してしまっている。

社会把握の弱さ

次に問題となるのは、社会的存在としての人間把握の弱さである。少なくとも、ここで取り上げている宇根の著作では、家族や村落はほとんど言及されていない。たとえば「家族や村や人間へのいとしさ」(宇根　二〇一五、一九五頁)のように、自然や「百姓仕事」などと並べて列挙されることはあるが、家族のあり方や村落での人々の相互のかかわりあいについての詳細な叙述はみられない。「赤とんぼ」の例のように、天地自然との「交感」については、再三にわたって具体的に細かい描写があるのに比べて、家族同士の「交感」や村落における人々の相互の「交感」についてほとんど触れていない。農本主義が家族や村落を現実的基盤としているのに、宇根の叙述にはこの契機が抜けている。

これは、上述のように、宇根は人間の自然との一体化を強調してはいるものの、その人間が社会的存在であり、孤立した自然人として生きているのではないこと、いいかえれば人は社会をなして存在するのであり、人間が社会を作るとともに社会のなかで人間が形成されるという、いわば「つくりつつ、つくられる」存在であること、をとらえていないからである。たしかに、近代化や資本制化を批判してはいるけれども、そこでは近代社会のあり方としてのそれというよりも、「国民国家」の国富の蓄積の問題としてである。したがって、宇根の社会を見る眼は国家のあり方にしか向けられていない。

宇根の描く農村では、「百姓」が田園のなかで単独で生きている。本人自身についての体験を述べているところでも、村人との会話は天地自然にかかわる事柄に限られていて、村人との交流、たとえば村仕事でのかかわりあいが出てこない。おそらく、宇根も実際には村仕事やさまざまな組織、役職、さらには親族関係などの社会的諸関係の網の目のなかで生活しているのだろうが、そしてそれが本人自身にとっても生きる基盤になっているのだろうが、それが抜け落ちている。さらには、家族関係についても、本人自身の事柄を叙述するかどうかはさておいても、村落が家族を構成単位として存立していること、したがって村落においては個人のあり方はもちろんだが、家族のあり方が都市とは異なった意味で重要であること、それが農家経営を営んでいる日本の農村社会においては基本的な性格づけとなること、などが論じられていない。あたかも、宇根にとっては家族も村人も存在せず、たった一人で天地自然と一体化しているかのようである。

近代把握の弱さ

さらに、宇根の近代社会の把握に問題がある。宇根は明治以降を日本の近代化の過程とみて、そこでの近代化や資本制化が「国民国家」的なナショナリズムを形成し、利潤追求を第一として「天地有情の共同体」をじゃまなものとする近代日本が形成されてきたとする。それは戦前から戦後へと一貫していて、したがって、戦前の全体主義的な体制から戦後の民主主義的な体制への転換については、肯定しながらも詳細に論じてはいない。それよりも、戦前から継続している資本制の発展が、戦後も高度経済成長において爆発的に拡大したことが強調される。つまり、宇根においては、近代化と資本制化とが区別されておらず、近代社会の進展は資本制的生産の発展と同一であり、したがって近代化によって利潤追求が最優先されることになる。となれば、「近代化への根強い不審と嫌悪」（宇根　二〇一四a、三三頁）から「反近代」という立場をとるのは当然だろう。そこで、「反近代・反資本主義の原理」（宇根　二〇一四a、三五頁）を同一の「農の原理」として提唱している。

しかしこれは、市民社会と資本制社会という近代社会の二つの性格を区別できていないことから生じる同一視である。第一章で述べたように、近代社会は、一方では自由と平等と個人の人格的独立という市民社会の原理でもって近代以前とは異なっており、他方では資本－賃労働関係という階級関係のもとで利潤追求を最大の目的として生産活動が営まれるという資本制社会の原理でもって近代以前とは異なっている。市民原理と階級原理とは、異なったものでありながらも近代社会にとっては不可欠であり、その両者を結びつけるのは労働力の商品化である。労働力商品が自由かつ平等に売買されることによって、生産の局面で労働力が創造する剰余価値が資本家のものとして搾取される。

宇根は、このような近代社会の二重性をとらえていないので、資本制的生産における利潤追求への嫌悪感が近代化そのものへの拒否となってしまっている。となれば、近代化や資本制化に対抗するものとして持ち出されるのは、市場経済の展開にたいしての「自給」の奨励である。小経営的生産においても資本制的生産においても不可欠な市場経済を、ただ資本制的生産だけと結びつけるので、市場経済そのものが批判の対象となってしまう。市場経済に対抗するのは、市場での交換活動をおこなわない「自給」だということになる。宇根が「自給」を唱えるのは、国内の「食料自給率」を問題とする「国民国家」的な発想を批判してだと叙述しているが、じつは近代化の重要な要因の一つである市場経済を嫌悪してのことなのである。

ここには宇根自身がかかえる矛盾が存在する。一方ではこのように「自給」を強調し、市場経済から距離をとることを主張する。「どんなにやめろと言われても、……自給する百姓として生きていく」（宇根　二〇一五、一五二頁）というものの、しかし、今日の農村における農業技術の高度化や生活水準の向上からいって、自給自足の生活をおくることが不可能であることはいうまでもない。そこで他方では、「生業とは、自給できるものは自給すること」（宇根　二〇一四a、二四六頁）と述べて、「『兼業』で何が悪いのでしょうか」（同前）と兼業を擁護する。つまり、農業生産以外のいわゆる工業や商業をまったく無視して生きていくということはありえないので、農業者自身が営む農業以外の生産活動を認めている。けれども、今日の農業生産で不可欠となっている農用機械や農業資材をだれがどこで生産しているのか、それを農業者がどのように手に入れているのかについての言及はない。まして、衣食住にかかわる物資の生産については触れていない。こうして宇根は、一方では自給自足を追求しつつ他方では農業以外の他産業の存在を黙認せざるをえないという矛盾に陥っている。

二　宇根の農本主義の終着点

社会科学的分析の欠如

以上のようにみてくると、宇根の言説は、本書でいう農本主義にとどまっていて、農本思想とは言えない。まず指摘できるのは、社会をとらえる際の社会科学的な視角の弱さである。日本資本主義の発展や現代日本社会のあり方について、いわば日常意識的なレベルでの利潤追求や市場経済の展開を取り上げて、それによる天地自然との一体化の喪失を嘆き、「自給」と「内なるまなざし」による対抗を唱える。資本制の行き詰まりを見通す発言をしているが、その根拠は曖昧で、生産のメカニズムが内部から崩壊するのか、自然環境の悪化や資源の枯渇といった外的な要因によるのか、あるいは社会不安や格差への反撥といった要因によるのか、がわからない。近代社会や現代日本社会の社会科学的な分析がほとんどないので、社会の諸事象の表面をなぞっているだけである。

こうした宇根の姿勢は、家族や村落を付随的なものとしてとらえるにとどまっていて、そこでの生き方を検討するという問題関心がほとんどないこととつながっている。小経営的生産として日本農業の担い手をとらえる、という視角の弱さが、農家経営の担い手としての家族を軽視してしまっている。農家同士の結合という性格をもつ村落についても同様である。宇根にとって重要なのは、単独の「百姓」一人が「百姓仕事」のなかで「天地有情の共同体」の一員であることをいかに実感するかであり、その「百姓」をとりまく家族、仲間、村落のさまざまな集団や組織、親族関係などは欠落している。その意味では、宇根のいう「百姓」は、家族や地域社会といったいわゆる第一次集団から離脱して孤立した「近代的な個人」だといえるのかもしれない。

自然没入、過去回帰、宗教的境地

こうした社会的諸関係から離脱しているかのような「百姓」が自然のなかに埋没していくのは当然だろう。反近代、反資本制を掲げて、天地自然との「交感」をめざす宇根の「百姓」は、現在の社会のありようをすべて捨て去って自然に溶け込むことをめざそうとする。上述のように、反近代を利潤追求への批判として唱えるので、近代が近代以前のいわゆる身分社会のあり方を超えて自由で平等な市民社会を打ち立てたということは目に入らない。そこで、反近代と反資本制から安易に過去への回帰を唱えてしまう。「経済成長しなくても、つつましく貧しく生きる生業の世の中のイメージを提案して行くべきです」（宇根　二〇一四a、二一七頁）という主張が、「欲望を鎮め、四、五十年前のくらしに戻ればいい」（宇根　二〇一五、二九七頁）と言うまでになってしまう。

こうして宇根は、現実の社会的諸関係や現代社会がもつ諸問題についての応答をするわけでもなく、天地自然との一体化を求めて、いわば悟りの境地へと入っていく。その際に掲げられるのは「情愛」であり「求道」である。「百姓仕事」

をすることによって「天地有情の共同体」の一員となることを実感するのが宇根の唱える農本主義であるから、自然への「共苦や共感」といった「情愛」によって自然との一体化を得て、「たおやかに」生きていくことがめざすべき境地となる。そのためには「国民皆農」が求められる。「百姓仕事」はもはや社会のなかの生産活動の一形態ではなく、すべての人々がしたがうべき修行ごときものとなり、そこで「内からのまなざしを取り戻していく道」（宇根　二〇一四a、八四頁）を求める「求道」に努めることが人間の生き方だということになる。「時を忘れ、我を忘れ、社会を忘れ、仕事に没頭することこそがもっとも人間らしい喜びだ」（宇根、二〇一五、三〇〇頁）と言うまでになれば、一種の宗教的な色彩を帯びてくるといわざるをえない。それは「百姓が自然に没入し、その自然と一体になる境地」（宇根　二〇一四a、二四二頁）であり、「宗教心そのもの」（宇根　二〇一四a、二三九頁）である。近代的個人が農作業を通じて自然との一体化という世界へ埋没することで悟りの境地を得る、というのが宇根の唱える農本主義の行き着く先ではないだろうか。

宇根の農本主義の危険性

宇根の農本主義は、社会の背後で進行する日常意識では不可視となっている機構をつかみとり、そこから眼前の事実をとらえ直すという学知の見地からの農本思想ではない。それは、日常意識にとどまっている農本意識にある程度の整理をほどこして「農の原理」としてまとめたものにすぎない。

本書で検討してきた農本主義論からの示唆に照らしてみると、宇根の農本主義は以下のような特徴が浮かび上がる。第一に、自然への働きかけという農業のあり方をとらえているが、それがほかの農本主義者と同様に、自然への没入を説くイデオロギーとなっている。第二に、その自然への没入が静的に示され、勤労が重視されていない。第三に、家族や村落という、農業者をとりまく重要な社会的諸条件が視野に入っていない。したがって宇根の主張は、孤立した人間が自然との「交感」のなかで自然に没入し一体化することこそ幸せなのだ、ということにつきる。社会的諸関係が抜け落ちた抽象的な個人でしかない自分一人が、「我を忘れ、社会を忘れ」て自然のなかで無我の境地になることが理想とされる。

宇根の農本主義は、現実の社会状況にたいして「反近代・反資本主義」といいながら、じつは世に背を向けて自然に没入することを奨励するものであり、そのことで現実の社会を放置してしまうという、きわめて現状肯定的なものになりかねない。その意味で、今日の困難な諸状況に置かれて悪戦苦闘している農業者にとって、宇根の農本主義が、農業者からの社会批判を覆い隠すものとして機能する危険性を否定できないだろう。

【注】

(1) とくに一九八〇年代の農家や農業者の現実的基盤、農本意識などについては、筆者も参加した山形県庄内地方での事例調査によって明らかにしている。細谷ほか（一九九三）を参照されたい。

第六章　減反と稲作農業者の軌跡

本章では、高度経済成長期ののちに減反政策に直撃された稲作農業者の農本意識を、長期にわたって継続した事例調査によって探る。第一節では調査対象地である山形県鶴岡市、第二節では鶴岡市安丹集落、第三節では稲作農業者の個別事例を検討する。

第一節　減反政策の経緯と稲作農業者の意識

一　減反政策の開始から廃止まで

減反政策の背景

昭和十五年戦争の終結とともに日本社会は大きく変動した。アメリカによる占領政策なかでも日本農業と直接にかかわる農地改革は、戦前の地主制を基本的に解体して戦後自作農を創出し、日本農業はこの新たな生産力層が担い手となった。戦後自作農の創出は、一方では戦争直後の食糧難を乗り越えるべく農民の営農意欲をかきたてることに成功し、また、土地の自己所有は農村の不安定な政治状況を沈静化する機能をはたした。その点で農地改革という占領政策は成功したのだが、それには第四章でみたように、戦前からの自作農創設政策とその実施があったことも寄与している。だがもちろん、地主制の解体と自作農の本格的な展開は、戦後の体制変化があったからこそであり、この戦後自作農が、今日の日本農業の生産主体となった。そして日本農業は、戦後一貫して家族農業経営すなわち農家経営という形態で営まれてきている。

一九五〇年代後半から七〇年代初頭にかけての高度経済成長によって日本社会は激変した。農業においても、一九六一年に制定された農業基本法にもとづく構造改善事業の展開によって、農業生産の基盤整備、自立農家の育成などの近代化政策が推進された。それは、日本資本主義の高度経済成長に対応するために、農工間の所得格差を解消することを目的としていた。大型圃場整備や近代的な施設、農用機械の普及、化学肥料や農薬の推進などによって農業生産力を向上させ、そのことによって戦後自作農の規模拡大を図った。それはまた逆に、規模拡大によって農業生産力の上昇をねらうものだった。この基本法農政は、いわゆる農民層分解を促すことで、下層農家の離農による農家の規模拡大をめざしたが、この高度経済成長によってもたらされた農民層分解は、現実にはごく一部の上層農を上昇発展させたにとどまった。それは、ほとんどの農家が下降没落するという全般的な落層化といえるような傾向を示した。他方で、農村からの労働力流出、農業技術の変化、都市的生活様式の浸透など、農村の社会構造は一変し、兼業化と離農離村があいついだ。

こうして、一九六〇年代後半以降の高度経済成長は、総農家戸数の減少のなかでの専業農家の激減と第二種兼業農家の激増という兼業化の深化、野菜、畜産、養鶏などの商品作目生産の展開、集落と生産組合の機能的分離といった農村内の諸組織の機能集団化など、農村社会の都市化を急速におしすすめた。農家の規模拡大によって農業生産を推進しようという農政は、そののちの総合農政、地域農政へも引き継がれていった。それは、零細層の滞留という事態によって規模拡大が進まない状況を乗り越えるために、農地の所有権移転ではなく、賃貸借、集団化、組織化によって農地流動化を進めた。また、農村社会のもつ集落機能、いわゆる村落の相互扶助的な機能が注目され、いわば村ぐるみの土地利用調整が図られた。

緊急避難的な減反政策

以上述べた高度経済成長の末期に、稲作農業は米の生産調整という未曽有の農政の影響を大きく受けた。稲作の環境悪化ははなはだしく、この減反政策は、水稲単作地帯における農家経営およびそこでの農業者の営農意識、さらには農村地域のあり方にまで、大きな影響をおよぼした。

減反政策の発端は、一九六七（昭和四二）年に米生産が大豊作となり、豊作が三年間続いて「米過剰」という状況が始まったことである。それは一面では、基本法農政以来の選択的拡大による基幹作目優遇策と、一方での稲作の機械化と他方での兼業化の深化によって、農業者が農業生産を稲作へと特化する志向をとったことによる。選択的拡大は稲作への手厚い保護によって農業者を稲作へと誘導した。機械化は省力化をもたらして労働力を農業生産から遊離させたので、兼業を志向する農業者は機械化が進んだ稲作を選択することになった。他面では、消費者のいわゆる米離れによって米の消費量が減少したことがある。高度経済成長による都市的生活様式の浸透は、食生活の変化をもたらし、パン食、肉や魚、乳製品などの蛋白質食品の増加によって、米からのカロリー摂取量を減少させた。米の消費量は、一九六〇年代前半の最高時からほぼ半分にまで減少した。こうして生産量の増加と消費量の減少が「米過剰」をもたらした。その結果、当時の食糧管理制度での米の在庫管理経費増大と生産者価格と消費者価格との逆ザヤ現象が生じて、「食管赤字」が問題となり、三K（米、国鉄、健保）として槍玉にあげられた。財政赤字の解決方法としてとられたのが生産調整すなわち減反だった。生産者価格を下げることによって財政の改善を図る方法は農業者や農協の反対が強く、生産量を減少することで「米過剰」を乗り越え、コメ赤字を解消しようとした。

減反政策は一九六九（昭和四四）年に初めて試行され、翌七〇（昭和四五）年から本格的に実施され、数年次にわたる政策が、「稲作転換対策」（一九七一（昭和四六）年～七五（昭和五〇）年）、「水田総合利用対策」（一九七六（昭和五一）年～七七（昭和五二）年）として取り組まれた。これは、「米過剰」という異常事態にたいして、いわば緊急避難的に対処しようとするもので、豊作による米の在庫過剰を、米生産と米消費のアンバランスがもたらした一時的な事態とみて、生産過剰が解消され食管財政が健全化すれば、生産調整も廃止されるはずだった。しかし、「米過剰」は、これらの減反政策によっても解消されることはなかった。たしかに豊作という影響はあったものの、米生産への特化と米消費の減少という構造的な問題が解決されていなかったからである。

恒久的な減反政策

米の生産過剰という事態は解消されず、「水田利用再編対策」（一九七八（昭和五二）年～八六（昭和六一）年）では転作率の大幅な上昇が強行された。ここでは、たんなる減反すなわち作付面積の削減だけではなく、米以外の作目を水田に栽培する転作を奨励する政策へと転換され、畑作物に加えて果樹にまで転作が拡大された。これにより、減反が恒久的なものと位置づけられることが明確となった。

また、転作奨励金による誘導もおこなわれたが、それ以外に、転作割当面積を守らず転作面積よりも多く稲作をおこなう農業者にたいして各種補助金を支給しないなどのペナルティが課せられ、さらには、集落内にこのような農業者がいた場合には集落全体にペナルティが課せられるといった方策がとられた。農業者の相互補完的な機能をはたす集落の枠組みを、減反の強制のための手段として用いるという政策が推し進められた。

そののち、「水田農業確立対策」（一九八七（昭和六二）年～九二（平成四）年）や「水田営農活性化対策」（一九九三（平成五）年～九五（平成七）年）などに名称を変更し、備蓄米の数量が基準を下回る場面もあって、減反緩和策が打ちだされるなどの内容的にも多少の手直しをしながら、減反政策は継続された。二〇〇二（平成一四）年に「米政策改革大綱」が発表されたが、ここで国が転作面積を配分する方式から、国が生産数量を配分する方式へと転換された。これは、ある意味では減反すなわち生産調整をより厳格に実施しようとするものだといえるだろう。というのも、いわゆる農民的知恵を働かせて、稲作農業者は作付面積が減少しても収穫量が減らないような工夫をいろいろとこらしていたからである。

所得対策への転換から減反政策の終結へ

国政が自民党政権から民進党政権へ、また自民党政権への復帰、というように揺れ動くなかで、二〇一〇（平成二二）年の「戸別所得補償モデル対策」では、農家経営の所得の標準を定めて、それ以下の実所得のばあいには不足分を補填しようとする所得補償という方式が提唱された。しかし、そのことによって減反あるいは転作が廃止されたわけではなく、「経営所得安定対策」（二〇一三（平成二五）年～一七（平成二九）年）に至るまで減反政策は維持された。

しかし、転作補助金などによる財政負担が問題となった。農政は、減反の廃止で起こりうる過剰生産などの混乱を予想しながらも、農業者の自己責任へと転化することで収拾を図ろうとして、二〇一八（平成三〇）年から減反政策は廃止された。

二　山形県鶴岡市の農業と農家

山形県庄内地方の状況

表6-1　庄内地方の農家数、農家人口、耕地面積　（単位：戸、人、ha、%）

	総農家数				農業就業人口	耕地面積	水稲作付面積	水稲作付面積／耕地面積
		専業農家	第1種兼業	第2種兼業				
1985	23,250	1,600	8,838	12,812	—	46,600	—	—
1990	20,928	1,605	6,754	12,569	—	45,700	—	—
1995	18,295	1,293	5,608	11,394	—	44,900	33,400	74.4
2000	16,117	1,139	3,907	9,333	23,266	43,900	28,700	65.4
2005	14,652	1,378	3,824	7,389	22,180	43,300	28,300	65.4
2010	11,369	1,201	2,412	5,114	14,832	42,800	26,900	62.9
2015	10,013	1,525	1,957	4,004	12,803	42,670	26,320	61.7

注：『庄内地域の概況』（各年次）より作成。

表6-2　庄内地方の農業生産産出額　（単位：億円、%）

	総産出額						
		米	野菜	果実	花卉	畜産	米／産出額
1985	1,122	775	80	32	1	209	69.1
1990	942	628	102	29	4	153	66.7
1995	802	524	115	27	9	114	65.3
2000	717	418	123	24	20	110	58.3
2005	645	367	120	21	21	99	56.9

注：『庄内地域の概況　平成26年度版』（25ページ）より作成。

　本章の調査対象地となっている庄内地方は、山形県の全域が旧幕藩体制に由来する置賜、村山、最上、庄内と四地域に区分されるうちの一地域で、東は出羽三山を抱く出羽山地によって他の三地域から隔てられていて、同じ山形県でも気候や文化などで独自の特色をもっている。北は鳥海山で秋田県と、南は朝日山地で新潟県と接している。西は日本海に面していて、庄内平野が広がっている。庄内平野は日本海に注ぐ最上川で南北に分けられ、それぞれ川北、川南と呼ばれる。最上川と赤川が、農業用水をもたらしている。気候は、日本海を北上する対馬海流の影響もあり、温暖で積雪も少ないが、日本海を渡ってくる北西の季節風が強く吹く（庄内支庁　二〇一五、三頁）。

　庄内地方は平成の合併によって、鶴岡市のほか、酒田市、三川町、庄内町、遊佐町の計五市町となっているが、人口は鶴岡市が最も多く、酒田市が並んでいて、この二市で庄内全体の八割以上を占めている。

　近年の庄内地方の農家数などを表6-1「庄内地方の農家数、農家人口、耕地面積」でみると、庄内地方は、耕地面積に占める水稲作付面積の割合がほぼ六割台で、山形県全体が五割台であるのと比べて、減反政策の影響を受けながらも水稲作の比重が大きい。しかし総農家数、農業人口、耕地面積とも減少が著しい。一九九五（平成七）年から二〇一五（平成二七）年にかけて、総農家数は四五・三％、水稲作付面積は二一・二％も減少している。表6-2「庄内地方の農業生産産出額」から、産出額でも米生産の比重が大きいことがわかる。それでもしだいにその割合は減少していて、それは米価の低迷と野菜や花卉の増加によるものである。

庄内地方の水稲作については、愛知、佐賀と並んで一九六〇年代の水稲集団栽培が有名だが（細谷　一九六八）、一九七〇年代初めに水稲集団栽培が崩壊したのち、田植機やコンバインなどの高性能化が進行し、前述したように減反政策が強化されるなかで、稲作生産組織は多様な有志共同組織として展開した。そこでは機械化による省力化が進み、その余剰労働力を、いわゆるプラスアルファの畜産や畑作あるいは農外就労へとふりむけることによって、家族労働力の完全燃焼がめざされていた。したがって、家族労働力は多様に配分され、多就業化が進行する。これまで庄内農業の特徴といわれた、等質的な農家による稲作経営という性格は変化していき、農家経営の多様化という傾向が強まっていった。八〇年代には、みずからの農家経営の維持、安定と家計の確保をめざして、個別的に多様な経営形態を選択していた。水稲作の機械化による省力化と水稲以外の営農の追求との分化が進み、また、農業にふみとどまる農家と農家から離脱していく農家との分化も進んだ。それは、水稲専作志向、複合経営志向、農外就労志向という三つの営農志向として展開された。しかし九〇年代に入ると、水稲専作志向および複合経営志向は展望をもちえる状態ではなくなっていて、農業の危機的な状況のなかでの個別経営の維持のためには、もはや農外就労の方向をとらざるをえないところまで追い込まれてきた。とくに、後継者問題が大きくのしかかり、庄内農業の担い手となっている個別農家の農家経営そのものが、世代交代の問題で展望を見いだしえていないように思われた（小林　一九九九）。

二〇〇〇年代に入ると、認定農業者の設定や集落営農政策の実施によって、規模拡大をめざす大規模農家と農外所得によって生活を維持せざるをえない中小規模農家との間の営農志向の違いが大きくなってきた。なかでも、集落営農は集落ごとの集団化にとどまらず、集落を越えた範囲での集団的な経営あるいは請負耕作へと進化している。これは、いわゆる村のまとまりを基礎として成立していた村落の大きな変動をもたらす可能性があり、今後の農村社会のあり方にとって注目される。

また、後継者難といわれる世代交代の困難という問題は、二〇一〇年代に深刻な様相を呈している。というのも、農業の担い手の中心が七〇歳代になりつつあり、しかもそのあとを担う人材が見当たらない、という状況がごく一般的になっているからである。

鶴岡市農業協同組合の『組合史』から

鶴岡市は、庄内平野が最上川で二分される一方の川南に位置し、庄内藩の城下町として発展し、酒田市と並ぶ庄内地方の中心都市である。以下では、鶴岡市農業協同組合の『組合史』において鶴岡市における農業や農村の経緯を一九七一（昭和四六）年から二〇〇一（平成一三）年にかけて紹介している記事によりながら、鶴岡市の農業や農村の概況を確認する。

まずは鶴岡市農協の一〇周年記念として刊行された『鶴岡市農協一〇年のあゆみ』（一九八三）をみると、鶴岡市は一九五五（昭和三〇）年の一市九村の町村合併、一九六三（昭和三八）年には隣接する大山町の合併を経て、人口一〇万人をこえる中心的な都市となった。一九六一（昭和三六）年四月に農協合併助成法が施行されてから、農協合併の機運が高まり、山形県内では「昭和四〇年から合併は急速に進み、四〇年、四三年、四六年の三回に亘ってそのピークがあった」（鶴岡市農協、一九八三、三〇頁）という。そのなかで、鶴岡市では一九六一（昭和三六）年から、合併研究会、合併協議会、設立委員会という経過を経て、一市一農協として市内一二農協が合併し、一九七二（昭和四七）年三月に鶴岡市農協が成立した（鶴岡市農協　一九八三、一頁）。この管内に本書の調査対象地である鶴岡市京田地区も含まれていて、そこでは一九八二（昭和八七）年三月時点では、正組合員戸数は二三〇戸、水田五七九ヘクタール、畑一一ヘクタール、米販売数量三四、八九八俵（一俵＝六〇キログラム）、水稲種子生産数量二一八、七〇〇キログラムという生産規模だった（鶴岡市農協　一九八三、四〇頁）。

『一〇年のあゆみ』の記事では、農業生産の動向として、一九七二（昭和四七）年度に「機械田植稲作への技術対応、米の生産調整による稲作農家への精神的打撃、生産意欲の減退が問題化した」（鶴岡市農協　一九八三、四八頁）、一九七四（昭和四九）年度に「庄内米の名声堅持のため〝良質米ササニシキを作ろう〟と系統あげて作付拡大に努めた」（鶴岡市農協、一九八三、四八頁）、一九八〇（昭和五五）年度に「一等米比率九四・二％と史上最高の高品質記録をマークした」「管内ササニシキの作付率九一％と大巾に伸びる」（鶴岡市農協　一九八三、五三頁）などの記述が示されている。この時期は、一〇アール当り八〇〇キログラムの目標設定や多収穫競争にみられるような、収穫高の向上をめざすという稲作志向が、コシヒカリを競争相手としてササニシキをブランド米にする高品質米をめざすという方向へと転換していく時期だったといえるだろう。

農外就労の動向については、一九七〇年代の鶴岡市の出稼ぎ労働者の状況を表6-3「鶴岡市の形態別出稼ぎ労働者数の推移」にみることができる。「夏型は主に漁業者であり、冬型は水稲単作地帯の農業者が主である。また通年型は小規模農業者で非農業従事者、あるいは非農業者である」（鶴岡市農協　一九八三、一二八頁）。一九七一（昭和四六）年をピークに減少しているが、その理由について、「（1）出稼ぎ者の高令化に伴う自然減。（2）若年層を中心とした地

表6-3　鶴岡市の形態別出稼ぎ労働者数の推移（単位：人）

	総数	夏型	冬型	通年型
1970	2,774	551	1,334	889
1971	3,190	820	1,617	753
1972	3,000	786	1,470	744
1973	2,652	631	1,204	817
1974	2,289	520	954	815
1975	1,880	338	675	867
1976	1,570	357	514	699
1977	1,247	253	412	582
1978	1,104	252	370	482
1979	996	222	322	452
1980	939	134	329	476
1981	890	250	308	332

注：『鶴岡市農協 10 年のあゆみ』(129 ページ）より作成。

元への就労増加。（3）農家の複合経営及び兼業化の拡大。（4）不況による求人数の減少。（5）出稼ぎ元と地元との賃金格差の縮小」（同前）があげられている。出稼ぎという農外就労は一九七〇年代に激減していったことがわかる。それに代わったのがいわゆる通勤兼業である。モータリゼーションの進展と地方労働市場の拡大によって、自宅から職場へ通うという農外就労が一般化していった。

減反政策については、「四五年度は、米生産調整緊急措置として生産調整の実施規模も小さく、米過剰への緊急避難的性格が強く、転作内容も具体的に明示されなかった」（鶴岡市農協　一九八三、一五二頁）というように、臨時的な措置と位置づけられていたが、一九七六（昭和五一）〜七七（昭和五二）年度の水田総合利用対策については、「転作を通じて米作からの転作を促進しつつ水田の綜合的利用に政策の重点がおかれた。そのため、転作作物によって奨励措置を強めるものとの格差をつける方針がとられ、転作が定着性をもつような方向へと誘導し、転作作物の需給事情を政策的に反映させようとする施策が打ち出された。しかし、転作の主流は野菜であり、飼料作物が若干増加した程度であった。」（鶴岡市農協　一九八三、一五三頁）と、たんなる休耕ではなく水稲以外の作物を栽培する転作への取り組みが模索されている。一九七八（昭和五三）〜八六（昭和六一）年度の水田利用再編対策については、転作面積が「以前の二倍近くに拡大された」（同前）ことから、「米の過剰基調は構造的な問題であるとして、おおむね一〇か年（五三年度から六二年度まで）の長期に亘り実施されることになった」（同前）と、減反政策が恒久的なものになってきたことへの対応を迫られてきている。

次に、鶴岡市農協の三〇周年記念として刊行された『耕不尽』（二〇〇三）をみると、水稲作では、やはり一九七〇年代後半の多収米から高品質米への転換が、「庄内米ササニシキ8・8運動が始まる」（鶴岡市農協、二〇〇三、一五頁）や「庄内米3づくり運動（人づくり・土地づくり・1等米づくり）がスタート」（鶴岡市農協　二〇〇三、一七頁）と特筆されている。しかし、この一九七〇年代から八〇年代にかけての取り組みは、米価下落と減反政策が厳しさを増すなかで、稲作中心の農家経営の維持が問題となっていた。

一九九〇年代になると、農業そのものの存続が問題化してくる。三〇周年を記念した「対談」と題された座談会では、「私の地域では、五〇～六〇代後半の方々の息子は、他産業の勤めを辞めてまで農業をしないだろうという事で、この方々の田んぼが、今後どの様な方向に行くか。今、三〇～四〇代は現状では自分の農地が精一杯で、田んぼを買っても転作が増えるので大変難しい状況です」（鶴岡市農協　二〇〇三、一八六頁）という発言があり、高齢化のなかで後継者問題が大きくなってきたことがうかがえる。また、鶴岡市は水田単作地帯といわれてきたが、「私の家の経営内容は、水田二・九ヘクタール、作業受託が三・三ヘクタールです。転作は、枝豆が九〇アール、残りがハウスで、花き栽培をしています。最近『だだちゃ豆』が、脚光を浴びていますが、ほんとに地の利を生かした栽培品目だなと思いました。……米作り農業は、春と秋が忙しく、冬はどうすればよいのかなと思ってきて、花き栽培に魅力を感じ、ハウスの導入を行ないました。そして今六〇〇坪位のハウスを、だだちゃ豆とダブらない時期に花を栽培して、年間それなりの所得が上がるよう努力しています」（鶴岡市農協　二〇〇三、一八七頁）という発言にみられるように、減反政策や兼業化、高齢化などの状況から、専業農家にとっての生き残り策として周年就農を模索している。

以下では鶴岡市農政課『鶴岡の農林水産業』（二〇一七）に掲載されている統計資料から、鶴岡市の農業の現状を確認しておく。

鶴岡市の統計資料から

水稲作付面積と収穫量をみると、二〇一〇（平成二二）年には作付面積が一一、二〇〇ヘクタール、収穫量は六四、二〇〇トンだったのが二〇一五（平成二七）年にはそれぞれ一〇、八〇〇ヘクタールと六五、五〇〇トンとほぼ同様だが、「米の産出額は、昭和六〇年の約三二五億円をピークに減少傾向に転じ、平成二七年は約一三三億円となって」（鶴岡市農政課 二〇一七、七頁）いる。農業生産額全体に占める割合は「昭和六〇年は約七〇％でしたが、平成二七年は約五〇％となっています」（同前）と、米生産が鶴岡市農業に占める位置は低落している。水稲品種別の作付割合の変化をみると、「はえぬき」が五割台で推移しているのにたいして「つや姫」が二〇一〇（平成二二）年に四・八パーセントだったのが二〇一五（平成二七）年には一六・七パーセントへ増加していて、それは有機特栽米の面積割合が二三・二パーセントから三四・一パーセントへと増加していることにも現われていて、高品質米が追求されていることがわかる。

他方で、枝豆については、二〇〇〇（平成一二）年に作付面積が四三四ヘクタール、出荷量が一、六七三トンだったのが二〇〇五（平成一七）年にはそれぞれ八四九ヘクタールと三、七〇〇トンとほぼ倍増している。そののちも生産は安定していて、二〇一五（平成二七）年にはそれぞれ七五六ヘクタールと三、六四四トンとなっている。そのほかの特産物であるメロンや庄内柿も出荷量は安定していて、「野菜・果樹・花きなどの園芸部門は、これまでの稲作に依存した経営体質から、複合農業への経営改善を推進するための主要な部門」（鶴岡市農政課 二〇一七、八頁）だと位置づけられている。

三　『農家のみなさんへ』（鶴岡市）にみる減反への対応

以下では、鶴岡市が発行している『農家のみなさんへ』を検討することによって、鶴岡市の減反政策をみていくことにする。

『農家のみなさんへ』は、鶴岡市が農家にたいして減反の実施内容を周知するために毎年発行しているパンフレットである。前年度の減反の実施状況について統計的な数値を記録するとともに、国や県からおりてきた減反政策への鶴岡市と鶴岡市農協、農業改良普及所による対応の方針を示して、農家の了解と協力を要請している。ここでは、筆者の手元にある一九七九（昭和五四）年以降の『農家のみなさんへ』[1]を資料として、鶴岡市の減反政策の変遷をみていく。

水田利用再編対策への対応

一九七九（昭和五四）年度の『農家のみなさんへ』では、「転作可能な条件にない限り基本的には反対であるとしながらも、米が過剰基調にある実態と諸般の情勢から、避けて通れる問題ではないと判断し、農業者の理解を求めながら、農協、普及所等関係機関、団体の全面的な協力のもとに、水田利用再編対策を実施してきた」（鶴岡市　一九七九、一頁）と、水田利用再編対策の初年度だった一九七八（昭和五三）年をふりかえり、転作を不本意としながらも「避けて通れる問題ではない」として、農協や改良普及所と連携しながら対応しようとしている。また、「水田利用再編対策のあらまし（参考）」（鶴岡市　一九七九、八～一一頁）と題した農林水産省による「水田利用再編対策実施要綱」の要約を掲載して、農家の理解を求めている。

一九八一（昭和五六）年から三年間は、水田利用再編対策の第二期にあたる。第一期三年次であった一九八〇（昭和五五）年度に「目標面積が大巾に上乗せ変更された」（鶴岡市　一九八一、一頁）ことに加えて、第二期一年次である一九八一（昭和五六）年度にもさらに「大巾に積み増しされた」（鶴岡市　一九八一、前書き）。これを受けて、一九八一（昭和五六）年度の『農家のみなさんへ』では、「八〇年代における農政の基本課題は、国民の食糧確保を前提とした農業再編政策とされ、政府は……水田利用再編第二期対策を展開することとし」（鶴岡市　一九八一、八頁）たと述べられ、「食糧管理制度を維持するとともに、本市農業の新たな発展に向けて、その振興を図り将来とも食糧供給基地として大きな役割を果していくためには、需要に応じた農業生産の再編成を進めていかなければならない」（同前）と食管制度の堅持と米生産の推進という方針を示している。他方で、「目標面積の大巾な増加は、良質米の生産地であり、長い歴史に支えられた本市の米づくり農業にとって誠にきびしい事態である」（同前）けれども、第二期にたいしては、「第一期における基調な体験を踏え転作々物の収益性の向上による安定的複合経営を目指しながら対応する」（同前）と、転作からの収益をめざそうとしている。このために、「従来より一層規模の大きな集団転作を進めることが必要となり転作団地の確保のための農用地流動化が重要」（同前）だと、その誘導策として奨励補助金に団地化加算制度を設けることにしている。

水田利用再編対策第二期二年次の一九八二（昭和五七）年度の『農家のみなさんへ』では、第二期が開始された一年次をふりかえって、「四二九ヘクタールから一気に八一二ヘクタールへと拡大された現実をきびしく受けとめ、もはや緊急避難的にではなく、転作からも収益を上げねばと、多くの集落で、昨年はじめから何回となく集まって相談なさって工夫をし、団地化をはかり、圃場条件を整備し、管理機の導入による栽培管理の共同化などで、新らたな展望を切り開きはじめてきた」（鶴岡市　一九八二、前書き）と述べて、緊急避難的な減反政策から恒久的な減反へと転換した前年をふりかえり、転作田の経営に本腰を入れる姿勢を示している。転作作物によって収益を得る手段が団地化なので、そのために「集落を単位としての協力、共同の力により困難を切り開いて行く」（同前）と、集落すなわち村のまとまりを軸にして減反政策に対応しようとしている。それは「団地化に伴う圃場条件の整備および中間管理機械導入など、転作を地についたものとしようと、農家による集団的対応と付ずいしての農協、普及所、市の連携しての努力の結果」（鶴岡市　一九八二、一頁）によって「前年度における集団化、体型化されたすばらしい成果と基調な体験」（鶴岡市　一九八二、九頁）ができたことを強調していることにも現れている。ただし、この団地化はたんなる集団化なのではない。それは「転作奨励補助金の基本額の切下げに伴い、新らたに団地化加算制度が導入されたこと」（鶴岡市　一九八二、二頁）をねらってもいるのであって、つまりは補助金による誘導を受け入れた結果でもある。

第三期一年次である一九八四（昭和五九）年度では、「水田利用再編対策が打ち出された当初から本市は、良質米の生産地としての立場から『稲作以上に収益性の高い作物は見当らない』として、その対応に大きく苦慮しつつも、避けることのできない課題でもあり」（鶴岡市　一九八四、前書き）と、その対応に取り組んできたと第二期をふりかえり、さらに「一期三年間の模索の段階から二期三年間の定着化の期間を経て、現在鶴岡市農業には大きな変化が現れつつあります」（同前）としている。それは「〝転作田からも水稲並みの収益を〟の努力」（同前）というように、あくまでも稲作中心の農家経営を維持しながらも、減反政策にたいして積極的に取り組もうとする姿勢であり、「模索」から「定着化」を経て、転作を農家経営の一部門に位置づける動きだといえるだろう。ただし、農家の間では水稲専作志向と複合経営志向との営農志向の分化が現れていて、水稲専作を志向して転作には消極的な姿勢をみせている農家も存在している。だがそれでも、「『潜在的』には米過剰の傾向にある生産量のもとで、耕地が米以外にも多面的に有効に利用されるようにすることは必要で、大事なこと」（鶴岡市　一九八四、七頁）だということから、『農家のみなさんへ』では、「集落ぐるみでの土地利用及び機械・施設の利用調整活動等を促進し、引き続き団地化による集団栽培管理方式を追求し転作々物の収益性の向上を図る」(同前)ことや、「転作々物が、真に農家収入の確保に役立つものとする」(鶴岡市　一九八四、八頁)こと、「転作々物の定着と質の向上、ならびに水稲作の効能率をめざし、国の補助事業……を農家に役立つ立場で積極的に活用」(同前)することなどがあげられ、転作での経営努力が求められている。

このことは一九八五(昭和六〇)年度になると、「水田利用再編対策への対応も、単なる転作割当面積の消化に腐心することなく、転作を農業経営の一部門として位置づけ、総合した観点で取り組む」(鶴岡市　一九八五、八頁)と明示され、さらに第三期三年次の水田利用再編対策最終年となる一九八六(昭和六一)年度には、「複合化への移行は農業の将来展望に立っても重要なこと」(鶴岡市　一九八六、八頁)だと強調されている。

水田農業確立対策への対応

以上のように、水田利用再編対策の九年間においては、鶴岡市の減反政策は、団地化を「集落ぐるみ」で推進し、転作の恒久化に対応して複合経営への移行を図る、という方針をとってきた。一九八七(昭和六二)年から六年間続いた水田農業確立対策でも、その方向性は変わっていない。

水田農業確立対策前期一年次となる一九八七(昭和六二)年度の『農家のみなさんへ』[2]では、水田利用再編対策の経過について、「当初から食管堅持を図る上からも食糧の総合需給を現実の問題として受けとめ、転作田を活用した複合経営の推進により、転作目標達成と農業所得の向上に勤めてきた」(鶴岡市　一九八七、前書き)とふりかえり、今後も「農業所得の向上に一層努力して行かなければならない」(同前)としている。また、「水田農業確立対策を迎え、皆さんの協議を通し転作田の団地化、集団化を基軸に地域適合作目の選定、栽培体系の確立、施設の整備などをはかるとともに農産物の生産販売を強化して、所得の確保につとめてまいる所存であります」(同前)とも述べていることからも、水田利用再編対策への対応の延長上に水田農業確立対策への対応をめざしていることがわかる。そのうえで、「転作を契機に奨励補助金を利用しながら水稲単作経営から脱却し、足腰の強い複合経営への転換を推進してきた」（鶴岡市一九八七、一三頁）として、「良質米の安定多収とともに米以外の作目、とりわけ野菜等園芸作物の出荷量伸長に見られるような成果もあり、本市農業も複合化への方向へ歩みつつあります」（同前）と、野菜作物の増加に期待しながら、複合化をさらに推進しようとしている。

一九八八（昭和六三）年には、「三度の過剰処理を回避する対策」（鶴岡市　一九八八、前書き）として、二年間の「米需給均衡化緊急対策」が実施されることになったが、他用途利用米と純米酒や米菓などによる米消費拡大で対応するとしている。その一環として米飯学校給食の拡大がめざされ、『農家のみなさんへ』に鶴岡市の学校給食の現状についての参考資料が掲載されている。

前期三年次にあたる一九八九（平成元）年度の『農家のみなさんへ』[3]では、「『庄内型有機米』を中心とする超高品質米や、安全で健康な米作りへの積極的な取り組みを通して、一層激化する産地間競争に対応していく必要がある」（鶴岡市　一九八九、一五頁）と指摘している。減反については、「転作作物の安定生産と定着化をはかる」（同前）というこれまでの対応の継続に加えて、「市場動向に応じた作型・品質の導入や特産物の作付拡大を進め産地化を形成する」（同前）と述べて、米作と同様に転作作物においても、主産地形成を市場競争を勝ち抜くための重要な要素とみている。

一九九〇（平成二）年から水田農業確立対策の後期に入り、その一年次である当年度の『農家のみなさんへ』では、「だだちゃ豆、ネットメロン等、鶴岡市の代表的農産物の販売を推進する」（鶴岡市　一九九〇、一三頁）と述べられ、鶴岡市農業の特産物として全国的に販売を拡大しようとしていた枝豆の生産と販売の促進が明示された。この方向は、後期二年次でも、「転作として有望な作物の普及と市場への流通対応を促進する」、「地域特産物の普及と、その付加価値づくりによる農業所得の向上を図る」、「特産である庄内柿の生産安定と品質向上を図る」（鶴岡市　一九九一、一〇頁）といった文章にみられるように、さらに推し進められている。また、稲作については、「自主流通米市場における庄内ササニシキが、予想外の厳しい結果になり、一層産地間競争が激化する」（鶴岡市　一九九一、前書き）と、いちだんと困難な状況になってきたと認識している。そこで減反についても、「農業粗生産額の七割近くを米に依存している鶴岡市にとりましては誠に厳しいものでありますが、食管制度を堅持する上からも、食料の総合需給を現実の問題として受けとめ、転作田を活用しての所得向上を一層進めていかなければならない」（同前）と、さらなる転作からの所得向上を訴えている。これらは、後期三年次すなわち水田農業確立対策最終年である一九九二（平成四）年度でも同様であり、「ガット農業交渉で『例外なき関税化』が盛り込まれ、今後一層の難航が予想される」（鶴岡市　一九九二、前書き）として、転作への対応にいっそうの努力を要請している。

一九九〇年代の減反政策への対応

一九九二（平成四）年に「新しい食料、農業、農村政策の方向」いわゆる新政策が出され、それに沿って水田営農活性化対策が三年間実施されることになった。第一年次である一九九三（平成五）年度の『農家のみなさんへ』[4]では、「水田農業確立対策の実績と経験をもとに、基幹作物としての米を守り、転作田の有効活用を図る」（鶴岡市　一九九三、一二頁）と、これまでの減反政策への対応を継承していこうとしている。ただし、稲作中心の農業経営であることに変わりはなく、「平成四年にデビューした『はえぬき』『どまんなか』の声価を確立していく」（同前）と、ササニシキに変わる新品種の生産拡大を訴えている。

翌一九九四（平成六）年度の『農家のみなさんへ』では、冷夏による不作で米の緊急輸入、ガット・ウルグアイ・ラウンドでの米輸入受け入れなど、「環境が激変する大きな出来事が相次ぎました」（鶴岡市　一九九四、一頁）と前年をふりかえり、「米の需給について単年度の均衡を原則として、ゆとりある備蓄政策をとってこなかったことが大きな要因であり、国内自給を基本に農家の皆さんが長い間、生産調整等の試練に立ち向かって来られた努力を踏みにじるものとして、国の責任は誠に大きいものと考えております」（同前）と、厳しく政府の無策を批判している。しかし、「国の姿勢に変化が望めない中で、稲作の作業が目前に迫っていることから」（鶴岡市　一九九四、二頁）転作目標面積を受け入れざるをえないとして、「稲作と転作を通じた生産性の高い水田営農の確立に向けて、引き続きご理解とご協力をお願いする」（鶴岡市　一九九四、三頁）と、これまでの対応策を継続している。

さらに、一九九五（平成七）年度には「調整水田の要旨と交付要件について」という項目で、「米需給変動への弾力的な対応のみならず、水稲生産力の維持・保全、国土の保全、連作障害の回避等にも資するものである」（鶴岡市　一九九五、三四頁）として、調整水田を推奨している。極端な不作や豊作が連続して、米の生産調整が転作では対応しにくい状況となっているので、いつでも復田ができるように備えた措置だといえるだろう。

一九九六（平成八）年からは、三年間の計画で新生産調整推進対策が実施されることになったが、これは前年に新食糧法が施行されて食糧管理制度が廃止されたのを受けて、米の需給調整や価格安定を図ろうとしたものである。一九九六（平成八）年度の『農家のみなさんへ』では、「米穀の需給均衡と価格の安定を図るための重要な手段として位置づけられる一方、実施にあたっては生産者の主体的取組等を重視すると言う同法の理念を踏まえ、生産者・地域の自主性が尊重されるものでなければならないとされております」（鶴岡市　一九九六、七頁）と、新食糧法のもとでの減反政策の変化を周知徹底させようとしている。そこで、「自主流通米の需給バランス及び価格安定確保の観点から、確実な生産調整の実施が重要であるとの認識のもと」（鶴岡市　一九九六、七頁）、「生産調整の多様な手法を活用して、調整水田をはじめ一般作物や特例作物（野菜）等を選択して、転作を実施していただく」（鶴岡市 一九九六、八頁）と述べられている。ここでは、新食糧法によって農家による自由な販売が可能となったことから、米の市場価格が不安定になることを予想して、供給過剰を防ぎ価格を安定させるために減反をおこなうという方針を示している。また、「特別調整水稲（直播）の導入について（案）」という項目で、「低コスト・省力化に当たっては、直播栽培方法が将来的に向けて有効であるとの観点から、これを推進し、新生産調整推進対策においては直播栽培に伴う減収分を試験的に生産調整の手法として位置づける」（鶴岡市 一九九六、四四頁）としている。米の自由市場化が米価の不安定化をもたらすとの危機意識から、直播栽培などの多様な方法で米の生産調整を図ろうとしているが、これは、生産者の自主的な取り組みを促進させるという政策への対応の現れといえるだろう。

だが、減反政策がもつ矛盾も表面化してきている。一九九七（平成九）年度の『農家のみなさんへ』では、「現状における米の需給環境は大幅な過剰基調にある訳でありますが、……農家の皆様からは、現状規模に対する限界感への切実な声も聞かれるところであり、この相異なる要請の中で」苦慮しつつも、「生産調整は米の需給調整と価格の安定を図るための重要かつ効果的な最善の方法であるという位置付け」（鶴岡市 一九九七、一頁）になっている。新生産調整推進対策の二年間における鶴岡市の転作率は二〇・三パーセントであり、水稲単作地帯といわれたこの地域の農家が「限界感」をもつのも当然だろう。しかし鶴岡市としては、国や県の方針にしたがわざるをえず、その苦悩が吐露されているといえるだろう。

新生産調整推進対策は三年間の計画だったが、米の過剰在庫と自主流通米の値崩れから破綻をきたし、「新たな米政策大綱」が一九九七（平成九）年に策定された。そして新生産調整推進対策は二年間で打ち切られて、緊急生産調整推進対策が二年間の計画で実施されることになった。こうした政策の混迷を受けて一九九八（平成一〇）年度の『農家のみなさんへ』では、「自主流通米の需給バランス及び価格安定確保の観点から、実効性のある生産調整の実施が重要である」（鶴岡市　一九九八、五頁）と「実効性」を強調している。そこで、「生産調整の実効性の確保を図りつつ、安定的、効率的な農業経営の実現に向けて、……望ましい水田営農の確率に努めてまいります」（鶴岡市　一九九八、八頁）として、「緊急生産調整推進対策における生産調整の態様について」という項目では、「基本的にこれまで実施してきた新生産調整推進対策（平成八年度・九年度）に同じ」（鶴岡市、一九九八、一七）ながら、当年度限りの補助金対策を各種設定している。これまでと同様に転作奨励金によって転作を誘導する手法である。しかし、転作率は、前年の二〇・三パーセントから二七・〇パーセントへと跳ね上がって、農家の受ける重圧感はさらに大きくなり、転作への対応は限界にきているといわざるをえない。一九九九（平成一一）年度の『農家のみなさんへ』では、「新たな米政策」や制定される予定の「食料・農業・農村基本法」いわゆる新農業基本法に言及しつつ、「基本的には一〇年度と同様の対応となる」（鶴岡市　一九九九、二頁）としていて、様子見をするしかないようになってきていた。

二〇〇〇年代の減反政策への対応

二〇〇〇（平成一二）年度からは、水田農業経営確立対策が五年間の計画で実施された。そこでこの年の『農家のみなさんへ』では、「これまで生産の場としてしか捉えられていなかった農業を国土の保全や水源の涵養等多面的な機能からも着目し、持続的な農村の振興・発展を図る」（鶴岡市　二〇〇〇、一頁）ことをめざして、「これまでの転作の一作物として扱われてきた麦・大豆・飼料作物について、本格的に生産拡大を図る見地から本作として位置付ける」（同前）ことができるようになったとして、「地域の特性を生かした取り組みを行うことが可能となりました」（鶴岡市　二〇〇〇、二頁）と枝豆への取り組みを重視する姿勢をみせている。また、「水田の農業を確立し、麦・大豆等の主産地を形成していくためには、従来にも増して地域ぐるみで取り組むことが重要」（鶴岡市　二〇〇〇、五頁）だと水田農業進行計画の必要を説明し、その担い手となる水田農業推進協議会については、これまで鶴岡市、鶴岡市農協、普及センターなどで構成してきた農政推進協議会がその役割を担うとしている。さらに、「従来の転作面積の配分から米の生産数量・作付け面積の配分へとその方針が大きく改められました。（ネガからポジへ）」（鶴岡市　二〇〇〇、八頁）ということから、「良質米の生産推進を柱としながらも効率的な転作による農業所得の維持・向上に向けて……望ましい水田農業の確立に努めて」（同前）いくとしている。

しかし、二〇〇一（平成一三）年度には、当年度限りの措置として緊急総合米対策が打ち出され、減反面積の緊急拡大配分がおこなわれた。これにたいして『農家のみなさんへ』では、「米どころの本市にとって生産者はもちろんのこと関係者にとっても大きな痛手であり、苦渋の取り組みであります」（鶴岡市　二〇〇一、七頁）と述べながらも、「高品質・良食味米の生産推進を基本としながら、当面の本市農業の課題である集落営農の推進、担い手の育成、農地の有効活用等を見据えて」（同前）対応策をとるとしている。この点について二〇〇二（平成一四）年度の『農家のみなさんへ』では、前年の減反への対応が「緊急拡大分の配分を含め、過去最高の転作率となった非常に厳しい状況」（鶴岡市　二〇〇二、一頁）だったと回顧している。この転作率は二九・二パーセントにまで上がっていて、農家にとってまさに「苦渋の取り組み」だったといえるだろう。しかも緊急拡大策は二〇〇二（平成一四）年も継続することになった。「米どころの本市にとって二年続けて緊急拡大を含んだ過去最大面積の生産調整に取り組まなければならないことは大きな痛手ですが、昨今の米の受給状況を勘案すればやむを得ない対応と言わざるを得ません」（同前）という文面に、国の政策と農家の困難の間にはさまれた市や農協の苦悩が現われている。だが、「米の確実な需給調整によって自主流通米価格の低下に歯止めをかけるとともに、水田畑地化による所得向上を図るため、これまでの生産調整への取り組みを継続し、目標達成を図ることとします」（鶴岡市　二〇〇二、一四頁）と、米価下落への危惧と転作作物からの所得をめざして減反政策を受け入れている。

二〇〇三（平成一五）年度の『農家のみなさんへ』では、前年に発表された「米政策改革大綱」について、「その要旨は、生産者及び生産者団体自らの取組による市場重視の売れる米づくりを推進すること」（鶴岡市　二〇〇三、一頁）だとして、それへの対応を「国の関与が薄まることには大きな不安もありますが、同時に地域の特色を活かした独創的な農業を展開できる好機でもあ」るとみている。それは稲作を基軸としながらも畑作をも本格化せざるをえないというもので、二〇〇四（平成一六）年まで計画されていた水田農業経営確立対策が、この二〇〇三（平成一五）年で打ち切りとなり、また転作率が三〇・九パーセントと初めて三〇パーセントの大台を超え、さらに「将来的には自主的な生産調整を実施する方向が打ち出されており、米の需給動向予測を見ても、生産調整の継続は必至の見通しです。今後は、『転作作物』という位置づけではなく、『米＋アルファ』という形で転作を本作に据え、一層強力に産地作りを進めていく必要があります」（鶴岡市　二〇〇三、一五頁）という状況をふまえて、「調整水田や保全管理からの転換を図り、そばの捨て作りを見直し、大豆を中心とした一般作物を推進するとともに、枝豆・ねぎ等の土地利用型の野菜作についても積極的に推進します」（同前）と、野菜を中心とした畑作を重視する姿勢を示している。「土地利用型野菜として枝豆（だだちゃ豆）と長ねぎの生産拡大を推進します」（鶴岡市　二〇〇三、一七頁）という方針のもとで、「推進目標」が大豆は全体で四五〇ヘクタールなのにたいして枝豆は四二〇ヘクタールとなっている。こうして「地域の特性を生かした」野菜作物として枝豆が推進されている。

二〇〇四（平成一六）年度から二〇〇九（平成二一）年度までの六年間は水田農業構造改革対策が実施された。これは「米政策改革大綱」にのっとっているもので、市町村ごとに「水田農業推進協議会」を設置して「地域水田農業ビジョン」を策定することになっている。二〇〇四（平成一六）年度の『農家のみなさんへ』では、減反は「より実効性を上げるため作っても良い米の数量の配分に改められ、同時に農業者にはその目安となる面積の配分も行います」（鶴岡市　二〇〇四、一頁）ということになった。また、「今後の農業者への支援は一定規模以上の認定農業者や集落営農組織に重点化する方向が明確化されていることから……担い手の指定や……将来の法人化を視野に入れた取り組みも行います」（鶴岡市　二〇〇四、二頁）と、担い手の本格育成に対応しようとしている。今後の見通しとして、「基幹作物である米は、実態に見る通り作柄による需給バランスの変動が、直接的に価格に反映する市場競争原理品目になって行く」（鶴岡市　二〇〇四、一四頁）ので、「転作を本作として、いち早く畑作物、果樹、畜産等を組み合わせた複合生産体制を確立することが重要であると認識」（同前）している。二〇〇五（平成一七）年度の『農家のみなさんへ』では、前年の枝豆作付けが六〇二ヘクタールとなったのを受けて、「だだちゃ豆一〇〇〇ヘクタール構想を中心とした産地の複合化は、産地づくり対策の活用により着実に前進しています」（鶴岡市　二〇〇五、八頁）と述べて、枝豆の特産化を推進する取り組みを示している。

こうして、二〇〇七（平成一九）年度の『農家のみなさんへ』では、水田農業構造改革対策の前期三年間を振り返って、「地域特産物であるだだちゃ豆を砂丘メロンに次ぐ一大ブランド品として確立する一方、大豆においては組織的生産形態が定着するなど、産地の複合化が大きく前進した」（鶴岡市　二〇〇七、一頁）と評価している。しかし、二〇〇八（平成二〇）年には転作率が過去最高の三二・三パーセントとなり、団地化やブロックローテーションなどによる生産調整がさらに推進された。それをふまえて、二〇〇九（平成二一）年度の『農家のみなさんへ』では、「遊休農地や調整水田を、加工用米や飼料用米などへの切り替え」「圃場の団地化や計画的なブロックローテーションによる水田の利活用」「特別栽培米などの需要に応じた米づくり」「担い手の育成や集落営農の形成」「生産組合による転作互助成度を通し、生産組合員間における調整活動」（鶴岡市　二〇〇九、九頁）といった方針があげられている。

二〇一〇年代の減反政策への対応

二〇一〇（平成二二）年度に戸別所得補償制度モデル対策が実施されることになった。これについて『農家のみなさんへ』では、「低迷する食料自給率の解消が課題となったため、国内の米以外の作物の生産拡大を促し食料自給率の向上を目指すとともに、作物生産の基盤となる水田農業の経営安定を図る」（鶴岡市　二〇一〇、一頁）ものと受けとめ、「稲作農家にとっては、米戸別所得補償モデル事業のメリットが大きく、経営安定が図られる制度」（同前）だとしている。そこで、「新政策を効果的に組み入れ、生産数量目標に基づく適切な米生産と、転作作物による所得の増大をめざし、生産調整に取り組む」（鶴岡市　二〇一〇、一頁）という方針を打ち出している。このモデル対策は、翌二〇一一（平成二三）年からの二年間に農業者戸別所得補償制度として実施された。二〇一一（平成二三）年度の『農家のみなさんへ』[5]では、「農業者戸別所得補償制度を有効に活用し、本市の継続的な農業生産、農業振興を図ってまいりたい」（鶴岡市　二〇一一、一頁）としているものの、生産数量目標を面積換算した作付率を転作率でみると三四・八パーセントになるという状況は厳しいものといわざるをえない。二〇一三（平成二五）年度からは経営所得安定対策として継承されることになったが、同年の『農家のみなさんへ』では、「経営所得安定対策は、農業経営の安定により国内生産力の確保を図るとともに食料自給率の向上と安全で安心な国産農産物の安定供給を目的としております」（鶴岡市　二〇一三、一頁）と述べて、減反政策への理解と協力を呼びかけている。

二〇〇〇年代から政局が揺れ動いていたことにともなって迷走していた減反政策だが、二〇一八（平成三〇）年に減反目標そのものを廃止するという大きな転換が示された。それを見込んで、鶴岡市では二〇一四（平成二六）年に「水田フル活用ビジョン」を策定したが、それは「地域の特色ある魅力的な産品の産地づくり」（鶴岡市 二〇一五、一頁）をめざしていて、稲作を中心とした農業政策を維持しながらも、「転作を契機に進めてきた水稲単作構造からの脱却を更に進め、園芸作物や非主食用米の作付を取り入れた複合経営を進めるため、振興作物を絞り込み、重点作目として位置づけ、生産農家の所得の向上に努めてまいります」（同前）と、所得政策としての位置づけを押し出している。二〇一六（平成二八）年度の『農家のみなさんへ』では、「農政新時代を迎えて」という見出しのもとで、「三〇年度から国からの配分が廃止されることや、TPPの大筋合意など新たな課題が加わり、大きな転換期を迎えております」（鶴岡市 二〇一六、一頁）として「ここ一、二年が勝負の年になる」ので「販売を意識しながらそれぞれの経営形態にあった取り組みを集出荷組織等と一緒に考え、農産物の生産振興、産地づくりに取り組んでいただきたい」（同前）と農家に訴えている。ところが米の作付率（生産数量目標）は五八・八パーセントに落ち込み、もはや米を生産する水田は六割にも満たなくなっている。二〇一七（平成二九）年度の『農家のみなさんへ』では、その『別冊』で、「平成三〇年産からの米政策の見直しにあたって」「鶴岡市における基本的な考え方」を示し、「国内有数の米の産地である本市としては、米価の上昇・安定が最重要課題であり、米の需給安定のためには需給調整の取り組みが必要である」（鶴岡市 二〇一七〔別冊〕、一頁）こと、また「米の需給については高級志向と低価格志向の二極化が進んでおり、こういったニーズに対応していくためには、……高品質で良食味な米の生産や、農地の面的集積や直播栽培といった低コスト生産、農業経営の安定化を目指した複合経営をこれまで以上に推進し、さらなる競争力の強化につなげていきたい」（同前）としている。

結局、一九七〇年代から五〇年間近くに及ぶ減反政策にたいして、鶴岡市としては、水稲単作という営農形態を、畜産や畑作、園芸などの水稲作以外の作目栽培を含む複合経営へと転換する方針をとらざるをえなかった。その複合経営では、農家が試行錯誤を苦心惨憺した結果、枝豆が主力作目として栽培されるようになった。しかし、稲作を中心としていることに変わりはなく、今後とも、高品質化、コスト削減、安定供給などの課題に取り組みながら、余剰米による値崩れを防ぐためにいわば自主的に生産調整に対応せざるをえないという状況が続くと思われる。

四　鶴岡市の稲作農業者の意識

「営農志向調査」の実施

ここでは、減反政策が水田利用再編対策から水田農業確立対策へと推移した一九八〇年代の後半に、山形県庄内地方の稲作農業者にたいしておこなった面接調査の結果を分析する。この調査はすでに分析結果が公表されているけれども、ここでは稲作農業者がもつ農業者意識の様相を再度検討する[6]。

この調査は、「営農志向調査」と名づけて、山形県酒田市北平田地区と鶴岡市京田地区で詳細な聞き取り調査をおこなったものである。この聞き取り調査は、事例調査としていわゆる半構造的インタビューという手法をとって、個別の農業者にたいして詳細で包括的な聞き取りをおこなうという意図のもとに設計された。その内容は、営農状況、家族構成、生活歴、農業や社会についての意識など、多岐におよんでいる。第一次調査を一九八四（昭和五九）年八～九月に、第二次調査を一九八九（平成元）年八月に実施した。対象者は農家経営の責任者で、水稲専作、複合経営、農外就労といった経営形態別に有意抽出した。第一次調査では対象者数九八名、有効回答数八九名で、第二次調査では有効回答を得られた同一対象者を選定し、対象者数八九名、有効回答数八三名だった。

ここで営農志向という用語についてあらためて説明しておこう。

すでに述べてきたように、現代日本農業の中心的な担い手は農家であり、この農家は、みずから生産手段を所有し、家族労働力にもとづいて、家族生活の維持を第一の目的として、農業および農外での就労によって、生産と生活を営んでいる。その農家による経営を本書では農家経営と表現している。農家経営は、家族労働力をその完全燃焼をめざしてもっとも適切に配分することによって、家族構成員の生活を維持しようとする。農外就労もまたこの目的のためのものであり、今日の日本農業では専業によって経営を維持することは難しいので、家族労働力を農外就労にも配分することによって経営を成り立たせている。したがって、農業部門とともに農外就労をも含めた経営全体を包括するものとして農家経営が成立している。また、農家経営はいわゆる企業経営とは異なって、基本的には雇用労働力によってすなわち労働力商品を購入することによって経営してはいない。もちろん農繁期に臨時的に雇用する場合はあるが、家族労働力が中心である。また、経営の目的は家族成員の生活の維持にあり、いわゆる利潤追求ではない。もちろん生活するためには所得を得なければならないから、経営のなかで収益を求めるのは当然だが、利潤を得るために経営をむやみに拡大することはしない。

営農志向というのは、こうした農家経営のもとで、農業者が農業部門をいかに経営しようとしているか、あるいは、農業者が農外就労をも含めた農家経営の全体をどのように切り回そうと考えているのか、さらには、その農家を構成する家族員をも含めての生活における意識のありよう、などをくっている包括的な概念である。

包括的だということによって、かえって曖昧なものになっているといえるかもしれない。さらには、農本意識との位置づけや、営農志向は個人の属性ととらえられるのか、あるいは農家経営のあり方なのか、などの論点も出てくると思われる。けれども、この調査であえて営農志向という概念を用いたのは、農家が生産と生活を一体とした経営を営んでおり、そうした営みの全体が示している方向性を分析的に細分化すると、現実の農家の生活実態とかけ離れるのではないかと考えたからである。以前には、営農という側面だけを強調するようにも受けとられかねないので農家志向という言い方をしたこともある。しかし、営農志向という概念で含意したかったのは、農家経営は農業部門をともなっているということ、したがって、農業部門をいかに営むかということとのかかわりで農外就労をも含んだ農家経営の全体も定まってくるということである。

そこで、この調査では、農家経営の経営内容や組織形態だけを問題にするのではなく、そうした経営や組織を構成する農業者や家族が、どのような農業のあり方、あるいは生活や社会のとらえ方をしているのか、どのような方向を模索しているのかということを示す概念として営農志向をもちいている。以下では、この調査から稲作農業者の農本意識がどのように見出されたのかを検証していく。

農家経営の動向

まずは、一九八〇年代の庄内地方の農家経営の動向をごく簡単にみておく。これまでみてきた庄内地方や鶴岡市の概況からいえるように、減反政策の重圧のもとで、一九七〇年代の半ばには稲作機械化一貫体系が完成し、そのもとでの機械操作、生物栽培管理といった水稲作の管理労働へと営農の比重が移っていった。そこでは農用機械の利便化と省力化が追求されていた。機械化による省力化が進み、その余剰労働力を、複合経営あるいは農外就労へとふりむけることによって、家族労働力の完全燃焼がめざされていた。したがって、家族労働力は多様に配分され、多就業化が進行する。これまで庄内農業の特徴といわれた、等質的な農民による稲作経営という性格は変化していき、農家経営の形態はさまざまに異なったものとなりつつあった。

一九八〇年代に入ると、機械化にともなって生産費が高騰し、他方で農業所得は停滞し、さらに生活水準は平準化、均質化している。したがって、各農家は、平均的な所得を確保するために水稲作以外に収入源を求めざるをえない。そこで、八〇年代前半においては、家族労働力による耕作可能面積が拡大することによって受託による水稲作の拡大を図る農家、他方では少数ではあるが転作をも含めて非水稲部門の拡大による複合経営をめざす農家、農外収入を求めて兼業化を進める農家、さらには委託によって農業離脱に向かう農家、といった多様化にむかう過渡的な状況がみられた。八〇年代後半にはみずからの農家経営の維持、安定と家計の確保のために、多様な経営形態を個々別々に選択する傾向が強まり、多様な形態が鮮明に現われたといえるだろう。機械化一貫体系のもとでの水稲作と複合経営との分化が進み、また、兼業化が深化するなかで、農業部門に比重をおく農家、農外収入が農業収入よりも上回る農家、農業生産から離脱していく農家との分化も進んだ。

「営農志向調査」は、こうした状況におかれた稲作農業者にたいして実施された。

「営農志向調査」の結果

一九八四（昭和五九）年の第一次営農志向調査の結果から営農志向の形態を確認する（細谷ほか　一九九三、一九五〜八頁）。調査結果からは、大中規模農家は野菜や畜産などへの複合経営へ、小規模農家は農外収入を求めて兼業化へと進んでいこうとしていた。つまり、当時の庄内地方の稲作農業者は、それまでいわれた「粒ぞろいの」等質的な農家経営から、三つの営農志向へと分化していた。第一は水稲専作志向である。水田単作地帯で水田経営面積が大きいという歴史的な立地もあって、少数ではあるが「米づくり」にこだわり基幹部門である水稲作の維持・拡大をはかろうとする志向がみられる。第二に、水稲作だけでは生計の維持が困難だが、農業専業をめざして畜産、野菜、ハウス園芸など水稲作との複合経営に取り組もうとする複合経営志向がみられる。これは減反政策のなかで水稲作の拡大を阻まれ、しかし農業維持をあくまで追求している営農志向といえるだろう。第三は農外就労志向である。これは、農業所得だけではもはや生計の維持が困難となったために、農外収入によって家計を保持しながら、農家経営もまた持続させようとする。さらに、この農外就労志向は、その農外収入への依存の多寡によって、農業部門を重視する類型と農外就労へ傾斜する類型とに、さらには農地を保持しつつも経営を委託してしまって農業離脱を志向する類型とに分かれる。水田経営規模との相関をみると、水稲専作志向、複合経営志向、農業部門重視志向は、大中規模層にとってみずからの経営形態の選択肢となっているが、小規模層では農外就労傾斜志向か農業離脱志向を選択している。

つぎに、一九八九（平成元）年の第二次営農志向調査の結果を確認する（細谷ほか　一九九三、一九八～二〇〇頁）。第一次調査から五年後のこの時期には、水田農業確立対策のもとで転作率が上昇したために、対象者の水田経営面積は減少したが、その分転作面積が増えている。大中規模層では、転作に積極的に取り組んで、転作の作業にある程度の労働力を配分し、そこからも所得を得ようとする対象者が増加した。そこで水稲専作志向は減少し、複合経営志向および水稲作と農外就労との組み合わせである農業部門重視志向とが、営農志向の選択肢としてより明確になっている。それにたいして小規模層では農外就労の比重が増えていて、農外就労傾斜志向が増加している。

こうしてみると、一九八〇年代の庄内地方の稲作農業者は、減反政策が強まる環境のなかで、多様な営農志向を選択して、みずからの農家経営の維持を図っていたといえるだろう。その営農志向は、水稲専作志向、複合経営志向、農業部門重視志向、農外就労傾斜志向、農業離脱志向と分化している。そののちの一九九〇年代以降に水稲専作志向や複合経営志向が大きく減少して、農家のほとんどが農外就労する家族員を含むという形態に移行していったが、一九八〇年代では、いまだ多様な営農志向が展開していた。それでもこの時期にすでに農外就労志向が圧倒的な勢いで増加していた。

しかし、このように営農志向がはっきりしてきた時点で、すでにその営農志向の混迷も現われてきていた。水稲専作志向、複合経営志向、農外就労志向として検出された多様な営農志向は、農業をとりまく厳しい情勢のなかで、八〇年代末には、水稲専作志向の困難、複合経営志向の伸び悩み、そして農外就労志向なかでも農外就労傾斜志向の拡大という、それぞれの営農志向で様相の異なった展開を示している。多くの農家が水稲作の継続を望んでいるが、それだけではほとんどの農家が生活を維持できない。そこで、水稲作を基幹とし、あるいは縮小させ、それに非水稲部門かもしくは農外就労を組み合わせて、農家経営を維持させていかざるをえない。それは、それぞれの多様な営農志向が、余剰労働力を水稲作以外に向けることによってかろうじて水稲作を維持するという事態になっていることを示している。そうした状況のもとで個別農家は、みずからの農家経営や集落全体の状況に応じて、みずからの条件に見合った営農志向のもとで、水稲農業の維持を図っていた。ここに、稲作農業の困難さとともに、それにもかかわらず稲作にこだわる農業者の意欲が現れていたといえるだろう。

個別事例から

この「営農志向調査」では、庄内地方の酒田市北平田地区と鶴岡市京田地区で事例調査の手法による聞き取りをおこなったが、以下では、そのなかでも次節で取り上げる鶴岡市京田地区安丹集落で抽出された対象者の調査結果をみていく。なお、引用文中の「部落」という表現は、この地域の住民がみずからの集落を指す日常的な用語で、被差別部落とはまったく異なる。

《事例一》

第一次調査（一九八四年）

経営基盤

水稲＋枝豆。

水田経営面積四ヘクタール、転作面積〇・五ヘクタール。複合部門・柿。

農業基幹労働力一人（本人）、補助労働力一人（妻）。農外就労二人（夫妻で臨時）。

営農意識

勤めを辞めて専業したい、拡大したい。受委託も考えているが自分で探すことはしない。土地は財産なので面積を減らしたくない。土地が高価で拡大できない。稲作の目標は増収。複合の希望はない、転作は割当を消化していくだけ。転作しても忙しい。高校生の時は百姓はしたくないと思ったが、長男だから。やってみると面白くなった。農業のよい点は家族で一緒に仕事ができる、自分の意志でできる。勤めた事があるのでよく分かる。

生活意識

臨時雇用の会社が忙しい。自由時間がほしい。部落よりも家族や個人を大事にするが、たまの日曜日でもつきあいをする。生きがいは家族の幸せ、子ども。

社会意識

政治について意見はない。

第二次調査（一九八九年）

経営基盤

水稲＋枝豆。

水田経営面積四ヘクタール、転作面積〇・六ヘクタール。複合部門・柿。

農業基幹労働力一人（本人）、補助労働力一人（妻）。農外就労二人（夫妻で臨時）。

営農意識

稲作の共同はコストダウンのためにはいい。していないのは勤めているから。拡大せずに現状維持。勤めである程度暮らしていけるようにしたい。先祖代々土地を増やしてきたから減らしたくない。それで委託になる。勤めが軌道に乗って独立するようになれば顔が立つので売却することも考えられる。離農しても離村はしない、親や親戚にたいしていろいろあるから。「有機米」を消費者向けに安全だと売り出しているがはたしてどうか。低農薬でかえって病気が死なないとか逆が出てくるのではないか。枝豆の栽培を縮小した。高齢化して労力的に容易でなくなった。五年前の調査のときと比べて変化した。以前は農業にたいして前向きだったが今はそうではない。米価が上がらない。勤めである程度感触をつかんでいる。自分で脱サラの見通しが立ってきた。兼業しているのは、もともとはその仕事が好きだったので。今は収入で生活の安定のため。枝豆をみんな一生懸命やっているが年ごとに収入が違うし忙しすぎる。それより身につけた技術を使いたい。妻には枝豆をやらせず縮小して勤めに行かせた。農業に先行きがないから。農業を息子が継がなくていい、農業の先行きが不安だ。家を継がなくてもいい。家屋敷を手放して離村してもいいということ。だが離れても墓だけは守ってもらいたい。だから離れるとしても鶴岡市内くらいに。農業のよい点はあまりない。悪い点は農業は忙しすぎる。それだけ収入が少なくなっているということ。

生活意識

生活には忙しさを除けば満足できる。借金もしていないし預金もできるくらいだから人並みの暮らしだと思う。一番欲しいのは、独立のための確かな感触、大丈夫という確信。暮らし向きは今後もあまり変わらない。希望的には忙しくない生活をしたい。個人と部落がぶつかったことはない。束縛を感じることはある。行事や会合が、兼業農家がいるので日中にできない。プライバシーがないと感じられることはある。雑談の話にほかの家の内部の事情が出てくる。生きがいは収穫時の喜び、勤めの仕事が一段落したとき、子ども。

社会意識

農政はあまり詳しくなく深く考えたことがない。米の主産地で転作を少なくしてもらいたい。米価はコストが六割かかっていることを考えて上げてもらいたい。輸入自由化にはまったく反対だ。もしそうなったら食管をなくして一組織として販売する対応が必要だ。農協の販売努力が足りないので自由化してもいい値段では売れないのではないか。日本農業は、専業で拡大する人がある程度絞られてくるのではないか。米価の算定基準の一町五反歩〔一町歩＝一ヘクタール、一反歩＝一〇アール、以下同様〕以下の人はやめざるをえないのではないか。最近は政治への不信感がある。消費税は反対していない。高齢化社会を考えてのことだからしょうがない。リクルート問題は政治家として力をつけた証のようなもの。国民側にも悪い面はあると思う。二大保守政党を作ってもらいたい。自民党の派閥政治は好ましくない。社会党は文句ばかり言っている。その他はわからない。

この農家は、第一次調査の時点では専業志向といってもよい営農志向だったが、第二次調査では「拡大せずに現状維持」と農業については積極的ではない。農外就労している仕事が軌道に乗ってきているのと米価が低迷していて、「以前は前向きだったが今はそうではない」からである。しかし、「離農しても離村はしない」し子どもには「墓だけは守ってもらいたい」と希望している。生きがいは子どもで、農外就労の収入は小さいものの、その仕事の発展を見込んでいる。兼業化に順応して農外就労志向となっている事例だといえるだろう。

《事例二》

第一次調査（一九八四年）

経営基盤

水稲＋ハウス（イチゴ）。

水田経営面積四・九ヘクタール、転作面積〇・七ヘクタール。作業受託一・二ヘクタール。

春作業の共同。農業基幹労働力一人（本人）、補助労働力一人（妻）。農外就労一人（父）。

営農意識

やろうと思えば夫婦二人で二〇町歩できるが、今はその気はない。今は手いっぱい。受託ですることになるが小作料が高すぎる。農地の購入は高すぎてできない。委託する側の条件ができていない。小規模でも、自分の土地は自分で管理したい、農業が面白い、やめると部落づきあいが弱くなる、などの理由でやめない。しかし、息子が勤めていて中年になると、給料が高くなるし地位も上がるので、勤めをやめられなくなって、委託する転機になる。農地を売却する人がいるのは経済的に困窮したからで、その理由はさまざまだ。農地に執着するまでにはならない。田があるから生命保険に入らなくても大丈夫という感覚だ。生産手段だという見方ももっている。稲作の目標は増収が第一だ。複合部門では品質のよいものをいかに多収するかが課題。拡大するには労働力が問題。農家のあとを継ぐのにはためらいがあった。ただ働くだけで苦しいだけだと思った。高校生の頃に、やることはやらなければばと前向きになった。農業のよい点は自然を相手に結論のないものに向かっていること。失敗しても来年がある。機械化が進んだので辛さはあまりない。

生活意識

生活に不満はない。みんなが人並みの生活をしている。なにがなんでも部落の行事を優先させるわけではないが、自分のことばかり優先させることもできない。なんにでも一生懸命やることが生きがいだ。

社会意識

農業政策はよい点が多いが、零細農家は兼業化が進み面白くないのではないか。農業がやれなくなったので。農業は「見果てぬ夢」を追い続ける職業だ。転作には協力せざるをえない。食管制度は堅持しなければ。自由化したら消費者も困るだろう。社会的出来事に関心はない。政党評価はいろいろする。

第二次調査（一九八九年）

経営基盤

水稲＋ハウス（イチゴ・枝豆）。

水田経営面積四・七ヘクタール、転作面積〇・九ヘクタール。

春作業の共同。農業基幹労働力一人（本人）、補助労働力一人（妻）。農外就労一人（父）。

営農意識

稲作の共同は経営のなかでうまくはまった。労力配分の問題がある。拡大は、米の先行き（転作、米価）が不安定なので現状維持でいきたい。農地の売却は経済的事情のためならやむをえない。生産手段、利殖、保障というものがすべて含まれている。いざというときにはどれにも使える。稲作の目標は増収。品質は毎年工夫している。有機米には否定的だ。条件に制約がある。複合部門は、いまあるイチゴと枝豆を徹底してやりたい。規模はこれ以上増やせない。五年前の調査のときと比べて、今やっている部門を充実させて所得を上げてみたい。若い頃よりは円熟してきているので、今と同じ経営内容で今よりも中身のいいものを作りたい。今は後継ぎが農業しなくなっている。農業の地位の低下なのだろうから仕方がない。社会の趨勢からも仕方がない。行き着く先に農業をやってくれる人が何人いるだろうか。自分の息子はおそらく勤めだろう。いったん就職してからどうにもできなければ農業をすればいい。親としては自宅から通えるところを希望したい。農業のよい点は、自然相手だから作物がよくできたときの喜びはいい。できれば徹底的によくなる努力をしている。結果が悪くてもあきらめがつく。辛いという言葉はあまり使いたくない。自分がだめだというと作物はすぐ反応する。だめだと思ったら進歩はない。やらなきゃならないことはやらなければならない。

生活意識

生活に不満は特別ないが全部満足というわけでもない。時間的余裕がほしい。人並みの暮らしなんてあるのだろうか。それぞれの暮らしでいいのではないだろうか。上を見ても下を見てもきりがない。今一番欲しいものは、とくにない。コンピュータをいじってみたい。今後の暮らし向きは、明るくなるようにする。経営的にも努力している。いいものをきちっと作れば誰かが認めてくれる。個人と部落がぶつかることを感じることはある。時間的制約を受ける。お互いを見る目というものがあるが、あまり苦にはならない。生きがいなんてとくに感じていない。

社会意識

農政は大成功ではないか。国民の食料確保がうまくいっている。機械化や基盤整備も適切な進み方をしている。転作は仕方がない。これ以上ほかの地域への押しつけは無理だろう。今くらいの転作割当はしょうがないだろう。米価だけがほかに比べて低迷しているので、農家の生活水準の向上につながらない。食管制度は食糧事情が一番厳しいところにあわせて作ってあるのだろうから、基本のところで今とは少しずれているのではないか。現状の食糧事情にあった形のものが望まれる。米の輸入自由化はおっかなくない。一番響くのは安い米を作っているところだろう。国内自由化はある程度いいのではないか。いろいろなやり方があっていいのではないか。日本農業の将来は、高額商品が伸びていくだろうから、それを作っていかなければならない。特別によいものを。アメリカ的大経営ではやっていけないだろう。高額商品を家族経営で。米にばかり固執できない。社会の動きが激しいので戸惑いを感じる。マスコミに流されすぎて根無し草的になっている。消費税については、払う方としては面倒くさいこともあるだろうが、税体系の必要もあるだろう。リクルート問題は政治にカネがかかりすぎる。政党にはいろいろ意見はある。

この農家は、水稲作の受託や共同作業をやっていて、複合部門のイチゴ栽培や枝豆栽培にも力を入れている。したがって、複合経営志向といえるが、しかし規模拡大には「今は手いっぱい」で無理だという。稲作は「増収」、複合部門は「品質」と明確な営農方針をもち、農業について「自然を相手に結論のないものに向かっている」と向上心を強調する。第二次調査でも、「規模はこれ以上増やせない」としつつも稲作では「毎年工夫している」し、複合部門は「徹底してやりたい」という。こうした営農意欲の強さが「だめだと思ったら進歩はない」という言葉になっている。「いいものをきちっと作れば誰かが認めてくれる」という自信もみせている。第二次調査では生きがいを「とくに感じていない」というなど、とにかく営農だけに集中している。農業生産に意欲的な農業者の特徴がよく現れているといえるだろう。

《事例三》

第一次調査（一九八四年）

経営基盤

水稲＋ハウス（イチゴ）。

水田経営面積四ヘクタール、転作面積〇・八ヘクタール。経営受託一・七ヘクタール（親戚）。

春作業の共同。農業基幹労働力一人（本人）、補助労働力一人（妻）。

営農意識

拡大は今は手いっぱい。ライスセンターへの秋作業の委託や、機械の性能がよくなれば、拡大も考えられる。拡大するなら受委託しかない。農地購入は高くて手が出ない。採算がとれない。国道沿いでは宅地で高く売れるから、高く売って代替地で拡大する人もいる。土地は自分の仕事場なので手放すことは考えられない。いざというときの保障。売るのではなく委託するなどの方策が考えられる。稲作の目標はいかにして収量を上げるかだ。一等米は当然だが収量が上がらないことには収入が上がらない。安丹部落は土地が悪いが収量は高い。後継ぎの農業専従者が多いからか。複合部門の拡大は容易ではない。収穫を上げるほうが先だ。技術が確立していないから。施設園芸は難しい。農業を継ぐのは小さいときから仕方がないと言われていた。当初は親の言うとおりにやっていたが、経営を任されてからはやる気が出て、米をいっぱいとらなければと思うようになった。農業をやっていて、収量が上がってくるといいと思う。やれるという自信が出てきた。辛いと思ったことはない。

生活意識

生活に不満はない。欲しいものもない。人並みの生活をしている。今後の農業や生活には不安はない。後継者問題は子どもが小さく先のことで考えたことはない。家族の生活とぶつかっても、たいがい部落の行事やつきあいを優先する。生きがいは農業に自信が出てきたことで、来年もと思う。稲作のポイントを自分なりにつかんだ感じだ。

社会意識

農業政策は農業をしていくうえではどうしようもないのでしたがっていくしかない。転作はできればしたくはない。自分で自分の首を絞めるようなものだ。食管制度の廃止も同じだ。転作目標面積が毎年変わるのが困る。ハウスなどの施設は簡単に水田に戻せないから。社会的におかしな事件が多い。すぐに殺人をしたりで、このへんでは理解できない。まだ都会化されていないのでそういう問題は起きていないが、子どもが大きくなったときにどうなるか心配だ。政治についてあまり感想はない。自民党は日本の政治をやる政党で信頼している。野党はあまり好きでない。実際は何もできない。

第二次調査（一九八九年）

経営基盤

水稲＋ハウス（イチゴ・枝豆）。

水田経営面積三・九ヘクタール、転作面積〇・九ヘクタール。作業受託一・二ヘクタール、経営受託〇・六ヘクタール。

春作業の共同。農業基幹労働力一人（本人）、補助労働力一人（妻）。

営農意識

稲作の共同はハウスが契機になっている。農地の購入は、道路がかかって買い換えるということならば可能だが、割にあわない。拡大は、機械が大きくなり、労力的にも限界。現状維持。農地の売買については、家の財産という意味はある。稲作の目標は、増収と同時にコストダウン。五年前の調査のときと比べて、現状維持だ。子どもの学卒あたりの時点でどうなっていくか。若い人であとを継ぐのは少ない。あとを継ぐことについては、家を継ぐということを最低限願いたい。兼業農家が一番いい。二町歩程度で転作を適当にして農外へ、というのが一番いい暮しをしている。農業のよい点は、イチゴの値段がよかったとき。やりがいがあった。

生活意識

暮らし向きは、三～四〇代が一番苦しい。しかも専業だ。

社会意識

農政については否定的だ。米の輸入自由化は、日本人の好む米は入っていない。食味という点でたいしたことはないのではないか。転作は、米がだめなら別のものとしたほうがいい。基本米価を上げる運動は自分たちの首を絞める気がする。まずい米の値段を上げるだけだ。食管制度については、米の値段や転作が絡んで、自由相場というようになっていくのではないか。うまい米、まずい米、それぞれに値段がついていくのではないか。

この農家は、稲作専業の典型的な事例である。規模拡大は事例二とおなじく「手いっぱい」だが、稲作の目標を増収としていて「複合部門の拡大は容易でない」という水稲専作志向である。生きがいも営農活動だという。だが第二次調査では「兼業農家が一番いい」といい、専業農家が農業生産で収益を上げるよりも「転作を適当にして農外へ」収入をめざすのが「一番いい暮しをしている」と、兼業化の進行を肌で感じていることがわかる。

《**事例四**》

第一次調査（一九八四年）

経営基盤

水稲＋ハウス（イチゴ）。

水田経営面積三・三ヘクタール、転作面積〇・四ヘクタール。作業受託二ヘクタール（妻の実家）。

播種の共同。農業基幹労働力一人（本人）、補助労働力一人（妻）。

営農意識

今年だけ経営面積が七町三反歩になる。分家の二町歩を今年限りで経営受託したので。稲作だけなら一〇町歩が可能だが、転作があるので無理。農地購入は採算が合わない。今は稲作が三町三反歩だが、子どもの代になれば三町歩で専業ならば赤字になってしまう。最近は高卒の後継者は勤めているし、自分も勤めさせるほうがいいと思う。だが、自分が働けなくなったときに子どもがすんなり戻ってくるかどうか。今の四〜五〇代は、子どもがあとを継がなければ委託に出している。農地の売却まではいかない。受託する人がいるので作得があがってくるから。普通のサラリーマンと比べると給料以外にボーナスが入ってくるようなものだ。稲作の目標は反収を上げることと一等米を出すこと。複合部門の拡大は労働力の点で無理。あとを継ぐときは、同級生はネクタイを締めてかっこよくしているのにと、農業にコンプレックスがあった。やっているうちに稲作りが面白くなった。青年会で国内研修もした。農業のよい点は自分で努力した結果が出ること。収穫の喜び、土に親しむ、などもある。辛いのは春から努力して作っても天気に災いされること。

生活意識

生活には不満がある、収入が不足、余暇がない。これは転作以来のことで、米作ほど機械化されていないので、やればやるほど暇がなくなる。金銭的に余裕があり、暇もあって、健康であればいい。転作が始まってあちこちで倒れたという話を聞く。三町歩あって、家族の一人が勤めに行けば、生活は楽だ。あと六年もちこたえれば息子が高校を出るので、勤めてくれれば少しは楽になる。家族を大事にするが、部落にも歩調をあわせる。時と場合では個人が我慢しなければならない。本音からいえば個人が大事だが。生きがいをあらためて考えたことはない。稲作にしてもはりあいになっていると言うより多忙感が先に立つ。

社会意識

農業政策が気になる。農業政策は食管制度が米価を保証していてうまくいっている。米を自由化すれば買い叩かれるのでなくすことはできない。生活面での向上はあるが、二人分の労働なのだから見合っているかどうか。転作はばけっして高くはない。農業は自然産業なので、しわ寄せが来る感じがする。自動車やコンピュータの見返りとして農業を自由化するのは納得がいかない。非行やいじめが問題。政治に関心はある。

ないほうがいいが、米過剰なのでやむをえないと協力している。米価は外国米よりは高いが、日本の物価からすれ

第二次調査（一九八九年）

経営基盤

水稲＋ハウス（イチゴ・メロン・枝豆）。

水田経営面積三・二ヘクタール、転作面積〇・五ヘクタール。作業受託一・八ヘクタール（妻の実家）。

コンバイン共同。農業基幹労働力一人（本人）、補助労働力一人（妻）。

営農意識

コンバインで共同したので、妻の労働力をイチゴ・枝豆にふりむけられる。共同で気を使うことはあるが、問題点はない。拡大したい気持ちはある。必要だと思うがむやみに拡大してもデメリットが大きい。知人で一〇町歩やっている人もいるが、現時点では六町歩が限度だ。機械コストもあるが反収に響いてくる。広すぎて見回りがおろそかになる。農地の購入は、買う人がいない。よっぽど公共事業の代替地くらいでないと。買えばそれに転作がついてくる。転作への労力配分が無理。農地の売買については、財産というよりも自分の職場だ。俺の代だけは手放したくないというのは、百姓としてわかるが、今はそういうことを言っていられる状況ではない。稲作の目標は、第一に一等米、次いで割り当てられた面積でいかに増収するか。有機米は差別化商品だ。ライスセンターでは全部がサイロにまざるので、やりたくてもやれない状況がある。複合部門の拡大は労力的に限界だ。雇用は採算があわなくなる。というよりも思ったようにできなくなる。人にやってもらったあとで自分で手直ししなければならない。

五年前の調査のときと比べて、前は規模を拡大して一〇町歩くらいまでという希望があったが、今の状況ではむやみに拡大しても危険だという感じだ。農業の先行きが不透明なので。日本農業の将来は、農林大臣に聞いてもわからないだろう。それに惑わされずにじっくりやるしかない。後継ぎについては、息子は、今の段階では農業は、ということで工業高校に入った。本人がやりたくないというのではしょうがない。そのときは売るのではなく委託する。家は継いでもらいたい。それは家屋敷もあるが○○家というもの。農業のよい点は、収穫の喜び。労働時間は長いが人に使われずに自分でやれる。春から丹精込めたものが一夜で目も当てられない事になる。自分のやっていることの先が読めない。どこまでやっていられるか。

生活意識

暮らし向きは、上を見ればきりがない。自分なりに精一杯やっているから、満足まではいかないが。昔から「農は人並み」という。周りの様子を見て標準でやっていれば間違いがないということ。肥料散布などで。一番欲しいのはカネとヒマ。カネは将来の不安をなくすから。今後の暮らし向きは、先行き不安。生きがいは、子どもの成長が楽しみ。

社会意識

農政は、それなりに効果はあったかもしれないが、農家戸数はかなり減った。機械化はできたが今は償還が大変。国から補助してもらった事業は成功したためしがない。高額を借りて過剰投資し、規模が大きくなりすぎたから。机上の計算どおりにはいかない。転作は、米が余ればせざるをえない。適地適産でどれだけ傾斜配分が可能か。米価は米だけで生活できるという基準がない。食管制度はいい面と悪い面がある。輸入自由化というが、アメリカから実際に輸入できる米は限られているそうだ。二大政党がいいのではないか。

この農家も、水稲作と転作の経営で、複合部門は「労働力の点で無理」ということでは水稲専作志向である。しかし、農業生産に希望をもっているというよりも、子どもが営農を継ぐかどうかわからないので先行き不安をかかえている。農業のよい点として、「努力した結果が出る」「収穫の喜び」「土に親しむ」とあげていることは注目される。それにたいして生きがいを営農活動にあげていないで、関心は家族とりわけ子供の成長に向かっている。こうした傾向は第二次調査でも同じで、「拡大してもデメリットが大きい」し転作は「せざるをえない」からしている。一言でいえば「農業の先行きが不透明」ということからくる不安感が大きい。「一番欲しいものはカネとヒマ」というのも先行き不安の現れだろう。

《事例五》

第一次調査（一九八四年）

経営基盤

第二種兼業。

水田経営面積一・一ヘクタール、転作〇・二ヘクタール。

農業基幹労働力一人（本人）、補助労働力一人（妻）。農外就労二人（子ども）。

営農意識

後継ぎと二人でやるほどの面積はない。朝夕農業ができるので、後継ぎがやる気があるならこのまま続けるが、やる気がなければ委託するしかない。農地の売却は最後でいい。後継ぎがどうなるかわからないし農業の状況に変化があるかもしれないので、その時のために農地はあったほうがいい。稲作をしたくなければ作ってもらう。先祖代々の土地というよりも、高く売って代替地を安く買えるのならばそれでいいが、いったん売却すると買い戻すのは非常に難しいので、売らないほうがいい。規模拡大にそれほどメリットがあるとは思われない。買ってまで稲作して割があうかどうか。受委託にしても委託料で採算がとれるかどうか。稲作の目標は所得を考えると増収。品質と増収は二者択一ではない。省力化は経費がかかるから疑問だ。機械作業は機械代金と委託する作業料金とのバランスを考える。拡大は自分ひとりではどうしようもない。規模拡大、離農促進ほど馬鹿げたことはない。離農するものへのお膳立てが何もなされていない。自活していく道が何もなくて、離れろといっても心配で離れられない。百姓はいいものだといっているが、農業収入だけでやっていける人は四町歩でもいない。サラリーマンと比べると厳しいものだ。米価と労働力が引き合わない。農業にやりがいを感じたことはない。人から使われないのはいいこと。自由業で自営業だ。だが、いくら働いてもその分の見返りがない。

生活意識

生活では金がないのでやりたいこともできない。しかし上や下と比べてもしょうがない。今一番欲しいのは嫁。家を改築しないときれいなところに住んでいた若い人が来てくれるかどうか。それには金が無い。働いてその給料で生活していくのが人並みの暮らしだが、それができない。何年先の給料を前借りしているような状態。さしあたりの夢は、嫁が来て、余裕ができて、家の改築ができること。暮らし向きはなるようにしかならない。後継ぎの給料でやっていけるかどうか。財産として田はあるので、やりくりがつかなければ売ればなんとかなるだろう。個人の都合と部落の都合がぶつかったときは、特殊な場合は許してもらうしかない。人の幸せは気持ちのもちよう。個人がしっかりして夫婦が相和しということが必要だ。生きがいは上作のとき。枝豆が予想外の価格で売れたとき。

社会意識

食管制度は堅持すべきだ。政治はわけのわからないことが起こっているのではないか。どの政党も言っていることとやっていることが違うのではないか。

第二次調査（一九八九年）

経営基盤

第二種兼業。

水田経営面積一・一ヘクタール、転作〇・二ヘクタール。

農業基幹労働力一人（本人）、補助労働力一人（妻）。農外就労二人（子ども）。

営農意識

稲作の共同は、ライスセンターをやるときに機械共同の話が出たが、大型を共同購入するよりも今もっているのを使うほうがいいとなった。共同は気のあう人とやらないとだめだ。自分の利害を押し出したらうまくいかない。拡大は、年をとっているし息子は勤めなので、どうにもならない。農地の売買については、先祖から受け継いだものだから、やたらに手放してはだめだが、今の人は土地を商品視している。しかし、そのほうがかえっていいかもしれない。借金で首が回らなくなったときに売って一気に返済したほうがいい。土地の商品化という頭も必要になってくるだろう。稲作の目標は、現状維持。有機米は、一部の人がやれば目立つが皆がやれば目立たない。五年前の調査のときと比べて、ますます苦しくなってきた。転作は増えるわ、米価は下がるわ。百姓に魅力がなくなった。農業だけではもう食べていけなくなってきた。農業のよい点はない。借金が増えただけ。

生活意識

今後の暮らし向きはますます窮屈になる。生産の経費は高くなるし売値は安くなる。生きがいは、なにもない。ロボットと同じでただ動いているだけ。農家は皆そうだ。稲作自体がやりがいが見出せない状況だ。

社会意識

日本農業の将来は、兼業の息子世代が農業を離れたら土地を手放すだろうが、採算がとれないかぎり土地を集めて大きくやっていく人も出ないだろう。人に胃袋まで頼るようではだめだ。できれば自給すべき。大切な食物を人任せでは困る。アメリカの米も未来は明るくないと思う。土地が荒れていると聞いた。夢も希望もない。後継ぎについては、今の若い人は農業をやりたがらない。百姓のうまみがなくなってきた。今の農業は全部機械でやれる。人手がいらないようになっている。親が農業をやり、息子が勤めをしている。二〇代で就職して四〇代まで働くと、親父が農業をやめても会社を辞める人はいない。農政では改善が進んでいない。規模拡大といっても誰かが縮小しなければならないが、その人はいったいどうするのか。行き場がない。当時から私は疑問だった。今も変わっていない。規模拡大と米の安定供給とは必ずしもストレートに結びつかない。掛け声だけで道標がない。農業のためと言って農家を潰す政策だ。うちはかろうじてやっている、枝豆で。転作は増えてきて困る。米価は安すぎる。食管制度はあったほうがいい。確実に売れるから。消費税はよくわからない。リクルート問題は自分の欲を追求するから起こった。濡れ手に粟。国のためを考えて政治をしないとだめだ。政治は、政権たらい回し。有権者の自覚が大切だ。

この農家は、安丹集落のなかでは規模が小さく、稲作と転作では家計を充足できず、農外就労による収入が家計の大半を占めている。農外就労志向といえる農家で、もちろん規模拡大は考えていない。だが「農地の売却は最後でいい」としている。これはいざというときの保障という意味合いだと思われる。「農業にやりがいを感じたことはない」というのは、「いくら働いてもその分の見返りがない」からで、兼業に依存している現状を維持するという方針である。「今一番欲しいのは嫁」というのも営農の継承のためではなく、生活の安定を望んでいるからである。第二次調査では「ますます苦しくなってきた」といい、「百姓の魅力がなくなった」としていて、そうなれば「農業のよい点はない」となるだろう。暮らし向きにも展望がなく、「生きがいはなにもない」と先行き不安が非常に大きくなっている。

先行き不安と農本意識

このようにみてくると、一九八〇年代の山形県鶴岡市の稲作農業者は、前述したような営農志向の類型に応じた農業者意識をもっていたといえるだろう。水稲専作志向、複合経営志向、農外就労志向といった類型に区別される各対象者が語るみずからの考え方、意識は、それぞれの営農のあり方、生活の状況によって多様である。だが、いずれにしても共通しているのは、日本農業の今後にたいする不透明感であり、それがさまざまな側面での先行き不安となって現れている。米価低迷や農政の動きからくる営農についての不安、それにともなって後継者の農外就労をやむをえないとすることからの経営や家そのものの継承にたいする不安、収入の向上が望めないことからくる今後の生活への不安など、各対象者が語る表現は異なるものの、一様に先行き不安をみせている。

しかしそのなかで、「収穫の喜び」や「自分でやれる」こと、努力が報われることなどといった「農」への想いを語っている点が注目される。この農本意識というべきものは、もちろん経営規模の大きい専業農家に強いけれども、農外就労志向の農業者でも「上作のとき」というように収穫時の増収に喜びを感じている。また、子供の成長や子どもとの安らぎに生きがいを見つけていることも共通している。この点でも家族を重視する農本意識が認められるだろう。さらには、集落にたいしても、「部落の行事やつきあいを優先する」と人間関係や行事などでの交流を評価していて、村落での協同を重視するという農本意識が示されている。

「一九九五年庄内調査」の実施

ここでは、一九九五（平成三）年一一月に庄内地方の四集落で実施した「庄内調査」[7]の調査結果から、個別事例の内容を示しておこう。この調査は、鶴岡市、酒田市、遊佐町、余目町からそれぞれ一集落を選び出し、計七五名を対象者として面接調査をおこなったものである。集落の規模が異なるので、ほぼ悉皆調査になった集落もあれば、対象者が有意抽出された集落もある。「営農志向調査」と同様に半構造的インタビュー調査の手法を用いて詳細な聞き取り調査を実施した。

一九九〇年代に入った庄内地方でまず指摘できるのは、一九九三（平成五）年度から九五（平成七）年度までの水田営農活性化対策のもとで相変わらずの減反政策が進められ、一九九五（平成三）年には新食糧法が施行されて食糧管理制度が廃止されるなどのなかで、農外就労志向が増加しているということである。それも、個別農家の複数の家族員が農外に常勤として勤める、といった多就業化が拡がっていた。複合経営志向はないわけではないが数としては減少しており、複合化のむずかしさを浮き彫りにしている。農業生産が困難な状況のなかで、水稲専作志向と複合経営志向とは、その展開が困難な諸条件をかかえており、個別経営の維持のために農外就労志向へと傾きつつあったといえるだろう。とくに、後継者問題が大きくのしかかっており、かなり経営規模が大きい農家でも「農業に従事している自分が農作業をできなくなったときが我が家の農業が終わるとき」という見通ししかもちえていない。いわば「総崩れ」的な現象が起こりかねない状況にあった。庄内農業の担い手となっている個別農家の農家経営そのものが、世代交代の問題で展望を見出しえていなかった。けれども、農外就労志向が実数としては圧倒的ななかでも、少なくとも調査時点までの庄内の農業者は、現在の農家経営を維持し、農業を営むことを生活の一環に組み込んでいた。そこでは、さまざまな悪条件にもかかわらず農業への志向をもちつづける農民の「しぶとさ」が、庄内農業を支えていたといえるだろう。

個別事例から

ここでも鶴岡市安丹集落で抽出された対象者の聞き取り調査の内容をみていく。「営農志向調査」と同一の対象者で、事例番号をあわせてある。なお、引用文中の「部落」という表現は、この地域の住民がみずからの集落を指す日常的な用語で、被差別部落とはまったく異なる。

《事例一》

経営基盤

水稲＋枝豆。

水田経営面積四ヘクタール、転作面積〇・七ヘクタール。複合部門・柿。

コンバイン共同（九戸）。農業基幹労働力一人（本人）、補助労働力一人（妻）。農外就労一人（本人）。

営農意識

コンバイン共同に入っている。自分が会社で忙しいので都合がいいし、共同のほうが安くつく。規模拡大しないで現状を維持する。コンバイン共同もこのままだ。土地はやはり先祖代々の土地だ。稲作以外は今のまま。そのほうが楽だから。畑地の枝豆も担当している父がやめればやめる。米の収量が他の人より少なくてもかまわない。

生活意識

平成二〔一九九〇〕年に今の会社を作った。公共事業が相手なのでうまくいっている。現在は会社が主体で、将来の状況が変われば農業は全面委託に切り替える可能性もある。会社を子どもに継がせるつもりはない。家族と会社は別だ。同族会社はやらない。自分の会社を作ったので大きくしたい。八人の正社員がいる。暮らし向きは満足している。一番欲しいのは会社を大きくしたいこと。個人と部落がぶつかることはあまりない。そういうものだと思っている。

社会意識

農業は、農協を通して米を卸しているのではだめだ。農家は食管法など行政に甘やかされてきた。自分で生産も流通も販売もやれるようになれば、稲作は一番おいしい業種だと思う。もし今の会社でなかったら、米の生産・流通・販売の会社を作っただろう。こういう考え方をするようになったのは、自分で会社を経営しているからだろう。米の輸入自由化には関心はない。自由化で米の価格が下がるなら米をやめる。自由化それ自体は悪くはないと思う。いろいろと努力して抵抗するようになるだろうから。日本農業の将来は関心ない。農協合併についても関心ない。

この農家は、本人の農外就労が順調なので、営農意欲を失っている。「稲作以外はそのまま」にしておくのは「楽だから」で、その稲作も「米の収量がほかの人より少なくてもかまわない」という。というのは「会社が主体」だからで、望みは「会社を大きくしたい」ということだけである。暮らし向きにも満足している。こうなれば農業生産は現状維持ということになり、いざとなれば「全面委託に切り替え」ればいいという。一九八〇年代から比べて、農外就労から農業離脱へと向かっている。農業の困難な状況が、このように対象者の営農志向を変化させていったといえるだろう。

《事例二》

経営基盤

水稲＋ハウス（イチゴ・枝豆）。

水田経営面積四・五ヘクタール、転作面積〇・八ヘクタール。

春作業の共同（二戸と三戸）、コンバイン共同（九戸）。農業基幹労働力一人（本人）、補助労働力一人（妻）。農外就労三人（本人と妻は冬期臨時、長男が会社員）。

営農意識

コンバイン共同は将来どうあるべきかを考えてやっている。個別では危険、病気などで倒れたらどうしようもない。みんなで資金を守りあう。米で規模拡大で収入増というのは考えにくい。リスクが大きくなるばかりだ。定年になってから働ける職場に農業がなるならば、歳をとってもできる。農業内でプラスにならなくてもマイナスにならない方法を工夫する。たとえば不耕起や流し込みなどだ。宅地として六畝〔一畝＝一アール〕を売却したが、それで二反歩は購入できる。直播はまだ不安定。特栽米は一つの方法だろうが、先行きが不安、長い目で見て本当にメリットがあるのかどうか。法人化は突き詰めるとそうなるのかもしれないが、そこまでいって得になるかどうかわからない。硬直化して逃げられなくなるのではないか。二〇町歩規模は、米がお先真っ暗なので、個人の規模拡大は危ない。一〇町歩農家がこれ以上はできないと言っている。庄内米が安くなってきているので見通しは暗い。不耕起栽培は一〇年くらいになる。深く起こさないやり方だ。狙いは稲の生育で、根の具合が問題で、コストダウンは結果的にそうなったということ。メリットは収量が上がっていくこと。土壌の悪いところでよくなる。農外就労したのは、複合部門の労力が足りずにやめたので。北海道との産地間競争や品質の問題もあったが、直接のきっかけは労力問題だ。年寄りが農業をやって若い人が外から収入をもってくればいい。年寄りは年金もあってあくせく農業をしなくてもいい。そうすれば割合不安なく農業を継いでいける。今の若い人には土日農業は無理。定年退職で農業を継ぐというシステムを作ればいい。部落の半数で一〇年サイクルでやればできる。その実験をやっていくことになるだろう。リッチな老後をめざすということ。

生活意識

家を継ぐということは生まれた人が帰ってくるところを守る、長く続いた家（流れ、家系、墓）を守るということ。若いときには出てもいいが将来的には帰ってきてもらう。息子は、われわれがいなくなれば百姓をやると言っている。それを考えて、急の事態にも備えて、共同化のようなことを考えている。同居にはこだわらない。生きがいは、その時その時に打ち込めるものを探して歩いている。

社会意識

農協合併については、率先して合併すべきだと思っている。庄内で一農協となるのが望ましい。大型化しなければやっていけない時代になっている。部落は、運命で生まれてきて、良くも悪くもいなければならない組織体だ。街と違って自分で選べない。

この農家は、一九八〇年代には複合経営志向で専業だったが、この一九九五年時点では複合部門が労働力配分でうまくいかず、その分を農外就労に回している。こうした経営のあり方は、農家経営にとって特徴的である。農業生産の状態や家族周期などの諸要因を勘案して、家族労働力を再配分している。その意味で、農外就労したからといって農業生産から後退したということではない。長期的な農家経営のなかでの一局面だといえるだろう。それでも農業情勢の悪化で、「歳をとってもできる」とか「定年退職で農業を継ぐ」というようなことを考えざるをえない。そこで「年寄りが農業をやって若い人が外から収入をもってくればいい」というような考え方になっている。

《事例三》

経営基盤

水稲＋ハウス（イチゴ・枝豆）。

水田経営面積四・四ヘクタール、転作面積〇・三ヘクタール。作業受託一・四ヘクタール、経営受託〇・六ヘクタール。

春作業の共同（二戸と三戸）、コンバイン共同（九戸）。農業基幹労働力一人（本人）、補助労働力一人（妻）。

営農意識

コンバイン共同は経費の節減になる。個人で買う時代ではなくなった。経営規模は現状維持で。拡大すると農機具を更新しなければならない。最近は受諾しなくなっている。最近二〜三年は土地を売る人がいる。借金がたまってくると売らざるをえない。最近の不作が響いている。省力化は追肥の流し込みをやる。不耕起で特栽米で売っているところもある。だがここではライスセンターなので無理だ。枝豆の作業は二人で。面積をこれ以上増やせない。枝豆組合で一戸当り一〇〇把にしている。量が安定しているので量販店では安心する。農業のよい点は、自分の自由な時間がとれること。作業がきついので、できるだけ楽になるように工夫している。

生活意識

息子は継ぐ気はない。子どもたちに手がかからなくなったので、前よりも頑張りがなくなった。このままでなんとかやっていけるという気がしている。

社会意識

「新農政」でいっている経営規模を拡大するのは簡単だが、もうかる商売ではない。前より経営が悪化することもありうる。設備が変わるのでコストは落ちないだろう。不作だと逆に赤字になるのではないか。日本農業の将来は、輸入自由化になってだんだん悪くなる。経営を拡大するより共同するなどしてコストを落としたほうが間違いがないのではないか。三〜四〇町歩でも一年なら頑張ってできるが、一生となると草刈りもあるし大変だ。農協合併については、取り残されたような感じ。

この農家は、複合経営を続けている。しかしやはり現状維持という考え方で、「経営を拡大するより共同するなどしてコストを落とした方が間違いがない」と共同化を進めている。また「流し込み」をするなど省力化にも熱心である。「息子は継ぐ気はない」ので、見通しは明るくはないが、「このままでなんとかやっていける」と自分ができるかぎりは営農を続けるつもりでいる。専業農家であっても、というよりも専業農家なので農外収入がなく、それだけ厳しい状況のもとで経営を維持しているといえるだろう。

《事例四》

経営基盤

水稲＋ハウス（育苗・枝豆）。

水田経営面積二・九ヘクタール、転作面積〇・六ヘクタール。作業受託二・一ヘクタール（妻の実家）。

コンバイン共同（九戸）。農業基幹労働力一人（本人）、補助労働力一人（妻）。

営農意識

コンバインは高価だから個人単位は不経済だ。米価の低下への懸念から、ある程度面積を増やさないとだめだ。だが拡大すると管理の手が難題だ。部落では最近になって受委託が盛ん。委託してしまえば農業者年金がもらえるからだ。土地は個人のものではなく財産、家産なので、なるべく手放したくない。稲の品種は決められている。直播は天候などで不安定。自分は認定農業者に認定された。これは資金を借りたり土地の貸借にメリットがある。複合部門の拡大は枝豆で精一杯。以前はメロンやイチゴをやっていたが。二〇町歩になると経費ばかりかかり難題。一

○町歩だと大丈夫。農業のよい点は、収穫の喜び。買い手市場で自分たちで値がつけられないのが不満。

生活意識

生きがいは子供の成長。子どもたちが農業に魅力をもっていないので、自分のやりたいことをやらせる。

社会意識

新食糧法では米価が下がる。

この農家も専業だが、転作で枝豆を栽培しているので複合経営ということになる。米価の低落に対応するためには「ある程度面積を増やさないと」ならないが、しかし拡大するとなると「管理の手が難題」だという。いわば矛盾をかかえているわけだが、認定農業者になるなど必死に営農を続けている。それでも、子どもは「農業に魅力をもっていない」と、将来の見通しが成り立たない状態だといえるだろう。

《事例五》

経営基盤

第二種兼業。

水田経営面積○・九ヘクタール、転作○・二ヘクタール。トラクター作業以外を委託。

農業基幹労働力一人（本人）、農外就労二人（子供）。

営農意識

規模拡大は不可能だ。自分は部落で現役最年長、あと何年もつか。水田を購入する人はいない。直播などと言っているが、米価は下がる、人件費は上がる、機械は上がる。生産費が安くなるならいいが、高いものを使って安く売るのではあわない。うまみがない。弁当をもって外へ行った方がいいとなる。枝豆の収益があるから生活できているようなものだ。産地になっているおかげだ。稲を植えてしまえば田へ行く人はいない。あとは枝豆ばかりやっている。基盤整備事業はまだ借金が残っている。さらに大規模化など考えられない。農業を継いでもらうというのは考えられない。

生活意識

暮らし向きは、前途真っ暗闇だ。

社会意識

「新農政」は小農切り捨てではないか。規模拡大ばかりだ。しかしその水田はどこからもってくるのか、やめた人間のことはなにも考えていない。池田内閣当時からずっと同じだ。米の輸入自由化でしわ寄せがみな百姓に来る。不足していて買うならまだしも減反しているのに買うのか。農協合併については、スーパーのまねをしている。農協に用事がなくなってきた。

この農家は、農外就労中心の規模の小さい農家だが、一九八〇年代のときと比べて、作業委託が増え、ほとんどの機械作業から手を引いている。したがって、将来の見通しも「あと何年もつか」というだけで、転作の枝豆栽培と子どもの農外就労の収入で生計を維持している。そこで農業生産よりも「弁当をもって外へ行った方がいい」と言う。この対象者が営農活動をやめるときに、この農家が離農することになると思われる。

停滞する営農志向

以上の一九九五年時点の安丹集落での聞き取り調査からいえるのは、経営規模の小さい農業者はもちろんのこと、受託によって規模を大きくしている農業者でも、営農の見通しは現状維持とするしかないし、後継者問題の解決はまったくめどが立たない状態である。とくに米価の低迷を指摘している声が多いのは、稲作からの所得が減少して、この地域の農家経営に打撃となっていることの表れだろう。前述したように、この安丹集落では枝豆栽培を特産化して共同出荷し、その収益が大きくなっていることが、なんとかもちこたえている要因だといえるだろう。こうした状況では後継者が確保できるはずもなく、規模の大きい農業者ですら子どもに継承させることをあきらめている。非常に深刻な事態が進行しているというほかはない。

稲作農業者の意識も、一方では、一九八〇年代と同様に農業のよい点を「自由な時間がとれる」とか「収穫の喜び」というが、他方では、水稲専作志向の農業者でも農業そのものに生きがいを見出せず、複合経営志向では「できるだけ楽になるよう」にすると言い、農外就労志向は「前途真っ暗闇だ」とまで言っている。「農」への想いはありつつも、それが営農活動や日常生活での行動指針にまでなっていない。自分の代までは「なんとかやっていける」と思うが、そのあとについては確たる見通しをもてていないという苦悩をかかえている。本書を執筆している現時点でも庄内農業は持続しているし、稲の新たな品種開発、畜産や野菜の特産化、さらにはいわゆる六次産業化などさまざまな展開をみせているけれども、この調査時点での対象者があいかわらず基幹労働力として営農活動に従事していて、事態は変わっていない。その意味では、鶴岡市の稲作農業者の営農志向は二〇世紀末から停滞しているともいえるだろう。

第二節　鶴岡市安丹集落の事例

本節では、減反政策が進展するなかで、もともとは水田単作という経営形態を基本としていた庄内地方の一集落を対

表6-4　1985年時点における鶴岡市安丹集落の概況　（単位：a）

農家番号	水田経営				転作		兼業
	所有 a	受託 b	委託 c	経営 a+b−c	面積	作目	
9	560	*240		800	64.3	枝豆、イチゴ	通年出稼
15	380	*400		780	40.1	枝豆、イチゴ	
16	480	*270		750	87.5	枝豆、イチゴ	
13	400	*180		580	57.8	枝豆、イチゴ	
11	560			560	85.4	枝豆	
2	480			480	50.9	枝豆	常勤
14	460			460	26.5	枝豆、イチゴ	臨時
8	460			460	47.3	枝豆、イチゴ	臨時
3	440			440	25.3	枝豆、夏菊	臨時・常勤・常勤
5	420			420	23.3	枝豆	常勤
7	410			410	30.0	枝豆	常勤・常勤・常勤
4	400			400	41.8	枝豆、カリフラワー	常勤
12	310	*40	350	350	36.6	枝豆	臨時・常勤
17	310	40		350	23.9	枝豆	常勤・常勤・常勤
19	220			220	14.2	枝豆	臨時
10	200			200	8.4	枝豆	臨時・常勤・常勤
6	140			140	6.3	枝豆	常勤・常勤・常勤
1	110			110	12.3	枝豆	臨時・常勤・常勤
18	360		320	40	61.6	枝豆	常勤・常勤・常勤
20	40		40	0	2.9	枝豆	常勤・常勤

注：1984・85年の聞き取りによる。受託欄の＊は他集落からを含む。
『稲作生産組織と営農志向』（122ページ）から一部を転載。

象とした事例調査の結果を取り上げる。この結果はすでに紹介している（小林　一九九九）が、ここでは、その後の聞き取り調査の結果もあわせて、転作への対応が集落のあり方をどのように変えたのか、稲作農業者はどのような意識をもち行動したのか、という点を中心に再検討する。前節でみた「営農志向調査」の結果（細谷ほか　一九九三）の分析と、次節でみる個別農業者の事例とのかかわりで、とくに一九八〇年代から一九九〇年代前半を中心にみていく。

一　一九八〇年代の状況

安丹集落の概況

鶴岡市は庄内平野の川南すなわち最上川の南側にあり、一九二四（大正一三）年に発足して以来、数度の町村合併を経て、二〇〇五（平成一七）年の「平成の大合併」で庄内平野の南半分を占める広大な行政市域をもつことになった。旧京田村は、「昭和の大合併」直前の一九五五（昭和三〇）年に旧鶴岡市に編入された。この京田地区は、旧鶴岡市街の北西に位置していて、『京田村史』（一九五五）によれば、開発が早かった「京田聚落地帯」（地主　一九五五、一頁）の中野京田、西京田、高田、北京田、覚岸寺、荒井京田と、後発の「興屋地帯」（同前）の福田、豊田、林崎、安丹の一一集落から成る。京田地区の灌漑は青龍寺川から取水しているが、「青竜寺川から引水する様になって、耕作地も急激に増加し京田聚落に引続いて、興屋部落も開発されたものであろう」（地主　一九五五、一一頁）という。このなかの安丹集落は、安部興屋、丹波興屋が明治初年に合併し名称を改めたものである（地主　一九五五、一六頁）。ただし現在の小字名は千安と丹波になっている。

一九八〇年代前半の安丹集落は、総戸数三一戸だったが、農家戸数は二〇戸である。当時の庄内地方の純農村としては非農家が多いが、それは、集落から数百メートル離れた街道沿いの九戸が、小学校区の便宜上この集落に属しているからである。

当時の集落農家の概況を表6-4「1985年時点における鶴岡市安丹集落の概況」でみると、一般的に規模が大きい庄内地方のなかでも、この集落は水田所有面積がきわだって大きい。そのために委託がほとんどなく、経営委託している農家が一戸、作業委託が二戸あるにすぎない。その受委託関係は他集落の親戚関係からのものであり、集落内での請負耕作は進んでいない。複合部門では、畜産が皆無であり、そのほかの畑作や果樹、ハウス栽培なども、転作への対応として栽培されるようになるまでは、みるべきものはほとんどなかった。農外就労は多少あるが、臨時雇が中心で、家族労働力に余裕がある場合に常勤となる。常勤による農外就労が中心となっているのは、経営面積で二ヘクタール以下の五戸だけである。つまり、安丹集落では、農業経営は水稲作を基幹としていて、一九七〇年代以降に稲作機械化一貫体系の完成によって余剰となった労働力は、農外へ向かうというよりも転作への対応にふりむけられていた。

転作への対応

すでにみたように、鶴岡市では、一九七八（昭和五三）年に水田利用再編対策が開始されて以来、鶴岡市、鶴岡市農業改良普及所、鶴岡市農業協同組合の三者によって構成された鶴岡市農業振興相談室が、転作に関連する行政を推進する中心的な役割をはたしてきた。水田利用再編対策の第一期には、「転作可能な条件にない限り基本的には反対であるとしながらも、……避けて通れる問題ではないと判断」（鶴岡市　一九七九、一頁）して、転作に取り組まざるをえないという姿勢を示していたが、第二期に転作率がはねあがったために、「もはや緊急避難的にではなく、転作からも収益を上げねば」（鶴岡市　一九八二、前書き）ならないと転作への積極的な対応をはかるようになる。その際には「単なる転作割当面積の消化に腐心することなく、転作を農業経営の一部門として位置づけ」（鶴岡市　一九八五、八頁）ることが要請された。

このような行政側からの転作誘導対策にたいして、安丹集落でも水稲単作にとどまるのではなく、転作作目をいろいろと試して、新たな複合経営をめざそうとしていた。その一つが枝豆の栽培である。次項で詳しく述べるが、転作割当面積がほとんどない一戸を除いて集落全体で栽培に取り組み、この集落独自のものを生み出してきた。それは転作作物である枝豆の共同出荷で、集落名を冠した銘柄で産地形成をおこない、庄内青果市場と直接に契約して、一般のものよりも高価格で取引している。このことで、一九八二（昭和五七）年には安丹転作組合が「農事功労者表彰・山形県知事賞」を、さらに一九九八（平成一〇）年にも「農事功労者表彰・鶴岡市農業発展奨励賞」を受賞している。安丹集落は、水稲集団栽培が庄内全域にひろがった時期でも、個別作業のままだった。集落全体で共同化に取り組むのは初めてのことである。それは、作物の価格にたいする敏感な対応によるものといえるだろう。

イチゴや他の作目の栽培

別の転作作目として、イチゴの栽培がおこなわれた。それは夏季に冷蔵しておき抑制栽培によって一二月の需要期にあわせて出荷する株冷イチゴである。庄内地方では、酒田市浜中地区で一九七九（昭和五四）年に試験的に導入されて、春と秋に収穫できて高利益だと評判になった。そこで安丹集落では、早くも八〇（昭和五五）年に浜中地区から苗を購入して栽培を開始し、集落内では六戸にまで拡がった。一〇月初旬から一一月末まで収穫して、業務用に農協を通して東京方面へ出荷する。作業は基幹が妻で補助は夫という体制がとられていた。つまり、水田は夫でハウス栽培は妻が主力になるというように分担していた。ただしその場合でも栽培計画は夫に任されている。

また、ハウス建設などの諸経費の負担や栽培技術の習得などの点で共同化が有利になるので、二戸による共同が長期間続いていた。この二戸共同は、建設資金の自己負担分を折半し、イチゴ栽培と水稲作との労働力配分が難しくなったので、稲作も共同化した。この稲作共同も細かな賃金決済はせず、諸費用は面積割で負担している。

しかし、一九八〇年代後半になると、イチゴ栽培は縮小の方向がとられて、一九八七（昭和六二）年頃からほかの作目に転換していった。栽培に選んだ品種の品質管理が難しく、収穫にむらができて価格が不安定になりやすかったこと、所得のわりに労力がかかるということ、栃木や静岡から短日栽培による出荷が伸びてきて価格が低迷したということなどが理由だという。また、イチゴは春の収穫期のピーク期が長くて一ヵ月半あり、田植作業と重なるという労力配分の問題が解決できず、また、枝豆栽培に労力が回されて、イチゴ栽培が負担になってしまったという。稲作と枝豆栽培をしながら、そのあいまに栽培経験のないものに取り組むのはかなり困難だった。九〇（平成二）年には三戸に、九一（平成三）年に二戸となり、九三（平成五）年には栽培するものはいなくなった。

イチゴのほかには、メロンも栽培された。イチゴの労力配分が難しいのでメロンに切りかえたという。メロンは、収穫期が田植えと重ならず、また当時すでに主力作目となっていた枝豆とも重ならない。メロンを導入したのも、イチゴ栽培と同様に所得の増加ということをねらったものであって、枝豆に代わるものをということではなかったという。しかし、一九九二（平成四）年には、イチゴ栽培が一戸、メロン栽培が一戸、それ以外の農家は枝豆栽培へと特化した。九三（平成五）年には三戸がサヤインゲンを導入したが、これは枝豆の裏作という位置づけである。この年になると、転作作目は枝豆がほとんどで、ごくわずかにサヤインゲン、ソバが栽培され、メロンはなくなってしまった。

枝豆以外の転作作目が栽培を維持できなかった理由には連作障害の問題もある。作付地を換えれば問題は起こらないが、ハウスでは土地を移動するわけにいかず、また、安丹集落の近辺では畑地に適したところはそれほどない。枝豆栽培の場合は、豆類が比較的に連作障害が少ないこと、完熟堆肥を多く使うことで問題になっていない。この集落では、水稲作と枝豆栽培の複合経営という体系を確立してしまっているために、主として労力配分の問題、また価格の面から、枝豆以外の転作作目は定着しなかったといえるだろう。

このように安丹集落では、水稲作から出てくる余剰労働力を転作への対応にふりむけ、いわば水稲作と複合部門との組み合わせで、農業経営を進めていこうとしていた。しかも、個別経営を前提としながら、これまで経験のなかった集落全体の共同化にも取り組んでいる。こうした取り組みは、行政側が働きかける転作への積極的に対応するという指導の現れともいえるが、それは減反政策の要請に応じるというだけではなく、そこから経営的に有利なものを得ようとする農業者のいわば現場の知恵が示されてもいるといえるだろう。

水稲作の共同化

ここで、京田地区の水稲作の共同化の進展について取り上げる。

京田地区では、一九八五（昭和六〇）年度より京田ライスセンターが稼働を開始し、稲作の秋作業の共同化が進められた。この京田ライスセンターは、正式には「京田穀物乾燥調製施設」といい、鶴岡市農業協同組合が事業主体となって、五億五千万円近くの事業費により設置された。鶴岡市農協では、おもだった地区にライスセンターを設置しているが、京田地区では、全体でほぼ水田六〇〇ヘクタール、農家二〇〇戸のうち、三五〇ヘクタール、一三〇戸を対象として、乾燥、調製をおこなう。施設を直接に管理するのは、利用者である農業者が組織する「京田穀物乾燥調製施設利用組合」である。施設の『計画書』では、「経営の合理化を基本とした生産組織（共同利用組織）の育成を図り、機械の効率利用を行い、低コスト稲作を確立する」（鶴岡市農協　一九八五、三頁）ことが掲げられている。そしてその低コスト化は、とくに経営規模が小さい農家にとって農用機械への過剰投資を回避することに眼目があった。

しかし、ほかの地域のライスセンターとくらべて、京田地区では必ずしも小規模層の加入は多くなく、三ヘクタール層前後がもっとも高い数値を示している。三ヘクタールを超える農家数が多いのは、経営規模が大きな農家がライスセンター加入によるコストダウンと労働力分散をねらったためといわれている。他方で、小規模層にとっては既存の農用機械の償却期間の残存や、とくにライスセンター利用料が高額となったことが加入をためらわせたという。資金調達はそのほとんどを国や県の補助金と近代化資金でまかなっており、自己資金は事業費全体の八パーセント余りにとどまっている。それが減価償却費や資本利子の負担となっている。したがって、一俵〔六〇キログラム〕当り一、二八〇円という利用料にはねかえってきている。

以上のような問題点をかかえながらも、京田地区の六割をこえる農家がライスセンターでの秋作業の共同化へと足を踏み出した。しかも、乾燥、調製だけでなく、刈取、脱穀といったコンバイン作業の共同化も進展した。『計画書』でも、刈取から調製までの一貫した共同化がめざされていたが、そこで、集落ごとに利用班を設定し、七～八ヘクタールごとにコンバインを共同所有することになっていた。しかし、使用中のコンバインの償却の問題もあり、京田ライスセンターの稼働開始時点では、一斉に共同所有に転換する事態にはならなかった。

だが稼働開始以来の数年の経過のなかで、それまで個別に機械を装備している農家が圧倒的だった集落においても、京田ライスセンターの稼働にともなう秋作業の共同化が進展してきている。安丹集落では京田ライスセンターへの加入が新たな共同化を志向させていて、コンバイン班を編成している。五班のうち、第3班が前述した二戸共同であり、第4班と第5班は、圃場が隣あっていることなどから班をつくった。第1班と第2班は、形式的なもので実際は個別作業である。したがって集落全体では、二〇戸のうち八戸が秋作業の共同化を始めたことになる。これまで共同化の経験がほとんどなかった安丹集落だが、共同化への志向は高まっていたといえるだろう。

しかしこうした水稲作の共同化は、農用機械の個人装備から共同利用への転換によるコストダウンが大きな理由であり、経営規模の小さい農家だけではなく規模が大きい農家でさえもがコストダウンに取り組まざるをえなくなっていることを示している。したがって、ライスセンターの稼働をきっかけとして、たんに秋作業だけではなく、ライスセンターに直接かかわる部門以外においても共同化を展開しようとしていて、耕起から田植にいたる春作業の共同化をめざすという話も出ていた。これもまた転作への取り組みと同様に、減反政策の重圧のもとで、効率化をはかって収益を高めようとする稲作農業者の対応の現れなのである。

二　転作への取り組み

枝豆栽培への特化

一九八〇年代には、転作率が高まるなど減反政策が厳しさを増していくなかで、水稲専作地帯だった庄内地方の個別

表6-5　安丹枝豆組合の班構成

班	農家番号
84年時点	
第1班	①　②　⑦
2	③　④　⑤
3	⑭　⑯　⑱　⑲
4	⑪　⑫　⑬　⑮
5	⑧　⑨　⑩　⑰
92年時点	
第1班	①　②　⑥　⑦
2	③　④
3	⑭　⑯　⑱　⑲　⑳
4	⑪　⑫　⑬　⑮
5	⑧　⑨　⑩　⑰
95年時点	
第1班	①　②　⑦
2	③　④
3	⑭　⑯　⑱　⑳
4	⑪　⑫　⑬　⑮
5	⑧　⑨　⑩　⑰

注：農家番号は表6-4のそれにあわせてある。

農家が、なんらかの複合化や共同化あるいは兼業化によって農家経営をいかに維持し発展させていくのかが、農家としての生き残りをかけて試みられていた。そこで以下では、安丹集落での聞き取り調査から、枝豆栽培という転作への対応を集落全体として進めた事例を取り上げる。この集落では、転作作目として当初は大麦なども試みられ、前項でみたようにイチゴ、メロン、サヤエンドウやソバなどが栽培されたが、思った収益をあげられなかった。水稲に見合った収益になるものということで、集落をあげて枝豆に取り組むことになった。表6-5「安丹枝豆組合の班構成」は枝豆組合の班編成の変化を示したものである。

まずはその導入過程をみていく。転作が始まる以前から畑作で枝豆を栽培していたので、栽培の技術的な不安はなかったという。一九七八（昭和五三）年に生産組合の会合で呼びかけたことから栽培が始まった。反対論があったものの、この年には七戸が栽培した。翌年の七九（昭和五四）年にはさらに一三戸に増えたので安丹枝豆組合をつくった。枝豆は作付した土壌によって食味が大きく左右される。幸い安丹集落はきわめて良質の枝豆が収穫できた。市場で最高の産地という評価を得て、ほかの地域よりも高価格で売れたので、農外就労していた農家も枝豆組合への加入を希望した。組合側としても生産量が増えると市場への安定供給ができて取引が有利になるので歓迎した。

こうして、一九八一（昭和五六）年には集落のほぼ全戸が栽培するようになった。八七（昭和六二）年になると、集落全体の減反目標面積が一〇ヘクタールであるのにたいして、枝豆の作付面積は一二ヘクタールと目標面積を上回った。

つまり、転作への対応ということにとどまらず、複合経営における一部門として位置づけて、本格的に枝豆栽培に取り組んだことになる。この時点では、「転作率が高くなれば面積を拡大する」という方針だが、労働力配分の関係で集落全体で一五ヘクタールが限度だという。それでも、この集落は「稲作一本から米プラス枝豆へと転換した」。営農形態が転作というよりも複合経営となったといえるだろう。

枝豆の栽培作業

このように、転作作目はほとんどが枝豆なので、安丹集落では転作組合が枝豆の組合になっており、安丹転作組合を枝豆組合と称している。班の編成は、共同出荷するための連絡をとりやすいように、近隣でまったく便宜的につくっているにすぎない。生産組合の役員は輪番制だが、枝豆組合の役員はそれとは異なって、中心的なメンバーが役職につくということになっている。役員には共同出荷する当番制の割り当て、競売にかける順番の決定、などの仕事がある。このような役割があるので、枝豆組合の役員は生産組合とは異なり輪番制をとるわけにはいかないという。

枝豆の栽培作業は、まず春先に作付面積や出荷日などを考えて栽培計画を立てる。庄内地方全体でどれほど栽培されるか「作付面積が読めて価格が読めることが必要だ」。農作業は農家ごと個別におこなうが、集落で品種統一をしているので、栽培計画は集落での調整が必要である。播種は二月末に始まる。苗の定植を経て、極早生から極晩生までを六月中旬から一〇月下旬にかけて収穫する。枝豆は収穫後に糖度が落ちてしまうので、なるべく鮮度を保つために朝四時に起床して朝取りをする。午前六時半には集落の集会所に運び、そこから交代で市場へ出荷する。帰宅は九時になるが、休憩と昼食後、午後に葉もぎをする。これは鮮度保持のために当時おこなわれていた方法で、翌朝の出荷に備えて枝豆を植え付けたままで葉だけをもいでおく。炎天下の重労働だが、市場の評価を高めるためにやらざるをえなかった。近年は枝付きではなくさやもぎをしてネットに入れて販売するように変わったので、この作業はせずにすむようになった。夜は翌朝の出荷のための準備作業をする。就寝は一〇時になる。このように一日中働き回るが、枝豆は管理作業が品質を左右するので細かい点に神経を使う。安丹集落の枝豆は特産として定着しているので価格が高く、したがって労賃単価は高くなる。それにたいして肥料や農薬、機械などの生産費は低く抑えることができる。ということは機械化が進んだ稲作とは逆で、農機具などに経費をかけない。作業量が多いので労働時間の多くが枝豆の農作業に費やされる。「自分の体を使えば使うほど」収入は高くなる。だが、それだけ忙しいということにもなるので、水稲作にくらべて精神的な多忙感が強いという。「以前は余裕があったが、今はびっしり働かざるをえない」。ただし、冬期間は枝豆の農作業はない。それで臨時雇の農外就労に出ることが多い。

枝豆の共同出荷

安丹集落における枝豆栽培の特徴は、すでに述べたように、地元の庄内青果市場へ共同出荷していることである。青果市場との契約栽培を始めたのは、減反政策によって転作目標面積が拡大され、枝豆の作付面積が増えて収量が多くなり、大きな青果市場に出荷するほかはなくなって、農協に相談したことからである。農協からはこの青果市場内の業者を紹介されたが、紹介されただけだったので、契約する際には枝豆組合がこの業者と直接交渉した。業者が集落にやってきて圃場で実地指導したり、市場の競り人や課長を呼んで講習会をしたりしたという。直接に業者へ出荷しているが、代金決済は農協を通しておこなう。出荷先はこの青果市場にかぎられている。というのは、県外に出荷すると流通に時間をとられ、鮮度が落ちて品質が悪くなるからである。品質低下は価格低落に直結し、経営悪化を招いてしまう。それに、安丹集落は特産地としての青果市場の評価をすでに確立していて、青果市場への共同出荷によって安定した価格が形成されている。また、鶴岡市内のスーパーにも直接に出荷している。集落の全出荷量の七割になるが、その価格は青果市場に出荷した残り三割の価格で決定される。

一九八〇年代には、まだ枝豆栽培がそれほど拡がっていなかったので、青果市場からの要望が高く、出荷調整の必要はなかった。しかし、一九九〇年代前半の時点では、安丹集落全体で一日一、〇〇〇把の定量を出荷していた。それは青果市場での地場消費なので値崩れを防ぐためと、出荷の際の作業量の問題で、一人一日一〇〇把を出荷の上限にしていた。一把が平均五〇〇円前後で一日五万円になる。肥料、農薬、市場手数料などの諸経費を差し引くと、純益は一〇アール当り一二万円で、これは稲作よりも高い。だが労力の問題で、夫婦二人では一ヘクタールを栽培するのが限度だという。天候が順調で決められた出荷量をこえて収穫されたときは、価格を下げることがないように各自の責任で処分する。豊作で青果市場の扱い量がだぶついたときに、この集落だけが生き残った。そういう経験があるので、こうした出荷の調整は、組合員の間で納得できている。最盛期には一〇〇把を出荷する農家が数戸になるので、集落全体で一、五〇〇把ほどになる。逆に、青果市場の扱い量が増えて価格が下がったときに、採算割れだからといって出荷を停止すると、作物の納入が一定しない供給体制を嫌う青果市場の評価を落としてしまい、他産地のものが入ってきてしまうので、価格が安い場合でも出荷せざるをえないという。その代わり、安定供給ということで青果市場の信頼を得ている。

青果市場へは共販すなわち共同出荷しているが、生産と選別は各農家ごとで、共販といっても集落名の銘柄がつくだけで、青果市場では個別に競売される。味、色合い、包装が問題となって、個人によって単価が異なり販売額に差が出る。そこで、隣と比較して枝豆の栽培技術を反省することにもなるが、そうでないと競争心がなくなって品質が低下するという。集落名のついた銘柄になっており、品質の悪いものを出荷するわけにはいかないので、そういうものがあれば荷札をはずして別にする。これは組合役員の仕事である。このような、流通における共同化が、品質その他の点で生産部面においても一定の規制を生みだしていることは注目される。

この共同出荷は、農産物の出荷という流通にかかわる部面での共同化という点で、庄内地方の稲作農家がこれまで取り組んできた、生産部面における共同化とは性格を異にしているといえるだろう。それでも一九八〇年代に盛んにおこなわれていた有志による機能別の稲作共同と同じく、個別農家の経営にとって有利となるかぎりでの共同化であり、そのかぎりでの共同出荷である。したがって、個別農家の経営にとって有利でなくなれば、組合から脱退する場合も出てくるだろうし、あるいは共同組織そのものが解体することもあるだろう。しかし、八〇年代半ばでは、共同化がそれぞれの個別農家にとって有利に作用していたので、集落全体を包むかたちで共同化が展開していた。

枝豆栽培と村落

以上のように、安丹集落では枝豆の共同出荷がおこなわれてきたのだが、生産と選別は共同化していない。枝豆の品質管理が微妙で、圃場ごとに品質が異なり価格も違ってくるので、共同化しにくいという事情がある。「メロンや柿と違って個人の顔が見える」ということである。仲買人はそれを見抜くという。したがって、青果市場の競売では各農家ごとに販売価格が異なるが、自分が出荷した枝豆の評価が低かった場合にも、価格の付け方に不満をもつということにはなっていない。むしろ「組合に迷惑をかけて悪かった」となる。つまり、銘柄というステータスにキズをつける恐れがあるということである。そこで、共同出荷での銘柄にふさわしいものを出さなくては、という意識になる。こうしたことは、品質の高いものを栽培する技術の習得という点でも同様である。とくに導入期においてはお互いに技術を交流していて、隠しあうようなことはなかったという。共同出荷で高価格を確立できたわけだが、それを維持するためには、個別農家の栽培技術を高い水準で保持していかなければならない。そのためには、枝豆組合の役員だけではなく、組合つまりは集落全体のまとまりが必要になってくる。「最初は豆作りの組合だったが、今では部落づくりに役に立っている」。以前の水稲集団栽培時でも、安丹集落では共同化への取り組みがなかったので、枝豆組合のおかげで「共同精神」が出てきたという声もある。ただし、最初から共同そのものをめざしたというのではない点に注意しなければならないだろう。良質の枝豆栽培に成功したこと、さらに共同出荷による高価格を実現したことが、集落の全員参加をもたらしたのであって、個別農家における合理的経営の志向がその基盤となっている。

そのほかに、枝豆栽培にかかわるものとして、安丹集落では男女の役割分担における特徴がみられる。もともとは、畑作の担当は女性がおこない、水田は男性が管理していた。畑作はほとんどが自家用野菜の栽培だったので、女性の片手間仕事という位置づけだった。ところが、いまは枝豆栽培が複合経営の一部門として確立して、男性も作業に従事するようになって、夫婦で栽培している。管理機の使用は男性が担当するが、女性は畑作の栽培に慣れていて技術も高いので、手作業には役割分担はない。作付計画は大枠は組合の総会で決めるが、細かいところはそれぞれの各農家が夫婦で決めている。そこで、枝豆組合の会合へは夫婦で出席する。その会合では、技術の是非を含めていろいろな問題を話しあい、男性と女性とがそれぞれの見方をだすこともある。こうして会議で決まったことが、それぞれの家に持ち帰ってから覆されることはないという。枝豆を通して夫婦の話し合いをするようになったともいう。畑作業なので慣れていない夫が妻にたずねることもあるからである。

また、以前は嫁が小遣いを実家からもらっていたが、それを解消しようと初代組合長が発案して、枝豆の通帳は若夫婦の名義とした。それで枝豆の収入は若夫婦の口座に入ることになった。若夫婦というよりも女性の口座という意味合いが強かったという。若夫婦の小遣い分をとって、残りを家族の家計にいれる。この若夫婦が世帯主夫婦となってきたことによって、いずれもが家族全体の家計となる場合が多いが、水稲と枝豆とは別の口座で収支決済をしている。こうしたことで、枝豆栽培が女性の基幹労働力としての役割を高め、家族内での発言力も強くなった。「女性は張り切っている」。農家経営において生産と生活が一体となった営みがおこなわれている証左といえるだろう。

営農志向の変化

安丹集落では、集落全体で転作に取り組み、しかも転作への対応にとどまらず、水稲単作から複合経営への転換を進めている。水稲作と枝豆栽培との複合化によって減反政策への対応を図るとともに、さらに、それを越えて水稲単作という農家経営から脱皮し、枝豆栽培を複合経営の一部門として確立している。したがって、かりに減反政策がなくなったとしても枝豆栽培は、今後とも存続すると思われた。この集落の枝豆栽培は、個別農家が転作への対応を図るなかで、経営的に有利な作目として選択したものであり、稲作農家がいわば農家として生き延びる方途として取り組んできたものといえるだろう。

これまでの農家とくに庄内地方の農家は、稲作への依存が高かった。そのこと自体は今でもそうなのだが、米の出荷は、食糧管理制度を中心とした国家による管理統制のもとで、しかも農協という巨大組織のなかでのものだった。しかし、食管法が廃止されて米の流通は複雑になり、多様化してきた。他方で、行政や農協は広域合併をおこない、これまでと異なった機能をもつことも考えられる。さらには、「安全、安定、安心」をめざした産直による米の流通も展開している。こうして、農家の米の出荷は、市場経済の荒波にもまれる商品販売という性格を強めざるをえない。つまり、個別農家が文字通りの小商品生産者として膨大な商品市場に立ち向かわなくてはならない事態が近づいていたといえるだろう。巨大な流通機構を相手にして、個別農家の力だけで有利な販売をおこなうことは困難である。そこに、集落を範囲としてまとまる契機が生じてきていた。個別農家がそれぞれの農家経営の生き残りをかけてさまざまな経営の方向

表6-6　1990年時点における鶴岡市安丹集落の概況　（単位：a）

農家番号	水田経営				転作		兼業
	所有 a	受託 b	委託	経営 a+b−c	面積 c	作目	
15	341	*190		471	60	枝豆、メロン	
9	522			433	89	枝豆、イチゴ	
16	366	*150		428	88	枝豆、イチゴ	
11	475			480	75	枝豆	
2	467			390	69	枝豆	臨時・常勤
8	420			360	60	枝豆	臨時
14	427			359	68	枝豆、イチゴ	常勤
3	405			342	63	枝豆	臨時
7	385			328	57	枝豆	常勤
5	384			324	60	枝豆	常勤・常勤
4	385			324	61	枝豆	
13	371			314	57	枝豆、メロン	
18	337			284	53	枝豆、サヤインゲン	常勤・常勤
12	287	*40		269	58	枝豆	臨時・常勤
17	290			244	46	枝豆	常勤・常勤
19	214			180	34	枝豆	常勤
10	190			160	30	枝豆	常勤・常勤・常勤
1	119			101	18	枝豆	常勤・常勤
6	69			58	11	枝豆	臨時・常勤・常勤
20	19			16	3	枝豆	常勤・常勤

注：1990年の聞き取りによる。受託欄の＊は他集落からを含む。
　『稲作生産組織と営農志向』（200ページ）から一部を転載。

を試みたあげく、とにかくも見出したのが、共同出荷という形態の共同化なのである。その意味では、安丹集落での転作への対応としての、枝豆の共同出荷という選択は、農家が農家であることを維持し、したがって農業の担い手として存続しようとする営農志向の現れだといえるだろう。

三　一九九〇年代の状況

農家の減少

安丹集落では、表6-6「1990年時点における鶴岡市安丹集落の概況」にあるように、一九九〇（平成二）年時点では農外就労が深化していたが、一九九〇年代に入ると離農する農家が増えてきた。一九九一（平成三）年に二戸、九三（平成五）年に一戸が経営委託し、生産組合を脱退している。これは農業協同組合からの脱退を意味していて、いわゆる土地持ち非農家になったことになる。さらに、九四（平成六）年には一戸が経営委託して離村し、もう一戸が経営委託して離農した。いずれも規模が小さく経営状況が悪化したためだという。こうして、九〇年代後半には、安丹集落の農家は一五戸へと減少した。

そこで、生産組合の役員も、これまでの三人体制から二人体制へ変わった。生産組合の役割だった農協の資料や広報の配布を農協職員に委ね、しかも役員が高齢者で経験者なので一年任期とした。ただし、転作組合すなわち枝豆組合の役員は、以前と同じく三人体制で任期も二年のままである。つまり、生産組合の実質的機能が低下し、その代わりに枝豆組合は効率のいい収入源を確保するために重視されている。

このように農家が減少すると、集落の耕地を全体としていかに保持するのか、ということが大きな問題となってくる。というのも、当然のことながら耕地は地続きであり、これまでの基盤整備で交換分合してきたといっても所有地はかなり分散しているので、一戸でも耕地を放棄して荒らしてしまうと、その周辺の耕地への影響が避けられないからである。点としてではなく面として保持する必要がある。そこで集落営農政策が出されたわけだが、この安丹集落でも、九〇年代末になると、六〇ヘクタールの水田を農家三戸で担うということが現実味を帯びてきた。しかし集落の中心的な農家の後継者が農業をやっていない。それでは「誰がその三戸になるのか」。そういう危機感から後継者問題を真剣に考えるようになってきていた。

稲作の状況

ササニシキ一辺倒だったこの地域でも、ハエヌキとドマンナカが栽培されるようになった。ササニシキがどうしても天候に左右されやすくて品質が悪くなる傾向があり、しだいにハエヌキの比率が高くなってきた。一九九〇年代後半になると、ハエヌキが六割を超え、ササニシキの代わりにヒトメボレが栽培される。九〇年代末にはドマンナカが栽培されなくなった。市場評価が低く、価格面で低迷したためである。

請負耕作は、九〇年代では、いまだ安丹集落内で大きく取り組まれるようにはなってきていない。というのは、機械化が進んだために、高齢になっても農作業ができるからである。「年金受給を遅らせて百姓を続けようというのが増えてきた」。農業者年金の支給開始年齢である六〇歳以上の生産組合員もいるようになった。また、名義上は息子に経営を委譲していても、農作業では基幹労働力のままで、息子は農外就労しているといった例もみられた。これは「普通のサラリーマンが退職後に再就職を考えているのと同じ」だという。

ところが、九〇年代末になって、三ヘクタール農家が離農して経営委託した。理由は高齢になって農作業ができなくなったからで、「高齢化によるリタイアでの委託というケースが始まった」という。個人で受託するのではなく、複数の農家が共同で受託し、圃場の近さを勘案して均等に配分した。委託側が弱い立場なので、誰が受託するのかは受託側にまかせるしかないのだという。この共同での受託農家が法人化する動きはない。秋作業の共同化は京田ライスセンターとの関係でかなり進んだが、経営全体となると個別に受委託していた。

京田ライスセンターから京田カントリーエレベーターへ

京田ライスセンターでは、当初の一九八五（昭和六〇）年には三五〇ヘクタール規模という予定だったが、サイロの規格に余裕があるので、追加の加入を認めていた。一九九三（平成五）年に四二〇ヘクタールとなって、このままでは運営できないので増築せざるをえなくなった。それに加えて、この年の凶作による減反緩和が大きな要因となって作付面積が増えて、サイロの能力も限界になったのでライスセンターを増設した。加入を希望する農家は空きを待って順番待ちしている状態で、その理由は、高齢化による労力の問題や、自分の代で農業生産ができなくなるので機械更新をしないなどによる。補助事業の関係でカントリーエレベーターと名称を変更した。

安丹集落では、ライスセンターが設立されるまではコンバインは個別だった。設立された一九八五（昭和六〇）年に共同化した。それ以来コンバイン共同は続いている。共同班は、九〇年代後半に変化して、三班構成となっている。

枝豆栽培の変化

一九九〇年代半ばになると、枝豆を栽培していた圃場を復田する農家が数戸でてきた。「これまで枝豆をぎりぎりやっていた人が多すぎて少し減らした」という。夫婦二人では〇・五～六ヘクタールが適当で、〇・八ヘクタールになると厳しいとされた。これは、この集落の農業者の年齢がそれだけ高くなったこともあると思われる。また、収穫は天候が左右していて、同じ面積でも年によって違いが大きい。たとえば一九九四（平成六）年は大豊作となって市場価格が前年の半分以下にまで低落した。しかし出荷量が三倍近くあったので収支はまずまずだったという。「野菜物は博打のようなもの」。こうしたときに安丹集落では銘柄が確立しているので、青果市場ではほかと区別して扱われる。このことがこの集落の強みになっている。逆に不作の時は高値で入荷できるので「豊作で朝早くからやっても安いのでは、不作で楽して高値のほうがいいともいえる」。

一九九六（平成八）年に事態が大きく変わった。というのは、鶴岡市白山集落で栽培されている「白山だだちゃ豆」が、枝豆の中でも甘みがあって美味しいとテレビで全国放送されたからで、全国から問いあわせと注文が来たという。そこで翌九七（平成九）年から鶴岡市農協が枝豆栽培を重視して、農家に栽培面積を拡大するように働きかけた。「だだちゃ豆」という銘柄を生かすために栽培の方法や品種を指定したダダチャシールを貼付するようにしたが、人気が高まって偽物まで出回ったという。安丹集落でも、八月の需要期に量を増やしてほしいという青果市場の要請があったので、こうした動きに対応するために一戸一日一五〇把にした。それで作付面積は増加している。「どうしても作業が雑になりがちなので、そこに気を使う」という。だが価格は低落した。栽培を始めたころは転作への対応だったので、青果市場全体の出荷量はそれほどではなかったが、京田地区やその他の鶴岡市の各地で生産者が増えて出荷量が増加したので、市場価格はかえって下がってしまった。

もう一つの変化はネット出荷である。枝つきでは豆をもぐときに手を汚すので消費者が嫌がる。枝つきでは売れないので八百屋で豆こきをやっているが、スーパーでは農家に委託して、豆を脱穀してネットに入れて出荷するようになった。それで安丹集落でも対応しなければならなくなり、ネット出荷が拡がった。また、枝豆組合の出荷班は、戸数が減ったので四班になった。

枝豆以外の転作作目は栽培されていない。「四〇代半ばになると新しい技術導入は大変だ」。しかし京田地区以外では花卉栽培が増加している。花卉は栽培技術がことのほか難しく、また価格の変動が激しいので、経営が成り立つ農家はそれほど多くはない。

後継者問題

一九九〇年代の安丹集落は四〇代が中心だったが、九〇年代初めにもすでに生産組合の役員体制が問題視されていた。というのは、一般的には役員は若手の三〇代前半が務めているが、この世代が農業に従事していないので組合に入ってこないからである。「できる限り自分で頑張って、息子にはむしろ親父が勤めをさせる。あるいは俺の代で終りであとは全面委託という考えがある」という。これは、次節の農本意識の分析で取り上げるが、農業にたいする先行き不安があって、子どもに農業を継承させるかどうか迷うという心配があるからである。生産組合の役員のなり手については「行き詰まりが目に見えている」。そこで、役員を年齢に関係なく輪番制にするということになる。輪番制は一九七五（昭和五〇）年ころに廃止して、「バリバリの若い人が担う時代だという考えで」若手が役員を担う体制になっていた。ところが、後継者問題から以前の輪番制に戻らざるをえない状況になりつつある。

九〇年代半ばになると、農家経営の世代交代がうまくいかないのではないか、という問題が顕在化してきた。六〇歳代では「われわれの世代で終わり」という者が出ているが、それは四〇歳代の世代が農業を継承するかどうかがはっきりせず、「はたしてどうかという不安がある」からである。専業農家ですらそうなのだから、兼業農家はより切実である。安丹集落では三〇歳代で就農しているものは四名しかいない。そのほかの同世代はみな農外就労で、これらの人々で「農業をやろうという人はなかなかいない」。ともあれ新規就農者がいないという状況が問題を深刻にしている。

同様の問題は請負耕作でも出ている。後継者がはっきりしないので「いまさら無理して拡大するより現状維持で」という考え方が強まっているという。そうなると、委託側よりも受託側のほうが優位になり、受託者の意向で請負してもらえるかどうかが決まる。受託側からすれば、自分が受託できても次の世代が責任をもって引き受けるという保証がないから、よほどでなければ躊躇してしまうという。

四　近年の状況

農業経営の概況

二〇一〇年代後半の安丹集落の農業の概況を農林業センサスによってみていく。まず農家数を表6-7「安丹集落の農家数」でみると、一九八〇年代までは二〇戸が維持されてきたが、九〇年代に数戸が減り、二〇〇〇年代には一時減少がとまったものの、一〇年代にはまたもや数戸が減って、減反政策が始まる以前からの農家が半減してしまった。こ

表6-7　安丹集落の農家数　（単位：人）

	総戸数	総農家数	非農家数
1970	22	22	—
1975	／	20	／
1980	32	20	12
1985	／	20	／
1990	31	19	11
1995	／	16	／
2000	30	16	14
2005	／	15	／
2010	30	15	15
2015	30	11	18

注：2015 年農林業センサスにより作成。
　　1990 年以降は販売農家。

表6-8　安丹集落の年齢別農業就業人口　（単位：人）

	男女計	男						女					
			15～29	30～39	40～59	60～64	65以上		15～29	30～39	40～59	60～64	65以上
1970	73	33	7	7	11	4	4	40	6	6	20	1	7
1975	43	24	7	4	10	—	3	19	3	4	11	1	—
1980	39	23	5	6	8	2	2	16	2	4	7	3	—
1985	48	26	5	5	10	1	5	22	—	7	7	5	3
1990	44	23	1	3	11	5	3	21	—	5	8	4	4
1995	36	18	—	3	7	2	6	18	—	1	12	—	5
2000	39	19	—	1	7	2	9	20	1	1	10	3	5
2005	33	16	—	—	8	—	8	17	—	1	8	1	7
2010	30	16	—	—	4	5	7	14	—	—	6	3	5
2015	20	11	1	—	4	—	6	9	—	—	1	4	4

注：2015 年農林業センサスにより作成。1990 年以降は販売農家。

表6-9　安丹集落の専兼別農家数　（単位：戸）

	総農家数	専　業	第１種兼業	第２種兼業
1970	22	4	16	2
1975	20	2	17	1
1980	20	1	18	1
1985	20	—	19	1
1990	19	7	7	5
1995	16	4	7	5
2000	16	1	11	4
2005	15	1	12	2
2010	15	3	8	4
2015	11	4	5	2

注：2015 年農林業センサスにより作成。1990 年以降は販売農家。

れは農業従事者の高齢化によるものである。それを表6-8「安丹集落の年齢別農業就業人口」でみると、男女ともに八〇年代から高齢化が進行し、二〇〇〇年代にはいると、六〇歳以上の高齢者が半数以上になっている。こうした高齢化は、後継者世代が就農していないことを示していて、農業従事者が営農活動をやめた時点で、その農家は離農せざるをえないわけである。

安丹集落は、庄内地方一般と同じく水稲単作地帯だったので、機械化の進展とともに余剰労働力は農外就労にふりむけられてきた。全国の動向とは異なって、表6-9「安丹集落の専兼別農家数」にあるように第一種兼業農家が多いのは、前述したように稲作以外に転作への対応として取り組まれてきた枝豆栽培があるからである。また、専業や第二種兼業も含めて増減をくり返しているのは、家族周期によって家族労働力を再配分しているからで、ここにも農家経営の特徴とくにその柔軟性が現れている。

その枝豆栽培を表6-10「安丹集落の経営耕地」で確認すると、野菜作付延べ面積が一九八〇年代から急増していることがわかる。「安丹だだちゃ豆」という銘柄が確立したことや、二〇〇〇年代に管理機などの機械化が進んで各農家の栽培可能な面積が増えたことが、二〇一〇年代の高い作付面積となっている。しかしそれでも畑作は手間がかかるので、繁忙期には臨時に労働力を雇用せざるをえない。表6-11「安丹集落の雇用者数」をみると、一戸当り四人程度の臨時雇を雇用していることがわかる。

なお、表6-12「安丹集落の経営耕地面積規模別経営体数」をみると、もともと規模が大きかった集落なのだが、年を経るにしたがって規模が小さい農家はさらに減り、二〇〇〇年代には五~一〇ヘクタールという規模の農家が増加している。逆に二ヘクタールに届かない農家が減少していて、二〇一〇年代後半にはもはやほとんど五ヘクタール以上の農家になってしまっている。

表6-10　安丹集落の経営耕地　（単位：a）

	総面積	田	畑	野菜作付
1970	7,350	7,100	220	180
1975	6,971	6,739	217	87
1980	7,434	7,356	73	15
1985	7,693	7,651	37	699
1990	6,797	6,682	110	1,001
1995	7,221	6,930	289	726
2000	7,139	6,817	322	1,566
2005	7,559	7,256	303	2,015
2010	7,869	7,528	341	2,743
2015	7,914	7,565	349	2,353

注：2015年農林業センサスにより作成。
野菜類作付面積は総面積には加算されない。

表6-11　安丹集落の雇用者数　（単位：人）

	雇い入れた実経営体数	常雇			臨時雇い（手伝い等を含む）		
		雇い入れた実経営体数	実人数	延べ人日	雇い入れた実経営体数	実人数	延べ人日
2010	87	—	—	—	8	32	868
2015	49	—	—	—	7	30	791

注：2015年農林業センサスにより作成。販売農家。

表6-12　安丹集落の経営耕地面積規模別経営体数　（単位：ha）

	総数	0.3未満	0.3～0.5	0.5～1.0	1.0～2.0	2.0～3.0	3.0～5.0	5～10	10～20
1970	22	—	1	—	4	2	15	／	／
1975	20	1	—	—	2	2	15	／	／
1980	20	—	1	—	2	2	15	／	／
1985	20	—	1	1	2	2	9	5	／
1990	19	—	—	1	2	1	13	2	／
1995	16	—	—	—	2	1	6	7	／
2000	16	—	1	—	2	2	4	7	／
2005	15	—	1	—	2	1	1	10	—
2010	15	—	1	1	1	1	2	9	—
2015	11	—	—	—	—	1	1	7	2

注：2015年農林業センサスにより作成。

高齢化と離農

以上の検討から安丹集落の特徴としていえるのは、減反政策の影響を直接に受けて、転作への対応としての枝豆栽培でなんとか経営の維持を図ろうとしているものの、高齢化と後継者問題から、二〇一〇年代に入ると離農が増加しているということである。全国の水稲単作地帯と同様に、この地域は減反の打撃が大きかったことが明らかである。それでも、転作として栽培を始めた枝豆が高い評価を得て高収入をもたらしたことは、この集落にとって幸運だったといえるだろう。

近年では、秋作業のコンバイン共同は二班、田植共同が一グループある。若手では三〇歳代の四名が農業専従者として農業に従事している。おそらくは、これらの農家が中心となって、この集落の水田を受託していくことになるだろうと思われる。これ以外は兼業農家である。高齢者の自給的農家はなく、それらは経営委託して離農してしまっている。それで、当面は現状維持だが、後継者にその意欲があれば、経営面積が拡大する可能性はある。一〇年後には二～三戸で集落全体の水田を受託することになるかもしれないという。

水稲作では、ヒトメボレとハエヌキが六対四の割合で栽培されている。カントリーエレベーターでの申し合わせでそうなっているが、これは刈取適期を調整するからで、一品種では面積が大きすぎて刈り遅れなどがでてしまうのを避けている。最近の有望品種として「つや姫」が栽培され始めて、取り組んでいる農家もあるが、高価格米という戦略が今後とも続くかどうかには懐疑的な見方もある。需給状況からいってそれほど伸びないのではないかという。それにたいしてハエヌキは業務用として値ごろ感があり、需要があるので作付面積は維持できるという見通しになっている。

枝豆栽培は二〇〇〇年代から機械化が進んだ。というのは、前述したように、枝つきだと枝がゴミになるので消費者に嫌われてサヤ販売が主流になって、機械を導入しなければならなくなったからだという。以前のような葉もぎがなくなったので、労力的には軽減されたが、その分面積が拡大して忙しさも増えたという。そこで、場合によっては出荷作業時に臨時パートを三～四人雇い入れている。農協のサポート事業やシルバー人材センターの仲介で雇用している。親戚を雇っている農家もある。また、枝豆組合の組合員が減った。少数の農家が組合をやめて個販をし、残った人は青果市場への共同出荷を続けている。

生産組合や枝豆組合の役員もなり手不足が深刻で、生産組合長は二回り目が終わる。枝豆組合の役員も同じである。三回り目もやらざるをえないだろうという。

町内会の体制

以下では、農業生産以外の安丹集落の状況をみていく。

鶴岡市の地域住民組織は、以前は「公民館体制」といわれて、中央公民館の末端として地域組織が位置づけられ、このときは各地域に配置された公民館長が実質的な「部落」会長の役割を担い、町内会長という役職は行政の連絡役だった。コミュニティセンター体制になってからは、部落会も町内会と改められ、町内会長が中心になって地域組織が構成されている。

農業協同組合の末端組織である生産組合は農家だけの組織で、町内会とは別である。町内会は非農家も含まれていて、全戸で三〇戸、役員は会長、副会長（兼会計）、公民館主事の「三役」、そのほかに四名の役員がいる。役員は二年一期で交替する。その都度総会で決めるが、やれる人がだいたい決まっているので順番になる。役員手当は以前と同様に、生産組合や枝豆組合の役員手当と連動している。

農家だけではなく街道沿いの非農家もいるので、町内会長を非農家が務めるようにもなってきた。農家に会長の人材が不足している事情もあるという。町内会の行事には非農家も参加している。春祭り、神楽、納涼夏祭り大会（盆踊り大会）、芋煮会などがある。その他のスポーツ大会にも若い人が出ている。子供会、ＰＴＡの合宿、親子読書会などもあり、集まりもいいという。伝統的な祭りである「安丹神楽」は年一回神楽の奉納がおこなわれているが、非農家を含めないと成立しなくなっている。

伝統行事など

安丹集落にももちろん同族関係はあり親類関係もあるが、その交流は、冠婚葬祭の手伝い、盆や正月の水あげ、墓参りなどで、日常では本分家と親戚の区別はあまり感じていないという。農業経営では今後は親戚などはあまり関係なくなるのではないかともいわれている。

集落内に「天神様」があり、関係する六戸で祭りをしている。また庚申講、伊勢講、金峰講、念仏講（姑）、御待夜講（嫁）もあり、それぞれ伝統的なしきたりにしたがって会合がもたれている。

早苗振り、土洗い、田の神あげ、などの農耕行事は日帰り旅行をおこなっている。生産組合でも二年に一回の旅行をしていて、夫婦で参加する農家が多い。

第三節　稲作農業者の軌跡

本節では、前節でみた鶴岡市安丹集落に在住している稲作農業者の個別事例を分析することにしたい。筆者が初めてこの集落を訪れたのは一九八一（昭和五六）年七月のことだが、ここで取り上げる対象者のＹ氏に初めてインタビューしたのは、一九八四（昭和五九）年七月である。それ以来八〇年代から九〇年代にかけては、ほぼ毎年のようにインタビューを重ねてきている。また、すでに紹介した三回にわたる「営農志向調査」[8]でも対象者の一人となっている。二〇〇〇年代からは詳細な聞き取り調査はおこなっていなかった。Y氏の妻に安丹集落内の女性仲間集団の事例を聞き取り調査していたからである。[9]ごく最近になってあらためてY氏への聞き取り調査を再開した。そこで以下では、Y氏個人へのインタビューによる調査と「営農志向調査」での調査結果とをあわせて、農業への従事と生活上の変化、地域での活動、農業者意識などを検討していく。

一　Y氏の経歴と営農活動

Y氏の就農前後

Y氏は一九四八（昭和二三）年生まれで、妹が二人いる長男である。地元の小、中学校を卒業したのち、六四（昭和三九）年に庄内農業高等学校農業科へ入学した。当時は、農家の後継者はこの「庄農」にはいるのが当然とされていたので、進学校や普通高校、実業高校などとの学力格差とは関係なく、当たり前に受験、入学していた。Y氏も「長男なので当たり前に入学したが、本当に農業が好きだからではない」。庄農は農繁期に休みがあったので、その時は農作業を手伝ったが、「子供心に見ていて、朝早くから夜遅くまでなので、きつい仕事だとはわかっていたので、こういう仕事をやりたいという気持ちはなかった」。

Y氏は一九六七（昭和四二）年に庄農を卒業して就農する。当時の所有面積は四・三ヘクタールだった。庄農生のなかには非農家や飯米農家、一～二ヘクタールの小規模農家の者もいて、かれらは就職活動をしていたので、農協職員にならないかと友人に誘われたという。友人で農協の営農指導員になった者も多かった。就農した当初は、いわば親の見習いで「本当の一年生でやった」。しかも「エレキバンドをつくって遊んでいた」という。このときに出稼ぎもしていて、冬期に四回ほど横浜の自動車工場に行った。

本格的に農業に従事するようになったのは一九六九（昭和四四）年からで、就農してから三年目なので、「自分でやれということで経営を継承した」。それを機に父は臨時雇として農外就労する。専業従事者となって出稼ぎもやめたが、それは経営を任されたので一年中農業に携わろうという考えでだという。経営担当者となってからも、農業以外への志向は続いていて、公務員試験を受験している。父に「農家はするから力試しとして」だと告げたという。ところが、農水省や山形大学農学部など四ヵ所から合格通知が来た。また、通信教育も受けてスクーリングに一ヵ月東京に行った。これも「自分の力試しということで、農業に迷いがあったわけではない」。だが、「その頃の体験が今生きている」という。

家族の状況

Y氏は一九七二（昭和四七）年に結婚している。庄農を卒業したときに小学校の同級生が友人だと妻を連れてきて知りあったという。そののちにフォーク歌手のコンサートで偶然再会し、交際が始まった。妻の実家が非農家だったので妻の親は反対したが、「最終的には妻が自分で判断したので親も折れた」。子どもは三人で、現在では孫もいる。

家族内の役割分担は、家族周期とともに変化している。親夫婦が健在だったときは、炊事はY氏の母親、育児は母親と妻がしていたが、とくに大変なのは炊事で、農作業でY氏夫婦が夜遅くまで働くときは母親が夕食を作ることになるが、子どもの口にあわないので、妻がわざわざ仕事を休んで作ってやらないと食べない。それで家族内でもめたという。

親夫婦が高齢となってからは、炊事・育児・洗濯・掃除・日用品の買い物が妻の分担で、しつけ・教育はY氏夫婦で、耐久消費財の意思決定はY氏となった。集落のさまざまな会合や役員にはY氏が当たり、ＰＴＡは妻がかかわっている。

つまり、夫であるY氏が家の外との関係を担当し、妻が家事のすべてを分担するという、典型的な男女役割分担になっている。こうしたなかで、農作業と家事の兼ね合いがむずかしく、農作業が忙しいときは家事を手抜きしていることも多いという。

家の経済がどのように成り立ってきたのかをみてみると、父親が臨時雇をしていたときは、その所得が全体の二割程度だったが、一九九〇年代には父親は仕事をやめている。親夫婦の年金は当人の小遣いになる。それで、所得は農業中心で、水稲と枝豆の所得の割合は八対二になるが、Y氏が冬期に臨時雇をして補っている。長女が就職してからは食費程度を家計にいれている。長男は農業を継ぐことをせず勤めに出たが、結婚と同時に同居している。この集落では息子夫婦はほとんど親と同居しているが、これは勤め先が通勤圏内に多いことと、子どもの結婚にあわせて家を新築や改築して若者夫婦が居住できるようにしているからである。長男は農業を継承する意思はない。それで、Y氏が五〇歳の一九九八（平成一〇）年には「将来の拡大をしようという見通しはない」と語っていたが、二〇一七（平成二九）年になると自分が「あと一〇年は頑張ろうと思っている」という。一〇年先には七九歳になるが、最近では七五歳まで引退しなかった例もある。

Y氏は、子どもの子供会でスキー教室があったときに、親も一緒にということで参加したが、それがきっかけとなり、「自分が面白くなって、三〇代半ばでのめりこんだ」という。最近では長男の子どもである孫たちと一緒にスキー場に行っている。「自前のスキーをクリスマスプレゼントで買ってやる約束になっている」。

営農活動

一九八四（昭和五九）年の「営農志向調査」時点での農業経営は以下のようになっていた。

水田所有面積四・六ヘクタール、転作面積〇・五ヘクタール。作業受託〇・七ヘクタール。ハウス三五〇坪（早出し枝豆、株冷イチゴ）。

トラクター二二馬力、田植機五条植・乗用、コンバイン三条刈、乾燥機五〇石。

Y氏が基幹労働力、妻が補助労働力。

前述したように、父親はY氏に経営権を譲り、機械化が進んで労働力に余裕ができたので、なにかしなければと農外就労した。しかし実際には、「農業収入だけでは厳しくなってきたので、所得が目的になっている」。

一九八九（平成元）年の第二次「営農志向調査」時点での農業経営は以下のようになっていた。

水田所有面積四・六ヘクタール、転作面積〇・八ヘクタール。作業受託〇・五ヘクタール。

トラクター二六馬力、田植機五条植・乗用、コンバイン四条刈（三戸共同）、乾燥・調整はライスセンター。

Y氏が基幹労働力、妻が補助労働力。

コンバインは、京田ライスセンターが一九八五（昭和六〇）年に稼働を開始したときに、圃場が近く、更新時期が一致したので、センターへの加入とともに共同化した。コストの問題があり、大きな農用機械を使う場合は共同せざるをえない。また、ライスセンターの刈取計画にしたがわざるをえず、その際には集落ごとに班編成していて、それに対応したコンバインを用いざるをえず、共同化することになる。

受委託は、どうしても身内ばかりになるという。「知らない人よりもやりやすいし、お互いにわがままが利く」からである。Y氏の場合も、二戸から受託しているが、一戸は親類関係で、もう一戸は圃場が近かったからだという。

一九九〇年代には目立った変化はない。ただ、一九九二（平成三）年には、メロン栽培が順調ではなかった。枝豆に力を入れているので、技術が未熟な上に手入れができないということが重なり、天候不順もあってメロンの収穫が低迷した。「稲作と枝豆を栽培しながら、あいまに初めてのものに取り組むというのはむずかしい」。メロン栽培は、所得が上がるものということで、枝豆に代わるものをということではなかったこともある。それで栽培をやめてしまった。「いいものを作らないと高く売れない」という。

一九九五（平成七）年の「一九九五年庄内調査」時点での農業経営は以下のようになっていた。

水田所有面積四・二ヘクタール、畑作面積〇・三ヘクタール、転作面積〇・九ヘクタール。水田経営受託四・八ヘクタール、畑作経営受託〇・五ヘクタール。

トラクター三三馬力、田植機六条植・乗用、コンバイン五条刈（三戸共同）、乾燥・調整は京田カントリーエレベーター（旧ライスセンター）。

Y氏が基幹労働力、妻が補助労働力。

以前は、山形県と宮城県はササニシキの特産地だった。とくに庄内地方はほぼササニシキだけが栽培されていた時期もあった。しかし、登熟期が高温すぎて乳白米がでたときにハエヌキ、ドマンナカはなんともなかったことや、ササニシキは耐病性、耐肥性に難点があり、倒伏しやすい。いもち病に弱く、追肥の散布でも神経を使わなければならないことで敬遠されるようになった。それに比べるとドマンナカは散布時期を気にしなくていい。「これは兼業農家向けで、管理がきめ細かくできない人でも作りやすい」。また、京田カントリーエレベーターでは、各農家の米を集荷するので、品種が統一されていないと作業できない。それで、京田地区でもハエヌキ、ドマンナカが栽培され、ササニシキは個人で秋作業をしている農家だけになった。Y氏もハエヌキとドマンナカをほぼ半分ずつ栽培している。ササニシキに比べて一等米になりやすいという。ハエヌキは評価が高いが、一品種だと適期刈取りが困難になるので、ワセのドマンナカを入れて二品種にした。

一九九〇年代後半には、ハエヌキとドマンナカの割合は六対四になっていたが、これは刈取適期がハエヌキのほうが長いので、秋作業の効率からこの割合にしたという。さらにヒトメボレを導入した。ドマンナカの評判があまりよくないからだが、播種の段階から混ぜないで作業しなければならないので、三品種となれば「現場からすると面倒くさい」。それでドマンナカは栽培しなくなった。

最近の農業経営は、水田経営面積が九・四ヘクタール、経営受託面積が四・七ヘクタールになっている。この受託面積には枝豆栽培のためのものも含まれている。農機具は、トラクター三四馬力、田植機六条植、コンバイン六条で、以前の秋作業共同はほかの農家がみな高齢で離農したので個別になっている。

地域リーダーとしての活動

Y氏は、父親から経営権を継承して経営担当者になってから、集落の仕事もたずさわることになった。

集落の役員の前に、鶴岡市農協の役員を務めている。鶴岡市農協青年部は、各地区（京田もその一つ）の支部長がいて、その他に委員を選出するが、それとは別にY氏は本部要員となり、農政部長、副委員長、委員長を歴任した。鶴岡市農協青年部委員長は一九八二～四（昭和五七～九）年の一期二年を務めた。当時は、米価闘争がもっとも活発だった時期だが、課題は農業青年の地位向上のための施策の要望が中心だった。委員長のときに初めて海外研修の助成を市に申請して実現した。Y氏もカリフォルニアに研修に行った。行ってみると日系人がアメリカ米の栽培をリードしていた。そこでアメリカの農業の現状を見て、スケールの違いを実感したという。

一九八二（昭和五七）年には安丹転作組合が「農事功労者表彰・山形県知事賞」を受賞しているが、Y氏はそのときの代表を務めている。

安丹集落の生産組合の役員体制は、すでに述べたように、一九七五（昭和五〇）年に輪番制を廃止して、三〇歳代前半の若手が組むようになった。そこで、Y氏が初めて生産組合の役員になった。枝豆組合では、会計は一九八四（昭和五九）年からで、生産組合長が一九八四〜五（昭和六〇〜六一）年で、重なっていた。それはまずいということで生産組合長をやめたので、のちに生産組合長をもう一回務めた。

一九九〇（平成二）年に農業委員に選出される。仕事は、農地移動の許可審議、農業者年金の取り扱いで、集落にとっては外部から情報を得られるメリットはあるが、利権はないという。

町内会長は一九九九（平成一一）年から務めた。五一歳のときで鶴岡市のなかで一番若かったという。しかし特別に問題になることはなかった。

最近では、京田小学校の「学校田」の管理を頼まれている。この学校田は四年生と五年生が稲作を体験するものだが、その管理は五年生の親が担当することになっていた。ところが親世代に農業従事者がいないので、生徒に教えることができない。祖父世代の適任者を探したが見つからず、Y氏が「田んぼの校長先生」になって世話しているという。

二　Y氏の農業者意識

ここでは、前項でみたY氏の生活歴や営農活動などをふまえて、当人の農業者意識をこれまでの聞き取り調査の結果から探ることにする。ここでいう農業者意識とは、もちろんすでに述べたように、農業者が生産と生活を営むなかで保持している日常意識であり、農業、家族、村落にかかわる意識を指している。Y氏が日常の生産と生活を営むなかで、どのような農業者意識をもっていたのか、それはどのように変化していったのか、を聞き取り調査をおこなった経過に沿ってみていく。引用文はY氏への問いにたいする返答で、最後の数字は聞き取った年・月である。なお、引用文中の

「部落」という表現は、この地域の住民がみずからの集落を指す日常的な用語で、被差別部落とはまったく異なる。

農業への想い

Y氏は庄内農業高校農業科に入学したが、それは当時の、農家の長男として当然の進学コースだとされていたからで、農業への志向があったわけではない。だが、農家の長男が家の農業経営を継いで農業者になることもまた当然視されていた。

自分自身はやりたくてやったのではない。自然に長男だという意識があったので、なんとなくやらされたという感じ。周りの雰囲気で後継ぎだから当然というのもあった。小さいときから農家で育って自然に農家のあとを継いだ。(1984.8)

高校時代はやりたいとは思っておらず、きついということでいいイメージはなかった。自分は大規模農家で飯の食いっぱぐれはないと思ったので、また長男だし農業を継がなければという意識はあったので、農家を継ぐという覚悟は決めていた。(2017.11)

しかし、一九六九(昭和四四)年に経営権を継承して、本格的に農業に従事するようになり、農業が自分のいわば天職として感じられるようになってくる。それが水稲単作地帯だった庄内地方の農業者にとっては「米作り」への熱意となる。

米作りが好きなので、これに打ち込んでいるときが一番うれしい。本来ならば米作りで生活していきたい。できれば農業だけで生活していきたい。転作はできるだけ少なくして米作りをしたい。面白みのわかった米作りをやりたい。(1984.7)

作物を育てる楽しみがわかってきた。自分に一番あっているのは農業だ。自分が一生懸命やるとそれが返ってくる。怠ければそれだけの作物しかできない。去年より今年、今年より来年ということでやる気が出てくる。ゼニカネだけでは、これほど分の悪い職業はない。ただ長男だ次男だということだけならやめていた。（1989.8）

これはもちろん、Y氏の農家経営が、水田所有面積で四ヘクタールを超えるという規模の農家だからこそで、経営規模が小さい農家の場合は、むしろ農業そのものへの志向よりも農外就労へと関心が向かっていく。Y氏の場合は、父親が臨時雇をしているが、ほぼ専業に近い経営形態だったので、農業への想いがストレートに出てきている。

こうなると、農業そのものについて特別の想いをもつようになる。

農業のやりがいは、自分が一生懸命やったものがはね返ってくることだ。やれるだけのことをやると気持ちがいい。自分が責任をもってやっている。自分の都合にあわせて計画をもって自由にできる。人間相手ではなく植物相手なので裏切られることがない。植物は正直で誠意をもって尽くせば応えてくれる。いいものを作った人はその快感が忘れられなくてまた一生懸命作る。農業はやればやるほど難しいという実感を最近感じてきた。百姓は一生一年生だ。満足いくということは今までない。一七年間と言えば長いが、たった一七回しか稲を作っていない。自分があと何回作れるかと思うと一年一年が大切だ。百姓は馬鹿でもできるといわれたが今はそうではない。気象学、経営学、土壌学などをやらないと。（1984.8）

これこそ、本書で述べてきた農本意識である。農業の現場で営農活動にいそしむ農業者が、「農」そのものに他の産業とは異なる特別の想いを抱いていることが示されている。ここには、「一生懸命やる」「自由にできる」「裏切られない」「誠意をもって尽くす」「作る快感」「百姓は一生一年生」など、珠玉の言葉が並んでいる。

稲作の方針

以上のような、稲作への傾倒は、しかし経営者としての観点を備えたものである。

稲作の目標は、一番は増収だ。農民意識として皆が最低もっている。カネになるということもあるが、自分の能力を出して最高の米作りをしたい。サラリーマンなら給料のいい会社に行くよりもいい仕事をしたいという思いだ。第二に経営的にコストを下げる。今の米価水準では経営が悪化する。規模拡大できればいいが、農機具の過剰投資になる。寿命を延ばす、あるいは無駄な面を省いて安い農機具でまにあわせる、という策を考える。(1984.8)

一方では稲作へのあくなき追求、それも当時は「増収」が大きな目標になっていた。他方ではやみくもに米作りに没頭するというのではなく、「経営的に」考える。

おいしい米というのは商売としてみた場合で、百姓本能、というのはものをつくる立場からの意識だが、それからすれば増収が一番の欲望だ。あっと驚くような増収をしてみたい。有機米は一つの販売方法としてはいいと思うが、差別化商品なのだから早い者勝ちだという点では評価できない。一部の圃場でやってみたい気はあるが全面的にやる気はないし事実できない。堆肥が確保できないから。堆肥は、連作障害を防ぐために良質の土作りが必要で、転作などで引っ張りだこなので、田などに回ってくる状態ではない。(1989.9)

増収をめざしつつ、経営的な安定を図ることが求められる。そうなると、一つの方策は面積規模の拡大である。とくに農家経営では、自分が所有する耕地が生産手段となるのだから、耕地の拡大はつねに達成すべき目標となっている。

規模拡大志向は強い。意欲をもっているものはいっぱいいる。問題はその基盤がしっかりしていないことだ。(1984.7)

ここでいう「基盤がしっかりしていない」とは、耕地の入手すなわち購入にあたって土地価格が高すぎるということである。

経営規模については、水田を買ってまで拡大する気はない。水田の価格が一反歩〔一反歩＝一〇アール、以下同様〕で三〇〇万円くらいで高くて経営的にはあわない。これでは利息返済がやっとで下手をすると子どもに借金が残る。今年、他部落の人がこの部落の人へ売りたいという話が出たが、申し出られた人はその話に乗らなかった。普通の感覚で考えればちょっと無理だ。規模拡大や面積増加をしている人は、鶴岡市街周辺のバイパス建設や宅地化で売却して、その代替地を求めている人だ。それも一反歩を三反歩に増やすとかで、それ以上は無理だ。農地の売買については、財産意識はないといえば嘘になる。できればこの土地で農業をやっていきたいと思うが、先祖代々という考え方はしたくない。自分の息子が農業を継いでくれるかどうか。将来の農業を考えれば農機具と同じような経営手段、要するに不動産ではなく動産だという考え方をとらなければならないのではないか。たとえば土地の集約化の場合は、効率的な配分ということでは土地の移動もありうる。経営を合理的に進めるということだ。（1984.8）

だから、規模拡大という望みはあるものの、「経営を合理的に進める」となれば、農地の購入については躊躇せざるをえない。土地の購入は「あわない」。となると請負耕作によって経営規模を拡大する方向をとることになる。

拡大の気持ちは十分ある。相手もあることだが全面受委託〔経営受託〕あるいは作業受託で経営を拡大したい。今の家族労力で考えれば四人の稼働力で一〇町歩〔一町歩＝一ヘクタール、以下同様〕だが、稲作一本ならばもっとやれる感じだ。（1984.8）

しかし、一九八〇年代の安丹集落では請負耕作はあまり進んでいなかった。

受委託が進まない理由には、自分ができるうちはできるだけ自分でやりたいという意識がある。だからはたして部落のなかで請負が動くかどうか。娘の嫁ぎ先や妻の実家のあいだでの移動が多い。部落内の人には委託したくないから。人の不幸を悔やんでくれる人はいるが、人の幸せを喜んでくれる人はいない。同じ部落の他人が拡大するのをみるのは癪に障る。この意識は多少昔の人にあるようだ。若い連中は喜んで受委託したいというのはいる。できればこの方向で行ってほしい。受委託が進んでいるといっても、効率的ではないように受託地がちらばっているので、作業のロスが大きい。(1984.8)

当時はまだ、このような世間的な外聞や体面などが要因となるような状態であり、まだ切羽詰まってはいなかったといえるだろう。

八〇年代末の時点でも、Y氏の意識はそれほど変わっていない。

拡大はしたい。だが水田の購入はとても採算があわないので、受託による拡大をめざす。全面経営受託をしたい。しかし小作料は三〜三・五俵〔一俵=六〇キログラム〕なのでむしろ作業受託のほうがメリットがあるかと思う。現状の農機具を使用する場合だが。問題点は、作業受託の場合は機械の能力に応じた分しかできない。機械を大型化するにはコストがかかる。全面経営受託は小作料が高すぎる。需給関係で。今は受託希望が多すぎる。将来的には一〇〜一五町歩拡大したいので、全面受託のほうがいいだろう。というのは大型機械の能力とバランスがとれているので。このくらいの規模になれば、作業受託よりも経営受託で稲作一本でやっていける。農地は生産手段としてのとらえ方が基本。農地は職場だ。売るかどうかは職場を失うという感覚がある。一時的にカネは入るが。自分の代で土地を失いたくないというのは普通の農民感情だろう。最近は道路買収の代替地を要求しなくなったともいう。あまり土地に執着しなくなったということか。道路で売るのは大義名分が立つので売りやすい。自分の甲斐性がなくて手放すのと違うから。(1989.9)

このように、一九八〇年代のY氏は、水稲作にたいしては典型的な稲作農業者としての農本意識をもっていたといえるだろう。

複合経営の考え方

すでに述べたように、安丹集落では転作への対応として枝豆が栽培されているが、当初はさまざまな作目が試みられた。Y氏もサヤインゲン、イチゴ、メロンなどを栽培している。

複合部門では、サヤインゲンを来年度からとりいれたい。家族労力を考えると七畝〔一畝＝一アール、以下同様〕ぐらいが限度か。畑作はとにかく忙しかった。価格の変動が大きい。複合部門の拡大については、技術面では、初めて作るものはいろいろあるがそれは習得すればいいことで障害にはならない。資金が一番問題となる。かぎられた面積に労働力を投下して所得を高めていくということだが、資金の面からこれ以上は無理。カネのかからない部門でとなる。(1984.8)

稲作とメロンは労力が重なる。一〇月から春までの空き期間のなかでイチゴを一年間やった。資材と労力をかけた割には儲からない。枝豆の方がいい。赤カブ、白カブ、トマトを試行錯誤でやっている。できるものを経営の柱にやっていく。稲作中心だけでは難しくなるから。たとえば園芸は設備投資が難しい。この部落では園芸が増えている。花は細かい技術が必要だ。したがって個別にはできても共同では難しい。(1995.11)

いろいろと試しているが、それは農家経営を維持するためのもので、したがって「儲からない」となるとあっさりやめてしまう。また、家族経営なので労働力配分が大きな要因となる。稲作と繁忙期が重なるような作目は栽培できない。そこで、それぞれの栽培時期をずらしつつ、家族労働力を適切に配分することが求められる。

複合部門は今の状態で手一杯。なるべく手間のかからないものを拡大し、手間のかかるものを縮小せざるをえない。

というのも母親が亡くなったので。稲作部門の受託で拡大を考える方向でいる。(1989.9)

家族周期が労働力配分には大きくかかわっている。家族員の数や年齢構成、さらには各自の意向などを考慮して配分しなければならない。家族を重視するという農本意識は、「醇風美俗」にもとづいたイエ意識などではなく、農業生産を現実的基盤にしたものなのである。

営農志向の変化

一九八〇年代には、稲作に意欲を燃やし、複合部門にも試行錯誤を重ね、経営担当者として営農活動をいそしんできたY氏だが、しだいに先行き不安をかかえるようになる。

農業経営は五年間でほとんど変化はない。農業にたいしては不安はないが自分が農業人として生活していけるかについては不安がある。将来の見通しが立たない。せめて自分の代は農業でやっていく努力はするが、息子はどうかとなるとわからない。(1989.9)

以前は、長男にあとを継がせたいという意向をもっていたのだが、「将来の見通し」に不安を感じている。それは、「農業人として生活していけるか」という言葉にあるように、農業所得で生活が成り立っていくかどうかに自信がもてなくなってきているということである。家族の生計が第一であり、そのための経営なのだが、ところが、その見通しが立たなくなっている。

さらに九〇年代半ばになると、米をとりまく環境も大きく変化し、本人も四〇歳代半ばをすぎて、あれほど意気込んでいた「米作り」から複合経営へと重心を移す考えを示している。

あの時〔一九八四年調査の時点〕は稲作に情熱があったが、ここ二〜三年の状況と年齢とともに変わりつつある。

現在では、増収するよりもほかに手取りを増やす方法を考えている。稲作経営は一五町歩までなら受託できる。だが、あえて無理して増やそうという気持ちはない。自由化のため米が高くならないから規模拡大しても必ずしも高い収入が得られるとはかぎらない。単位面積当りの所得を増やしたほうがいい。たとえば今ある畑あるいは園芸から高収入が得られるように。(1995.11)

稲作は京田カントリーエレベーターを中心とした栽培に依拠していこうとしている。

カントリーの問題は、同じ品質を確保して安定供給できるかだ。需要をどこに見て矛先を向けるか。大口消費者に安定した品質と数量を供給するのがカントリーのやり方だ。(1993.8)

産直を農協が取り扱うようになった。顔の見える地域ブランド、例えば京田カントリー米。それだけ真剣になるようになった。やるとしたら産地指定というよりむしろカントリーごとに買われるようになるだろう。ほかのところに負けないだけの味と品質を守るようにしたいと思う。自分は個人産直はやりたくない。手間暇、コストがかかるから。産直はやらざるをえないけれども。(1995.11)

Y氏は米の個販に手を出すつもりはない。それだけの労力と経費をかけるなら、むしろ枝豆栽培に力を入れたほうがいい、ということである。米の栽培と販売は、京田カントリーエレベーターでの作業と、それに連動した秋作業の共同化でやっていけるという考え方をしている。

さらに最近になると、営農はほぼ現状を維持していくという志向で、本人の代で農業経営は終わると覚悟しているように感じられる。

農業の方向は現状維持。複合経営で自分が現役で頑張れるだけ頑張る。あと一〇年くらい。今の装備と出荷体制では枝豆栽培の拡大は無理だ。「つや姫」は作る気がしない。土壌作りから違うので。三つの品種のそれぞれで栽培方法が異なるから、若いときと違って面倒くさい。息子は農業を継ぐつもりはない。孫〔小学生〕はやりたいと言っているが。（2017.11）

将来の見通し

農家としての営農を維持していくためには、経営面での生産や流通などの問題だけではなく、自身の体力や年齢、家族員の状態、後継者問題、集落などの地域の動き、市場動向などが絡んでくる。そうした複雑な要因を解きほぐして経営方針を立てなければならない。一九九〇年代にはいると、Y氏のそうした将来の見通しが必ずしも万全ではなくなってきた。

今までの発想ではバラ色のイメージは出てこない。有限会社が土地を出資して余剰金を分配する。儲けるために人を使って利潤をあげる。時代が求めているのかもしれないが、自由化のなかではこうやらなければだめだと始めた人がいる。それがいいか悪いかは別として、それに農業の夢を描いている人が出てきたことは事実だ。それも一つの方法だ。一戸一法人の方法でやっていこうという人もいるらしい。家計と経営を分ける。どんぶり勘定ではだめということ。（1993.8）

いわゆる経営体の設立、法人化の動きだが、Y氏もそうした動きに敏感にならざるをえない。それも後継者問題との関連でである。

自分の代で終わりだと、年金が見えてきた人たちは口に出している。現に後継ぎはサラリーマンをやってサラリーマンとして嫁をもらっている。経営委託をして農業者年金をもらう。では受託者が増えるかというと、受け手は四〇歳代で問題はその後継ぎが農業をやるかどうか。それがはっきりしないので受託を増やすことができない。

（1993.8）

しかし、自分が経営し、集落で耕作している水田を放棄するわけにもいかない。この部落の土地は誰かが作らなければならないので、稲作専作が一～二戸いないと。あとは複合経営でやっていくことができる。（1993.8）

若い人で誰かが名乗りをあげればそれなりに対応の仕方はあるが。設備投資などのやりようがあるが、今は任せる方も受ける方もめどが立たない。京田全体で六〇〇町歩、この部落で六〇町歩を二～三人で作る時代が来る。となるとあまり残っても困ることになるが。（1997.8）

そして、Y氏自身の問題については、ともかく農作業ができるうちは営農を続けると決意するようになった。いうのも、九〇年代の後半すなわち自身が五〇歳代にはいって、長男が農外就労している状況から、後継者問題について悲観的になってきたからである。

今から七〇歳まで二〇年間はやれる。息子にやらせようという人はいない。二〇年後にどうなっているかはわからない。前は息子が出てしまって、しょうがなくて農業をやっているという意識があったが、今は、息子には農外で働かせて自分の代で終わっても農業を頑張ろうという意識がある。丈夫な世代だということだ。息子に農外から戻ってきて農業を継ぐという期待はほとんどしていないだろう。五年一〇年と農外でやったら農業はやってられない。なぜ農外へ出ていくのかというと、問題は所得。労働がきついということはない。昔は四町歩で飯が食えたが、今はとても無理。米価が下がって収量が頭打ちなので、目減りする一方だ。やはり安定した職業についたほうが間違いがない、という考えが出てくるのは当然だ。（1997.8）

将来の拡大をしようという見通しはない。まだ耕作面積に余裕のある人はいるので、われわれの世代まではなんと

か受託してやっていけるだろうが、そのあと自分の世代がリタイアする状況になったときに困る。（1998.10）

こうして最近では、Y氏自身の農家経営のあり方、安丹集落全体の営農の方向については、集落営農あるいは法人化という形態で乗り切るしかないという考えになってきている。

集落営農というはっきりした形はないが、法人化しているのはできている。これは十分ありえることで、そうしないと農業ができなくなっていくのではないか。とくに土地利用型では法人化するしかないと思う。（2017.11）

結局、農業をとりまく状況が極端に悪化するなかで、Y氏も個別の農家経営では「農業ができなくなっていく」という悲観的な見通ししかできず、それで法人化の方向へと考えているように思われる。

農業問題・農業政策

Y氏は、一九八〇年代から広い視野から農業問題や農業政策について考えてきている。それは、すでに述べたように、かれが若いときから向学心をもち、また対外的な活動にかかわっていて、かなりの知識をもっていることによると思われる。

過去の農業政策や、当面の減反政策などについては、次のように述べている。

農業政策については、構造改善政策は当時の考え方としてはよかったのかもしれないが、結果としてはそれではだめだったのではないか。中核農家の育成ということだったが、そうなっていない。兼業農家が増えて中核農家があやふやになっている。方向はよかったが方法はだめだった。受委託も逆方向になっている。中核農家に土地が集まっていない。農業をやりたい連中が残るためには、低米価では専業農家がそれまでもつだろうか。土地を集める前に集めようとしている人がもたなくなるのではないか。また、転作政策はやめるべきだ。自主減反というかあわない人はやめるという方が低コストにつながっていく。今は技術や条件がともなわない転作で無理がある。米価が高くなくても規模拡大できたら大丈夫という人も一律に転作している。今の転作に未来はない。食管制度は、廃止してもよいということではなく、最低限の国の管理が必要だ。輸入問題は、農業が非効率的であるし過保護だという面もあるが、同じ土俵につくということでもないので、今は自由化すべきではない。やったら日本で米作りをしなくなる。批判に応えられるように経営努力をすべきだ。今の政策はそれに耐えうるものではない。一九八二（昭和五七）年にカリフォルニアに視察に行ってアメリカの米作りをみた。アメリカの千町歩農家と日本農家を比べることと自体が無理だ。大人と子供の相撲だ。（1984.8）

このように、稲作農家として水田耕作が維持され米価が安定していることを望んでいる。しかし、八〇年代後半になると、農産物の自由化の問題が大きくなってきた。

自由化が厳しくなってきた。今の経営には直接は響いていないが、イチゴはカリフォルニア産が入ってきたことがあり、株冷イチゴと競争した。地中海ミバエの問題で入ってこなかったときはよかった。そのあとは価格はよくない。作付面積も減少している。枝豆も外国産があるが、こちらの品質が高いので心配していない。農業問題は農業だけにとどまらない。自由化はそれだけの体制を整えなければならないし、国民の合意が得られなければならない。自由化を今すぐやると日本農業がつぶされるという心配がある。（1989.8）

米については、国内の自由化すなわち食糧管理制度の廃止が目前であり、それへの対応として高価格米が注目されてくる。そこで庄内地方でも有機米が栽培されてきた。

有機米はライスセンターで問題となっている。一般の米と区別して調製、保管、出荷をしなければならないが、それがむずかしい。刈取り日を指定して区別することに理事会で決めた。有機米そのものは悪いことではないが、農民全体から見ると、一般の米はまずい米ということになる。今までの指導は何だったのかとなる。畜産をもっていない農家はやりたくてもできない。庄内全体に投入するだけの堆肥を庄内で供給できない。この部落では畜産がないのでやっていない。庄内米として農民全体が対応できるように有機米を取り扱うべきだと主張してきたが、見切り発車してしまった。(1989.8)

こうしたところでも、庄内地方の全体を見わたすという観点がみられる。ただし、それは評論家的な意見ではなく、自分の農家経営あるいは安丹集落にとって有利になるのかどうか、という点を落としてはいない。自分の農家経営にとって有利かどうかが政策への態度にとっても要点となっている。

構造改善政策は成功していない。とにかく農業所得が伸びていない。農家所得は伸びているが。一番の問題は米価が上がらないのが原因だろうが、「農業所得を伸ばす構造政策」が進んでいないことがある。適地適産政策を国の政策として進めることが必要だ。強制はできないが政策誘導すべきだ。稲作専作と複合経営を地域にあわせて。今は当たり障りなく平等にやっているので農家が半殺しになっている。こうすれば農業で食べていけるという展望がない。規模拡大の可能性がない。中核農家が一番苦しい。転作は現状からはやむをえない。米の需給バランスが崩れているのでしょうがない。米価はもう少し高くてしかるべきだが高くなればいいとは思っていない。低くてもいいから米でやっていける経営ができればいい。安い米を消費者が食べることができるのがいいのだから、それで農家がやっていけるような経営基盤を作るべきだ。どれが食管制度かわからないが、米の国内自給は堅持すべきだ。国内自由化はむしろ進めていくべきだ。そうでないとうまい米を精一杯作れない。それは悔しい。産地間競争が激しくなれば適地適産でいくだろう。それでないと農家同士で苦しくなるばかりだ。輸入自由化については心情は現時点では絶対反対。安い米が入れば国内の米価水準が下がり即経営圧迫となる。見通しとしては若干の自由化はありえる。国際社会の日本の立場をみるとどこまで日本のわがままが通じるか。その時までに世界に勝てる農家を作っておく必要がある。日本の農業はなくならないが農家はなくなる可能性がある。ほんの一部の大規模農家と大企業による農場経営。農地はものを作るだけではなく自然保護、貯水機能もあるので農業がまったくなくなるというのは相当高い代償を払わざるをえないから、農業は絶対なくならない。水田を誰かが維持管理しなければならない問題があるが、誰がやるのか。(1989.9)

ここでも、的確な政策批判がみられるが、それは以前よりも農家経営の維持存続に重点を置いているように思われる。それだけ経営の困難さが増しているのである。ともかくも「うまい米を精一杯」作りたいという思いが切実である。また注目されるのは、輸入自由化について、「現時点では絶対反対」という農業者の「心情」としての評価と、「どこまで日本のわがままが通じるか」という全体的な「見通し」としての評価とで視点を変えていることで、ここにもY氏の視野の広さが現われている。

九〇年代になると、農業をとりまく環境の悪化にたいして、いかに現状を維持していくかという態度になっている。

自由化がいずれ来るだろうという覚悟はしている。来る可能性があるので心配だ。そうなったときは今の経営ではやっていけないだろう。だが完全自由化には絶対ならない。自分の食糧は自分で作るという国民の意識はある。関税化、部分自由化では価格低下すると今の経営を変えていかなければならない。米専作は規模拡大やコスト低減。(1993.8)

「新農政」については今まで以上に農家の責任が大きい。表面上は農家の自由化だけれども。実際はそう変わらない。ペナルティもなにもなくなったから、かえってやりづらい。やっかいな問題までも負うようになった。鶴岡は農協合併に入っていない。懸念は農協が生きていけるかどうかが心配だ。つまり、金融問題もあるし農協も破産してもおかしくない。一つの経済活動のなかで農家の販売事業、購買事業のなかでどれだけ危機感をもっているか。という考えになっている。（1995.11）

こうしたY氏の「危機感」は、最近では、国際的な農業情勢を見すえながら、その流れに適応していくことが必要だどんな作物や畜産でも、国際価格との兼ね合いで価格が決まりつつある。本当の保護政策はできない状況だ。価格競争でコストをかけずに作る。国内競争だけではなく海外進出も考えるとなると必ずしも農業の未来が万々歳ではない。TPPは反対ではなかった。アメリカが抜けて二国間交渉せざるをえない。それがよかったかどうか。多国間交渉のほうがやりやすかったのではないか。アメリカとのつきあいなしでは考えられないから、二国間交渉はせざるをえない。TPPよりも条件が悪くなってくるのではないか。稲作の国内需要は減っているから海外進出するしかないだろう。それを見すえた政策でないとだめだろう。米の需要が減っていて稲作するとなると販売先を拡大するしかない。面積で所得拡大を図るのが一番。単位面積当りで収穫が倍になることはない。スケールメリットを出すために規模拡大する。そうしないとアメリカの米農家との競争に勝てっこない。これまでは保護貿易と補助金でやってこられたが、これからはそうならない時代になってきた。（2017.11）

こうした考えは、農本意識というレベルを超えたものといえるかもしれない。国際的な事柄に目配りして、そのうえで日本農業や庄内地方、自分の集落の農業までとらえようとしている。ただし、これも今の日本農業の状況がY氏の危機感を強めた結果であって、やはりみずからの農家経営をいかに維持するのかという農本意識が基本となっている。そのうえで農本思想に近いもの、すなわち社会の背後の機構をそれなりにとらえてみずからの農本意識を再構成した見解を示している。

仕事と勤労

Y氏は高校卒業と同時に新規就農したが、それは、すでに述べたように、農家の長男だからということで、自分から就農したいと望んだわけではなかった。しかし、三年目に父親から経営権を継承して経営担当者になると、本格的に農業に従事するようになる。その際にかれの営農意欲に大きく影響したのが、出稼ぎや臨時雇の経験だった。

単作で冬になにもないので、たまには都会で働こうという興味で出稼ぎに行った。自動車工場でエンジン調節や電気溶接をした。当時は農業で飯が食えたが。実際やってみると夜勤があって辛かった。カネをとるのはこのくらい辛いかと農業のよさを見直した。こんな仕事ならば百姓の方がいいと思った。部落で消防団をやるなど責任が出てきて冬に部落を離れられなくなったので、出稼ぎと同じでまったくのアルバイトと割り切って、所得目的で臨時雇に出た。工場で働いたり、営業セールスで戸別訪問した。仕事と割り切ってだが、向き不向きがある。出稼ぎに行って銭をとる苦しみと農業のよさがわかって、農業をやろうという意識が出てきた。(1984.8)

農業への本格的な意欲がわいてくると、もともと向学心が高く探求心が強いので、いろいろと工夫していった。

高卒直後は消極的だが農業をやらざるをえないという考えだった。だから農作業に身が入らない。だが、やってみると、父のやっていることと自分のやり方とは考えが違うので、自分でやってみたいと考えるようになった。それで父が口出しをしなくなったのは二年後。それから農業への見方が変わった。やるからには、やりたいようにやって、どういうふうにやれば多収ができるかという勉強。いざとなるとそういう意欲が出てきた。同世代がけっこういたので、それぞれが同じ目標なので負けたくないというライバル意識も自然と出てきた。そのころから、やってみると自分でやった結果がすぐ返ってくる。やりがいがある。やればやるほど答えがはっきりわかってきたので、まじめに取り組むようになった。きつかったが。その前は遊びが優先だったが、自分でやるとなると仕事が大事に

なった。（2017.11）

ここでも農業者の勤労の重視という農本意識が示されている。「銭をとる苦しみ」である他産業の労働とは異なって、営農活動は「やりがいがある」。もちろん他産業でも仕事にやりがいがある労働はありうるし、「自己啓発」的なハウツーものは世にあふれている。しかし、農家経営は、企業に雇用されての労働とはまったく異質の営農活動をもたらすのであり、農本意識はその現実的基盤に立って勤労を重視する。

家族との生活

Y氏の家族にたいする意識にも、農家経営の農業者らしいものがある。

子どもは生きがいだ。子供と一緒になって遊んだり風呂に入ったり食事をしていると生きていてよかったと感じる。子どもがいないと静かで寂しい。（1984.8）

これは農業で感じる生きがいと対立するものではない。子どもが生きがいだというと同時に、収穫時の喜びも語っている。

仕事の面では、作目を収穫するときに生きがいを感じる。稲作も複合部門も。（1984.8）

これは家族全体への態度にもなっている。

家族の楽しみは、外食は年に二～三回。鶴岡市内のデパートや食堂、焼肉や寿司屋に行く。一家そろっては年一回くらい。また、誕生パーティを自宅でやる。小学校の同級生を六～七名くらい呼ぶ。ほかには、妻が子どもをつれて買い物に行く。一家そろっての買物は年に二～三回。（1984.8）

家族との生活を重視する日常となっている。親類関係では、盆や正月に妻の実家、本家、仲人先を挨拶回りする。また親戚同士での行き来もある。

暮らし向き

こうしたなかで、Y氏の趣味やレジャーについての考え方をたずねると、水稲専作のときには時間的な余裕があったので、かなりの多趣味だったが、転作とともにそうした生活面での余裕がなくなってきたという。

われわれのときは、暇さえあれば遊びたいというのがあった。いい遊び、おもしろい遊びを探す。農家のなかにも余裕があった。仕事と遊びの両立が可能だった。しかし転作以降は遊ぶ余裕がなくなった。現在は健康問題を中心に考えている。部落での同好会でスキーや野球。だが多忙を理由に欠席、脱退も出てきた。(1984.7)

趣味はスキー、野球、音楽鑑賞(ロックやポップス)。書道を勉強したい。できないのは時間がないから。夜や冬期に暇があればできるが。旅行らしいものは年一回がせいぜい。日帰りでスキーとかはあるが。計画は毎年立てているが去年は忙しくて行けなかった。転作を始める前は行けたが転作で忙しくなって難しくなった。前は東京へ三〜四日出かけることはよくあった。野球見物など。ただし、自分の小さい頃は記憶がないから、そのころはたぶんなかったのではないか。(1984.8)

生活面が仕事と無関係のこととなっているのではなく、生産と生活の一体性という農家経営の特性が現れていて、水稲専作から転作への対応による複合経営へと経営形態が変わるとともに、余暇やスポーツなどが思い通りにはならなくなってきている。

野球と音楽鑑賞は多忙であまりしなくなった。モーニング野球は枝豆とぶつかる。やってみたい余暇活動はとりわけない。やってみたいという考えそのものが出てこない。現在一番欲しいものは、ヒマとカネ。まとまった時間が

欲しい。自分のしたいことのスキーにふりむけたい。そのスキーのための費用としてカネが欲しい。(1989.9)

こうした生産と生活の一体性という点は、自らの生活を見直すところにも現れている。

経済的には満足していない。仕事の内容については満足しているし、このような仕事ができていいなと思っているが。一番欲しいものといわれると、土地(水田)が欲しい。生活する基盤だという意味でも。(1984.8)

そこで、一応満足のできる人並みの暮らしとはどのようなものと考えるかとたずねると、次のように答えている。

それは中流意識だな。部落内での話で出る人並みとは、旅行や遊びで部落のつきあいができる経済的な余裕があるということ。一般国民からみると中流ではなくずっと下ではないかと思う。サラリーマンは自分で家を建て車を買っている。われわれは自分で土地を買うことなどできない。その意味では中流どころではない。(1984.8)

今の生活に満足しているわけではない。それは、農業生産のさらなる発展をめざしているからだろう。それが生活面での不満として出てくる。

暮らし向きの今後については、あまりいい見方はしていない。農業そのものの職業を土台とした生活はたぶん厳しくなるだろう。農家の生活としてはむしろ暮らしにくくなった。あまり隣近所に干渉しなくなったという点ではよい面だが、逆に個別に家族意識や個人単位が出てきたので生活しづらい点も出てきた。(1984.8)

この傾向は時を経るにしたがって強くなる。というのは、当然ながら農業をとりまく情勢がそれだけ厳しくなってきているからである。ここでも、農業生産の問題が生活面での先行き不安に直結するという農家経営の特性が表れている。

暮らし向きの先行きは不安だ。農業専業になるのでその展望がないので不安。現在の生活に満足していない。経済的物質的な生活という点では人並みの生活をしているが、意識のうえでは人それぞれなので、人並みの生活とはいいきれない。他人の考えにあわせるというのではない。家族では、年に二~三回外食や買物をする。鶴岡市内に夫

婦と子どもで、子どもの誕生日や子どもの合格（そろばん、空手、水泳）の祝いで行く。（1989.9）

家にかかわる意識

農家経営にとって重要なのは、経営の継承が維持できるかどうかである。それは後継者が確保されることだが、それについて、Y氏の意識は、非常に大きく変化している。自身が農家を継ぐことについては、「自然に長男だという意識があった」というように、農業そのものに意欲をもっていたわけではなく、後継ぎだから当然だという考えだった。しかし自分の子どもがあとを継ぐということになると、当然だという時代ではなくなっている。そこで、子どもにたいする態度に悩むことになる。

子供の教育から見ても、どういうふうに育てるかがむずかしい。自分が誇りをもっていれば黙って子どももついてくるだろうが、後継ぎとして育てていいか、それとも子どもに好きな方向へ進ませるか悩む。やっぱり自分が苦労した基盤を継いでもらいたい。結果的に自分はよかったので農業をやれと子どもにいってもいいかと思うが、向き不向きや能力があるだろうから迷うところ。（1984.8）

このように、一九八〇年代半ばまでは、自分が誇りをもって従事している農業なのだから、長男にあとを継いでもらいたいという期待をもちながらも、本人の意思を尊重するという考えから「迷うところ」だった。しかし、八〇年代後半になると違ってくる。

中学生の後継者がいるが、本人に農業ができるという保証はない。土地があっても、農業もできるし他もできる、ということしか言えない。（1989.8）

子どもにただついてこいではだめだった。やる気を出させる教育が必要だ。（1989.9）

つまり、農業情勢の先行き不安から、長男の意思にかかわりなく、農業を継ぐことを勧めることへの不安感があり、経営を継承してもらいたいと子どもに言うことをはばかるようになったのである。

息子には農業は別としても家は継いでもらわなければならない。自分でやってきたことを引継いでもらいたい。農業を継ぐことを強制できないが、農業を継ぐ条件は作っておく。(1989.9)

以前は、農業を継ぐことと家を継ぐことは同義だった。しかし「子どもに農業に従事するリスクを背負わせるわけにはいかない」ということから、農業を継がなくても家だけは継いでもらいたい、と変わってきた。

最近は、先祖を守る、つまり墓を守るということを考えるようになった。そういう意味でも家を継ぐということは必要だと思う。三人の子どものうち誰かには残ってもらわねばという意識はある。(1989.9)

一九九〇年代にはいると、離農だけではなく離村という事態も現れている。そういう状況のなかで、農業は無理でも家そのものは継承してほしい、という考えになっている。そのことを子どもが受け入れるならば、あとは強制はしないという方針である。

子どもへの期待は、これから判断することだからわからない。親がやかましくいうとかえってだめ。本人の意志任せだ。(1995.11)

親は職業については子どもに自由に選択させるようになっている。家を継ぐ、というのは自分の死に水を取ってもらうということ。今は鶴岡市内のアパートを借りている例も多い。目と鼻の先に住んでいる。三世代同居は、これから増えるのではないか。子供の養育の問題で。京田地区は、特別嫁不足ということはない。若い女性が農家に来ることにも抵抗はない。農民に嫁ぐわけではないので。外から来た人にむしろ気を使っている。(1997.8)

こうして、農家というのは、ほかの勤労者世帯などとは異なる特別のものだという意識は薄れている。農外就労して、一般の勤労者と同じような通勤生活になってしまえば、そこに残る家族への意識としては、農家の一員であったとしても、農業にもとづいた農業者意識が消失するのは当然だろう。

部落を離れてアパート暮らしをしていても、消防団や神楽会の会員になっている者もいる。長男だから、いずれ家に戻るからということで。それぞれの都合にあわせて生活のスタイルを選ぶ。農業専業でないので、親子の職業が違うから、同居の理由も弱くなる。そうなると「老人部落」になってしまうという声もある。(2001.11)

Y氏の家族でも例外ではない。

農家に嫁に来て家業をする、というのは昔。今はそういう感覚はないし、うちでも農業はしなくていいといってもらってきた。今の若い人は、職業が違うから。うちの息子にしても、先祖を守る、墓守、家屋敷も守るというのはある。長男意識は結構あるが、しかし家を継ぐということを考えているかどうか。長男の意識としては、親の面倒を見るというのがあると思う。(2001.11)

最近では、Y氏は本人夫婦と長男夫婦、孫という三世代同居をしているが、家の存続という点では、墓と家屋敷を継ぐということになっている。

家督を継ぐとは、墓を守るということ。家屋敷も。墓や土地を管理するものが遠くにいるとなると、あてにできない、という人も出てきている。永代供養もある。そういうことにしたくない。同居については、息子もその方がいいという。子育てなどでいいということ。(2017.11)

Y氏は、家の問題については、農業者としての意識というよりも、より一般的な世帯主、それもほぼ引退して息子が中心になっている家族の父親という意識になっている。

家を改築したのは、古くなって建て替えざるをえなくなったから。息子とも相談した。家族も増えたので。農業をやっているということは考えなかった。息子たちが長く住むので、その意見が大事だと思った。農家の家という意識はまったくなかった。昔からの農家の家というパターンはあるが、それは無視した。生活習慣も変わっている。冠婚葬祭も全部外でやるし、昔は祭りも当屋でやったが、今は集会所。住宅ローンはほとんど息子が払っていく。二世代ローンはしていない。家の敷地、家そのものは名義変更して息子の名義としたので、自分が死んでもこの敷地と家については相続の問題はない。若い世代への特別の注文はなく、二世代で住むことも、自分から強要したわけではない。息子の嫁も実家で二世代で育ってきたので違和感はなく、そのほうがいいといっている。いわゆる二世代住宅はコストがかかって無駄になる。世代差は感じていない。孫の世話のために都合がいいという考え方も息子たちにあったようだ。(2017.11)

家の問題にかぎらず、生活面について、以前のように農業者としての視点からみるのではなくなってきているように思われる。

生活への特別の不満はない。生きがいは孫の成長だ。そのために頑張っている。子どもは三人とも片付いているので、孫の成長が楽しみになっている。孫ほど可愛いものはない。子どもはだんだん憎たらしくなるが孫はそうでない。ただし、孫親としての責任は感じている。可愛いだけではだめ。(2017.11)

以上のように、Y氏の家についての意識は、時代の流れとともに大きく変化してきた。一方での農業にたいする先行き不安と、他方でのいわゆる家意識にたいする世代間の違いが、経営や家の継承についての考え方を変化させてきたといえるだろう。それとともに、本人自身が高齢となってきたことで、人生にたいしていわば達観するようになってきたようにも思われる。家の継承は、家業としての農業や農地の継承から、家屋敷や墓を「守る」ということへと変化している。また、子どもにたいして「本人の意志任せ」で「若い世代への特別の注文はな」いという、いわば民主主義的な態度をとっている。ここには家族経営だからといって、それといわゆる家父長制的な態度が必ずしも結びつくわけではないことが示されている。

地域社会

一九六〇年度の高度経済成長期を経て、一九八〇年代になると、農村においてもいわゆる高度大衆消費社会が現われ、大衆社会的状況が一般化する（小林　一九九九、第三章第四節）。そうしたなかで、地域の集落における各種組織や伝統行事への参加と、自己や家族の個人的な用事との衝突という事態が起きている。その点についてY氏にたずねると、次のように答えている。

自分が部落の一員だという前提には自分の家庭がある。自分の家庭が一番大事だ。家庭がしっかりしていないと部落の一員にもなれない。部落の役職の方を勤めより優先させる人は少なくなった。これからますます難しくなってくる。農家と非農家のかかわりなども問題だ。個人をある程度犠牲にしないと部落のまとまりがなくなってしまう。やむをえないのではないか。家族のことと部落のこととぶつかったときには部落を優先させている。最近家族を優先させた人にたいして「部落の事業に加わらない人だ」と非難が出た。部落の一員として部落を大事にしたい。（1984.8）

集落へのかかわりを重視する姿勢を明確にしているが、それは伝統的なしきたりにしたがうというよりも、集落との関係がもつメリットという面に注目しているからである。そのことは、祭りへの参加を渋る若手への同感にも表れている。束縛とまではいかないが、部落のしきたりとかはある程度気になる存在だ。お互いをいい意味で干渉しあっている。仕事の関係や人間の関係で。「あそこでどこへ行った」ということや「あそこでなにをやってどうなんだ」が自分の参考になる。知らないでいれば無関係で済むが、知ればそれで手助けできたりする。部落の行事には積極的に参加している。つきあいが面白い。面白くなければつきあいだといっても無理していくことはない。祭りは神楽も若い者が一緒にやる点でいいと思う。若い者（二〇代前半）は神楽や消防への参加は大変なので嫌がっているようだ。束縛されているという意識はあると思う。自分からみればもっともだと思う。（1989.9）

こうした態度は、一九八〇年代から最近まで一貫している。その点では、集落という枠組みがY氏の意識にとって重要な位置を占めていることを示しているといえるだろう。

農協運動では、Y氏は一九八二（昭和五七）年に、鶴岡市農業協同組合青年部の委員長を務めていて、鶴岡市農協の組合史である『鶴岡市農協一〇年のあゆみ』の「青年部」におけるコラム欄で、次のように書いている。

「八〇年代農業を拓くのは後継者たる青年部盟友である限り、模索から実践へと移さなければなりません。そのためには一人の力ではなく『組織の力』、『協同の力』によってのみ乗り切ることができるのではないでしょうか。」（鶴岡市農協、一九八三、二〇五頁）

また、鶴岡市農協の組合史の続編である『耕不尽』のコラム「回想」欄でも、自分の持論を回想のなかに織り込んでいる。

「稲作単作から複合経営へと移り、技術習得と経営安定をめざし苦労の多かったことも確かであります。……庄内の主産物である米の価格運動においても作れば売れた時代から、安い価格で高品質のものでなければ売れない時代へと大きく様変わりしました。又、経済構造の変化と共に農業人口の減少による農地の保全管理、高齢化に伴う農業の担い手問題、米の消費減少や輸入問題による減反等、厳しい状況であります。このような状況は他産業でも同様な訳でありますが平成不況の中、農業の良さに魅せられ、企業的経営をめざす農業法人に就職する大卒者が増

えているとのこと、新しい時代の一つの方向かもしれません。」（鶴岡市農協、二〇〇三、七三頁）

一〇周年記念の組合史に掲載された記事では「組織の力」「協同の力」を強調しているが、二〇〇〇年代にはいると、さすがに「厳しい状況」を指摘している。しかしそれでも法人化の動きに言及するなど、社会的な動向への敏感さを示している。

先にも家の継承の問題を検討したが、集落や農協などでの世代の継承について、Y氏は世代差を意識しないといいつつも、若手にたいする苦言を呈している。

今の若い連中の農業に就く考え方との違いでいえば、自分たちの頃は農業の仲間意識があっていろんな話をした。今は自分は自分でやるという意識になってきた。考え方そのものは根本的にはいいと思うが、それだけで農業や部落がスムーズにいくかというと疑問だ。部落づくり、地域づくり、村づくりがうまくいくかどうか。一番違ってきたのは、昔からの風習というか習慣が簡素化されてきて『よさ』まで簡素化されてきた。例えば祭り。極力簡素化する方向で若い連中は何の疑問ももっていない。その考え方が普遍化してしまった。面倒くさいことは避けるという姿勢だ。（1984.8）

自分の子どもへの態度でもあったように、若い世代にたいする理解を示しつつ、しかし、「部落づくり、地域づくり、村づくりがうまくいくかどうか」という点では若手にたいする疑問がある。「世代差はあまり感じない」というものの、若手にもどかしさを感じているようである。そして、問題はやはり農家経営の継承である。

われわれの世代より下はいない。子どもの世代が皆勤めているので、それが今は農業に従事していないので、親がリタイアしたときに農業に就くかどうかわからない。（1997.8）

いわゆる若者批判も辛口になるが、それも家のあり方という点での批判である。

若い人たちは結婚しても同居しない。鶴岡市内にアパートを借りる。後継者がいない。昔と立場が逆で『嫁さま』という感じ。家に入ってもらう、あるいは無理して入らなくてもいい。若い人も、自分のことだと会社を休むが、部落のしがらみではそれを断る。きつく言うと家を出てしまうから言えない。というのは、仕事をもっているから出ていくことがすぐできる。自分の車ももっている。昔と違って今は本人同士の結婚で、家とのつながりがない。昔は子どもを親に預けていて人質だったが、保育所もゼロ歳保育をするようになったので、それもなくなった。（2001.11）

Y氏にとっては、家族のあり方が問題なのであって、それとの関連で若手への評価や批判が出てくるのである。これから若い人が農業で生きていこうとするなら、農家の長男や農家出身だから、ではやれなくなる。専門的知識がないとやっていけないのではないか。だからやりたい意欲とやるからには知識を身につける勉強をしなければならない。その知識もいろいろ必要だ。経営だけでなく土壌学や気象学などいろいろな分野で。（2017.11）

Y氏自身が若いときには向学心に燃えて、いろいろと挑戦した。その経験から、若い世代には「知識を身につける勉強」を望んでいて、そのためには「やりたい意欲」が大事だとしている。こうした積極的な姿勢が特徴的である。

世情、政治

いわゆる世間一般のさまざまな出来事についてどのような考えをもっているのか、また政治についてどのように考えているのか、という質問にたいしても、やはり農業についての論点が多くなっている。世論の動向、当時話題となった行政改革、与野党についても、農業者という立場からの意見だが、しかしY氏の経歴からもわかるように、かなり高度な見解を示している。

農業の合理化が叫ばれているなかで農民の声が世論になれない。民主主義のルールは多数決になっているので少数になっている農民の声は真実でも反映できない。はたして将来農業の中身が政治に反映し国民に理解されているかどうか。行政改革をしなければならないというのは賛成。ただ農業の場合はあおりが農民に来るが。やり方を考えてもらわなければ困る。補助金農政ではなくて低利の融資制度のなかで予算を組むほうがよいのではないか。補助だとただだということになるのでしなくてもいいことにまで手を出すし、打ち切られると経営が成り立たなくなる。野党がだらしない。立派なことはいうが具体的な方法や政権をとったときの具体策をもっていない。だから当分保守政治が続くのではないか。(1984.8)

農業や政治とは異なることで気になることとしては、少年非行を挙げている。子どもをもつ親として関心が高い。非行が最近問題になっている。中学校から小学校に移って低年齢化している。受験戦争が親として一番関心がある。他人事ではない。人間重視などは理想だが社会の環境が変わらないとだめだ。企業や社会が要求する人間でないと生きていけない。だから社会の仕組みや企業のあり方を変えていかないと根本的なものにならない。教育改革を社会改革からやらないと空振りに終わる。(1984.8)

非行問題や受験競争などについて、教育という分野にとどまらず、「社会の仕組みや企業のあり方」を「社会改革」から改善すべきだという考えで、Y氏の視野の広さを示している。

一九八〇年代末には、四〇歳代になったことで意見のトーンは少し柔らかくなるが、それでも社会を見る目は鋭い。世の中のことは、最近は慣れっこになって別に感じなくなった。マスコミが取り上げていることも前にあったことのくり返しで、またかという感じ。消費税そのものは反対だ。直間比率の見直しで出てきたので。政治家の立場と国民の立場は反するのだから、薄く広くではなく金持ちからとるほうが公平だ。しかしほかに方法がなければ認めざるをえない。自民党の政策が悪いというが、一番がっかりしたのは参院選で社会党が具体性がないのに勝ってしまったこと。社会党が政権をとるときに、これまでの政策を変えるのはなんなんだと思う。負けて政策を変えるのはわかるが、勝って変えるというのは野党はそんなものかと思う。消費税で非現実的な対案しかないのに勝ったのにはびっくりした。(1989.9)

自由化と担い手の問題

一九九〇年代にはいると、農業政策では米の自由化が問題となったこともあって、そのことについての意見を聞いたが、農政の動向をふまえたうえで、どのように経営を維持していくかという姿勢が示されている。

国内自由化は当然やってもいい。その中で消費者が求められる米を作れる農家が外国と太刀打ちできれば、それでいい。今の時点ではそれができていないので、米の輸入自由化は条件が整っていないので、時期尚早だ。(1990.8)

自由化にはなるだろう。外国から入ってくるとなると消費者は安くていいものを選んでくるだろう。農家も消費者にあわせた生産をせざるをえない時代になってきたか、という感じはする。賛成か反対かといえば反対。ハエヌキをどう販売していくか、というのに関心がある。味だけではなく価格についてどうするか。コシヒカリのように最高の味と価格とするか手頃な値段にするかで販売戦略が違うし、生産者の心構えも異なる。前にはササニシキがこの味では価格が高いといわれた。どの客層にあわせて作るのかということ。中途半端では「庄内米」もどこかにいってしまって、ほかの産地に負けてしまう。(1994.8)

このように、自由化を全面的に否定するのではなく、自由化されても経営が維持できる態勢を整えるようにすべきだという考えを示している。当時出された「新政策」についても同様である。

方向としては出てくるし、やり方次第ではいい。しかし、それですべていいかというと問題だ。一五町歩作らないと生活できないということ。アメリカだって二～三〇〇町歩でいい生活しているわけではない。ピリピリ経営している。二〇町歩作ってバラ色の生活になるわけではない。今の生活を維持するためには二〇町歩作らなければだめだということでしかない。機械の投資もかかる。米価も下がる。稲作単作ではそうならざるをえない。個別経営では複合化となる。どう選ぶかはその人の判断だ。家族労力や経営状況をみて。（1994.8）

九〇年代後半になると、農政については冷めた見方になってきているように思われる。それは、さまざまな政策が出されても、農業の先行き不安がいっこうに解消されないことからくるようである。

農政は前と基本的に変わっていない。自由化も遅から早かれという感じは変わっていない。（1997.8）

後継者問題が自身をも含めて出口のない状況のなかで、担い手の問題についても厳しい見方をしている。農家経営の難しさから法人化にある程度の方向性を感じてはいるが、そこでの農業者のあり方に不安を示している。

認定農業者の狙いはいいが現実とは大きく異なる。認定農業者がどこまで本気で農業をやるかまったくわからない。五年後の計画を立てて頑張ったができなかったもありうるし、五年後に野となれ山となれとなっていることもありうる。優遇策もあるのでまずは五年はやろうというのが多い。かれらが日本の農業を背負っていくかどうか。日本の農業を背負っていく人は、あまり農業を知らない人がいい。経営感覚がないとだめ。農業が好きだけではだめだ。俺は百姓という生産者の職人気質は大事だが、経営感覚が必要だ。農家以外が農業に飛び込んでくることもできてくるのではないか。有限会社や法人という形が増えてくるのではないか。それに委託を出すという形で。個人でというのもあるが数は増えないのではないか。そういう農業をしていない人を受けいれる素地はまだ部落にはない。農業をやりたいというのであって農業経営をやりたいというのではない。それへの受け入れ体制はできてきているが、そういうお膳立てをしなくともできるのではないか。自分の農地を自分がやめたら受けてくれる人がいるか、という不安はある。そういうときに農業をやってみるかという人がすぐにできるという時代がすぐにやってくるのではないか。法人化すれば、現場、営業、経理と分業化するやり方は出てくる。しかし農業をやりたい人は他人との煩わしさをもちながらはやらない。本当の職人肌は自由にやりたがる。人から使われないで自由にやれる、逆にいえば厳しいが。(1997.8)

法人化のメリットは何があるかが問題。税法上、企業意識(経営と家計の分離)がいわれているが、そこまでやってみよう、という意気込みがない。先の見通しがない現状で、そこまでやる気にならない。やるのはほんの一握りだ。これからは、将来はこれしかないというのが出てくる。個人で有限会社(一戸法人)を考えている若者はいるが、二〇歳代から三〇歳代前半で、どんどん出てきているかというと、それほどでもない。経営は個別で作業は場合に応じて共同で、というのが進んでいくだろう。株式会社の参入の方がいいという人もいる。効率的に土地を荒らさないという考え方で。しかし現実問題としてはどうか。農業団体は利益が出ないと手を引くと反対しているが、しかし土地を荒らすということが山間地では起こっている。むしろいろいろな形態があってもいいのではないか、と思う。個人経営、有限会社、株式会社というように。(1998.10)

一九八〇年代の、稲作農業者としての「米作り」にかける意気込みは、二〇〇〇年代を迎える時期には、農家経営だけではなく、農業組合法人や会社経営なども認めるという見方になっている。これは、企業的経営を有利と見るのではなく、農業の困難な状況のなかで、農家経営を維持していくためには「いろいろな形態」をとらざるをえない、という考えだといえるだろう。「俺は百姓という生産者の職人気質」を認めながらも、「経営感覚」を重視し「職人肌は自由にやりたがる」という点を冷静にみている。

こうしたことは最近でも同様で、Y氏は自らの経営を体力的に可能なかぎり担当しようとしていて、その経営の維持を最優先にしている。

体が続くかぎり、現役で農業を頑張るというのが目標だ。生きがいでもある。あと一〇年がんばればいいかなと思う。農業が自分なりに楽しいからで、米作り、豆作りが苦痛でしかなければ、早くやめたいと思うだろう。(2017.11)

Y氏はやはり根っからの農業者である。「あと一〇年がんばれば」本人は八〇歳近くになる。それでも「農業が自分なりに楽しいから」、営農活動を続けようという意欲は衰えていない。家族生活の維持が第一の目標ではあるけれども、収入のためにしかたなく働くというのではなく、「農」にたいする喜び、想いが原動力となっている。ここに農業者のもつ農本意識が如実に表れているといえるだろう。

三　Y氏の農本思想への展望

ここでは、これまで本節で検討してきた内容をふまえて、Y氏の農本意識からどのような農本思想を展望できるのかを考察してみよう。

自然への信頼

Y氏は高卒直後に就農したが、それは農業に積極的な関心をもったからではない。当時の一般的な風潮と同じく、農家の長男すなわち後継ぎなので、農業高校に進学し、卒業後ただちに就農するのは当然だという意識からだった。しかも、公務員試験を受験したり、大学の通信教育を受けたりしている。それは向学心の表れではあるが、農業を営むために取り組んだわけではない。

しかし、水稲単作だった当時、農閑期には関東圏の工場への出稼ぎ、鶴岡市内での営業セールスの臨時雇などを経験するなかで、農業のよさを見直していく。このように、いったんは就農したものの営農に価値を見出せなかった農業者が、出稼ぎなどの農外就労を経験することで、農業のよさを再認識するということは、当時の若手の後継ぎ層によくみられた（細谷ほか　一九九三、第五章第三節）が、それはY氏にも当てはまる。そこでは、農外就労で苦労した人間関係の複雑さとは異なって、自然を対象とした生産活動では自然が「ウソをつかない」こと、「やればやるだけ返ってくる」という充実感が得られることなどによって、「農」そのものへの想いをもつ農本意識が強められているといえるだろう。しかもそれは、自然への埋没ではなく、「土壌学から気象学が必要だ」という合理性にもとづいたうえでの自然にたいする信頼なのである。

勤労の重視

Y氏が「米作り」への想いを語るとき、そこには「百姓は一生一年生」という謙虚さがそなわっている。それはただ農耕にいそしむとか、忘我の境地で働くとかいうのではない。たとえば、ネット出荷する前の枝豆栽培では、労働の投入量が所得を決定するという時期があったけれども、その場合でも、共同出荷にあわせて出荷量を自主的に制限するなどの合理性を備えていた。

勤労のあり方においても、合理的な態度が保たれているといえるだろう。ひたすら汗を流すというのではない。農業者が営農活動そのものに特別の想いをこめる農本意識の現れであり、やみくもに農耕に没頭するということではなく、世界情勢にまで視野を広げたうえでの勤労なのである。ここに特徴的な農本意識が示されている。

家族の融和

Y氏は、生きがいは何かとたずねられたときに、子どもの成長をあげていた。それはもちろん三人の子どもすべてについてだが、とくに長男にたいしては後継ぎとして意識していることは間違いない。その長男が農外就労したときは、農家を継がなかったことへの失望よりも、農業をとりまく情勢の厳しさから農業を継がせることを躊躇している。農家にとっていわば家業である農業を維持していくことは重要なのだが、これは家族の生活が成り立っていくためのものであって、経営の維持それ自体が目的なのではない。長男が結婚して子どもをもつと、今度はこの孫が生きがいとなる。

孫が農業に興味をもっているということで、Y氏は将来への淡い期待をもっているかのように思われるが、ここで強調すべきは、こうした後継者問題も含めて家族のあり方について、農業を経営することと家族生活を維持することとが表裏一体となっていることである。これは農家経営をおこなっている農業者の農本意識としては当然のことであり、生産と生活の一体性ということが、ここにも現れているといえるだろう。

村落での結合

Y氏は若いときから、鶴岡市の農協青年部で役員を務めていて、地域の活動に熱心に取り組んでいた。より身近な集落においても、村落としての組織や伝統を重視する姿勢を示している。集落の行事などと個人的あるいは家族の用事とが衝突したときには、集落の行事をなるべく優先するというのも、集落とプライベートな生活との兼ね合いを重んじていることの表れである。

枝豆組合では中心的な存在の一人として役員を務め、また集落の町内会長をはじめとする役員なども歴任している。こうした姿勢は、村落での結合を重視する農業者の農本意識を示しているといえるだろう。

社会への批判的な視点

農政にたいしては、かなり厳しい批判を展開していて、それは若いときから現在まで変わらない。その批判の視点は、やはり農家経営を営む農業者の立場からのものであって、政治的なイデオロギーにもとづいてではない。むしろ政権党を支持していて、その意味では「草の根保守派」なのである。

しかし、社会の現状をそのまま肯定するのではなく、経済、教育、マスメディア、国際情勢まで、視野の広い視点から的確に批判している。しかも、自分自身を農業者として位置づけることに自覚的であり、農業者としての立場から社会をとらえている。

農本思想の構築へ

以上のように、Y氏の農本意識をみてくると、それは生活に照応した意識であり、そして「農」の営みに根ざした意識である。日常意識としての農本意識ということができるだろう。そこに含意されている諸契機は、自然、勤労、家族、村落という現実的基盤に照応している。ただし、体系的な農本思想という特性をもっているわけではない。

次章では、Y氏の農本意識からとらえられた、自然への信頼、勤労の重視、家族の融和、村落での結合という諸契機を、さらに農本思想の諸契機としてとらえ直して論理的に体系化し、しかもイデオロギーのように固定化するのではなく、日々の活動によってそのつど再規定される自己再生産の構造をもつ思想として、農本意識を農本思想へと構築する方向性を展望する。

【注】

(1) 一九八四（昭和五九）年度からは『農家のみなさんへ』の名称がなくなり、それまで副題だった「水田利用再編対策第3期第1年次に係る協力方のお願いについて」が表題となった。しかし、一九九三（平成五）年度から『農家の皆さんへ』と戻している。ところが、一九九九（平成一一）年度から二〇〇三（平成一五）年度までは再び副題だけが表題となり、そののちはまた『農家の皆さんへ』、二〇一一（平成二三）年度からは『農家のみなさんへ』へと変遷している。だが本書では、このパンフレットの全体を『農家のみなさんへ』と呼ぶことにする。

(2) この一九八七（昭和六二）年度の『農家のみなさんへ』から「前書き」は鶴岡市長に加えて鶴岡市農協の組合長理事も並べて記載している。

(3) この一九八九（平成元）年度の『農家のみなさんへ』から「前書き」は鶴岡市長と組合長理事の共同執筆となっている。

(4) この一九九三（平成五）年度の『農家のみなさんへ』からは鶴岡市と鶴岡市農協（ただし翌年だけは鶴岡市と鶴岡市農政推進協議会）の共同刊行となっている。また、このの5も刊行元が、鶴岡市農政課、鶴岡市水田農業推進協議会、鶴岡市農業振興協議会などと変遷しているが、本書では鶴岡市の刊行物として参照する。

(5) この二〇一一（平成二三）年度の『農家のみなさんへ』から鶴岡市の単独刊行となり、鶴岡市農協は記述に参加していない。

(6) この調査全体の結果分析については細谷ほか（一九九三）を参照されたい。ここで取り上げるのは、筆者が執筆を担当した部分のうち第二章第三節にあたる。

(7) この調査全体の分析結果についてはまだ公表されていないが、筆者は調査チームの一員として参加していて、その調査データを共有しているので、ここで筆者の見解として示すことにした。

(8) すでに本章の第一節第一項で取り上げたが、一九八四（昭和五九）年と八九（平成元）年の「営農志向調査」では、庄内地方の稲作農業者約八〇名を有意抽出して、詳細で包括的な聞き取り調査を実施した。九五（平成七）年の「一九九五年庄内調査」でも、鶴岡市京田地区と酒田市北平田地区の「営農志向調査」の対象者は、引き続き対象者として抽出している。Y氏も三回にわたって、この調査の対象者に含まれていた。

(9) 安丹集落の女性仲間集団についての事例調査の結果は小林（二〇〇五）を参照されたい。

第七章　農本思想の展望

本章では、これまでの検討をふまえて、農本意識を論理的に体系化した農本思想のあり方を探ることにしたい。農本主義が、農本意識という日常意識を整合化しようとしながらも、眼前の事実の背後で作動する機構をとらえられずに、虚偽性さらには幻想性を帯びたイデオロギーにしかなりえないのにたいして、農本思想は、現実を見すえながら、農本意識のなかに含まれる諸契機をとりだして、それらを論理的に体系化し、現実のなかで生産、生活している農業者やそれ以外の人々にも、現実をとらえる視角、行動規範を示すものである。以下では、これまでの検討をふり返りながら、この農本思想の構築をめざしていく。

第一節　現代日本の農業・農村・農業者

本節では、山形県東根市と鶴岡市の二人の農業者についての事例分析をふまえて、この二つの事例を対照しながら、農本意識や農本思想の現実的基盤として把握されるものを確認する。まず第一項で、二つの事例の対象地でどのように農家経営が展開され、農業者が営農活動を営んでいたのかをふり返る。次に第二項で、農家生活のあり方と村落との関連をみていく。

一　農業と農業者

開拓村の背景と基盤

山形県東根市若木集落は、世界恐慌によって引き起こされた昭和恐慌とその一環である農業恐慌によって、農村と農家が困窮をきわめ、とくに小規模な自小作農や小自作農の没落と解体が進むなかで、自作農創設政策が打ち出されたことを背景に、山形県で新たに自作農による開拓村を建設する一つとして設置された。

若木集落の開拓は、扇状地の松林を切り拓いて水田を作り、各地から選抜された農家の次三男が夫婦として入植することで、自作農を形成しかつ食糧の供給地とする計画だった。だが、入植地は荒れ地で水利が悪く、開墾作業は当初から困難をきわめた。まず男性入植者だけが共同生活をおこなって開拓村の基盤を作り、そののち各自に土地と家屋が配分された。そののちの歩みもまた開拓当初と同じで苦難の連続だった。所期の目的だった稲作は、水利問題が解決できず開田に失敗して断念せざるをえず、大根を加工して出荷したり、臨時で農外就労したりしてもちこたえた。戦中には海軍飛行場のため、戦後は進駐軍と自衛隊の基地のために土地を接収され、集落の耕地面積は大幅に減少したが、そのたびに残された土地を各戸で平等に再配分した。

果樹栽培への特化

開拓当初にめざした稲作ができず、若木集落ではさまざまな畑作を試みたが、いずれも成功しなかった。そこで取り組んだのがリンゴをはじめとする果樹栽培である。戦後の高度経済成長にともなう国民の生活水準の向上によって果物類の需要が増加したこともあって、果樹栽培は軌道に乗ることができた。

さらに、モモやサクランボの栽培によって、若木集落の農業生産は大きく飛躍した。とくにサクランボは、佐藤錦という品種とビニールハウスの雨よけにより、高品質の主産地としての位置を確立し、高価格農産物として生産、出荷、販売するようになった。

農家経営の確立と生活の安定

このように果樹栽培に専念できる態勢ができ、しかも高価格農産物の特産地として市場の評価を得て、若木集落は、戦前から戦後にかけての苦難の歴史とは打って変わって、現在は豊かな集落となっている。農業所得が高く、果樹栽培技術も確立し、集落内の相互支援体制もできていることから、いわゆる後継者問題も大きな課題とはなっていない。もちろん若手のなかには農外就労する者もいるけれども、後継者不足あるいは嫁不足といった問題は大きなものとはなっていない。したがって、目前に迫っているという農業の先行き不安はあまり感じられない。

ただし、開拓第一世代がほとんど世を去っていて、第二世代も経営権を第三世代に委譲しつつある。開拓時を知らない第三世代、まだ未成年の第四世代へと、世代交代が進んでいる。こうしたなかで、開拓時や戦前、戦後の集落の歴史をいかに若い世代に伝承していくのかが、一つの課題となっている。いわば開拓の記憶をいかに受け継いでいくのかである。というのも、若木集落は、まさに開拓村として成立し今日に至っているわけで、入植当初から今日までの集落のあり方の変遷が、集落の協同の源となっているからである。

稲作の「平成三〇年問題」

一九六九（昭和四四）年に試験的に始まった減反政策は、いろいろな局面を経過しながらも、転作割当面積がしだいに増加していき、二〇一七（平成二九）年まで継続された。その間には、食糧管理制度が廃止されて日本国内の米の自由化が進み、ウルグアイ・ラウンドとのかかわりで輸入自由化が始まり、多様な品種が開発されて銘柄米が増加し、その主産地化も進んだ。

「過剰米」の処理という問題から始まった減反政策は、米の消費量が減り続けるなかで、転作率の上昇が進み、本書の事例研究で取り上げたような稲作中心の地域にとっては、稲作農業者の営農意欲がそがれる事態をもたらした。農業者は転作への対応に追われ、水田を畑作地に変えてさまざまな作目を栽培したものの、結局は転作奨励金という補助金に頼らざるをえなかった。しかも、高齢化と後継者問題が追い打ちをかけ、中山間地を中心に耕作放棄が目立ってきている。

こうしたあげく、政府は二〇一七（平成二九）年をもって減反政策を終わらせる方針を打ち出した。これは転作割当面積の配分を撤廃し、行政としては米生産に制限をかけないとするもので、これまでの農政の大転換であり、いわゆる「平成三〇年問題」である。自由に稲作ができるわけだが、しかし、それでは「米過剰」という事態を生み出しかねず、これまで通りに転作割当面積を設定し、いわば自主規制しようとする地域も相当数にのぼっている。逆に、減反の廃止によって銘柄米の生産を強化する地域との産地間競争が激しくなって、農家が淘汰されるようになることもありうる。農業の担い手不足や米価の低迷などの影響で作付面積はそれほど増加しないのではないかという見方もあり、いわば様子見の状況になっている。

特産物への特化

山形県鶴岡市安丹集落では、転作への対応として、高価格農産物の生産に取り組んできているが、それが枝豆栽培である。もちろん、価格の高い作目は果樹や花卉類などさまざまだが、安丹集落では枝豆栽培が集落内の耕地と適合し、高い品質のものを収穫、出荷できている。とくに出荷においては、集落全体での共同出荷という形態をとって、銘柄としての市場評価を確立している。

こうした動きは、農業者にとっての生き残り策だといえるだろう。高価格農産物の栽培は、家族生活を維持できる収入を確保するためであり、利潤追求ではなく経営と生活の維持を目的とする農家経営の特性を示している。

稲作農業者の苦悩

水稲作は機械化がもっとも進んだ作目の一つで、機械化一貫体系が完成してからは省力化が大幅に進み、余剰労働力が農外に排出された。これは、機械代金の支払いのために現金収入が必要だという側面もともなっている。いずれにせよ農外就労が拡がり、米価の低迷もあって、農業所得は減少していった。

稲作農業にたいする積極的な展望が見出しにくい状況のなかで、後継ぎ層が農外就労してしまって農業に従事しないという事態が進行した。この後継者問題は、農業従事者が高齢化するなかで大きくなった。自分が農作業を続けられなくなったときに、我が家の水田は誰が耕し管理するのか、そして集落全体の水田は誰が引き受けるのか。請負耕作を展望するためには、受託者側の専業農業者を確保しなければならないが、若手がみな農外就労しているなかで、受託の引き受け手が問題になっている。

この解決策の一つは、共同で受託するグループや法人を立ち上げて、集団的な請負耕作をおこなうやり方である。また、高価格農産物を生産することで農家としての収入を確保し、家族生活を維持することである。ともあれ、農業を放棄し、場合によっては集落を離れるといった事態に陥るのではなく、農家経営と家族生活の維持を確保する方向が模索されている。

二　農家と村落

計画的な開拓による集落形成

東根市若木集落は、昭和初期に計画的な開拓によって形成された集落であり、入植者たちは、厳格な選考基準によって選抜された。農家の次三男を独立させて自作農を創設するという目的もあって、選ばれた入植者の生年は一九〇二（明治三五）年から一七（大正六）年までと、ある程度の幅はあるものの、同世代による集団入植となった。しかも、入植は夫婦でという条件があったので、そののちの子どもの出産や育児、経営権移譲などの時期も、各戸ともほぼ同じになった。

家族周期がほぼ一致したので、第二世代もまた同年齢層が横並びとなり、相互の交流や補完も容易だった。つまり、若木集落はその集落形成の特殊性から各農家の同質性が非常に高い集落だといえるだろう。ふつうは、集落内の各戸の世代交代が一定ではないので、集落全体ではいわば途切れなく交代していくが、若木集落では、ある時期になると世代交代が集中的におこなわれるように家族周期が同調しているので、家族構成員が同一世代の農家で構成される集落となっている。

農作業の共同化と産地形成

若木集落の各農家の同質性は、営農形態からも生じている。荒れ地の開墾という特殊な条件のもとで集落が形成され、水稲作やその他の畑作に失敗し、ようやく果樹栽培に活路を見出したという事情のため、果樹栽培に特化せざるをえなかった。そこで各戸の営農形態からいっても、同質性が非常に高くなっている。経営内容が各戸とも同様で、しかも高価格農産物の産地化に成功したために農外就労がそれほどおこなわれず、専業や第一種兼業に近い農家が横並びしている。

果樹栽培の技術を身につけるために、集落内の農家での相互交流も盛んにおこなわれている。果樹研究会や共同防除などは東根市全体でもおこなわれているが、若木集落の場合は、集落形成によって各農家の同質性が高いために、こうした共同化が容易におこなわれた。とくに、若木農協が、二〇〇一（平成一三）年に合併して東根市農協の一支所となる以前は、単独農協として全国でもっとも小規模でありながらも経営がきわめて順調だったことは、この集落の集団的なまとまりを示す一例だといえるだろう。歴史的な事情や現在の営農形態が重なって、この集落の各農家の相互補完が非常に強いものになっている。

村落の存続

若木集落では開拓記念事業を年月の区切りごとに開催してきている。それは本書で調査対象者として聞き取りをおこなったK氏の個人的な貢献が大きいが、他方では集落の人々にも、そうした記念事業を歓迎する姿勢がある。そのことは、集落内に開拓歴史資料館を建設して開拓当初のさまざまな書類や帳簿類、図面などをはじめ、これまでの集落の歴史を知る貴重な資料を保存していることにも表れている。

開拓以来の歴史を、世代を超えた記憶として継承することで、集落のまとまりを維持し、集落の一員としてみずからを再認識しようという意図のもとで記念事業が実施されている。K氏がときおりみせる危機感は、こうした集落の協同性が次の第三世代、第四世代に受け継がれていくためにはどうしたらいいのか、ということである。そこで必要になってくるのは、たんに記念事業によって記憶を新しくするだけではなく、日々の共同作業によって裏打ちされた集落の協同性を高めるということだろう。それは農家経営を営む農業者とその家族が、営農活動と家族生活の維持のために相互に結びつくという、日本の農家経営のあり方を実践することにほかならないと思われる。

集落存続の困難さ

鶴岡市安丹集落は、稲作を中心とした日本の村落の典型的な一事例を示している。ここで典型的というのは、いうまでもなく平均的とか一般的とかいうことではなく、社会諸事象の問題性をもっともよく表しているという意味である。この集落では、減反政策の打撃を受けながらも、転作にたくみに対応して、枝豆栽培に成功している。しかし、米価低迷や高齢化にともなう後継者問題などから、経営規模の小さい農家の離農が相次いでいる。なかには離村した農家も出てきていて、いわゆる「限界集落」のような事態には至っていないけれども、まったく無関係なことではない。現在主力となっている農業者はいずれもが高齢化していて、後継ぎ世代で就農しているのは、二〇一七（平成二九）年時点で三戸にすぎない。将来的には、この三戸を中心に請負耕作が進展すると予想されるが、集落全体で六〇ヘクタールの水田をこの三戸で管理運営していくことができるのかどうかが不安材料となっている。

農業生産への先行き不安から後継ぎ層が農外就労してしまい、農家としての次世代への継承が難しくなっているなかで、現在表面化しているのが、農業という家業としての経営権の継承はともあれ、家の継承だけは確保しようとする動きである。農業生産を除いての家の継承とは、家屋敷と家の墓を守るということ、つまり後継ぎ層が、できれば親と同居して家族の一員のままでいて、墓の維持管理の責任を負うということである。最終的には、離村しながらも家の墓だけは継承して保持していくということになるとも考えられ、そうなると村に帰るのは墓参りをするだけだということになるだろう。

農家の異質化と集落

農家経営は、農業を家族労働力によって営み、その収入で家計を維持して生活を成り立たせている。農業所得が低くて生計を維持できなければ、農外所得を求めて農外就労することになる。日本農業は、さまざまな要因が重なり、農業所得だけで生活を維持する専業農家が一割台にまで落ち込み、農外所得が農業所得を上回る第二種兼業農家が過半数を占めるまでになった。こうした兼業化が進むと、農業者の高齢化とも相まって、営農を維持することが困難になる。そこで、耕作を続けることができない農家が他の農家に耕作を委託する請負耕作が増加している。

請負耕作は、集落内での農家が相互に結びあう場合もあれば、親類関係や友人などの知人関係を頼って受委託をおこなう場合もある。安丹集落では、二戸の農家間で受委託するだけではなく、離農した一戸の耕地を三戸で共同受託するなど、多様な形態で請負耕作がおこなわれている。離農までではなくても、後継ぎ層が農外就労しているので委託せざるをえないという場合も増えていて、請負耕作は今後とも増加していくと思われる。そのことで、一方での専業あるいはそれに近い営農形態で受託する農家と、他方での農外就労のために委託する農家との、いわば地域内分業とでもいえるような分化が生じている。これは、安丹集落のような、これまで稲作農家が中心だった集落でのいわば等質的な農家による集落の結合から、多様な農家経営を営む異質的な農家による集落の結合への変化だともいえるだろう。

村落としての枠組み

日本の農村社会は、村落としてのまとまりをもつ独自な性格をもっている。村落は、農家経営を営む農家が相互に補完しあうために結びつく社会関係であり、さまざまな協議や共同作業がおこなわれている。それはもちろん個別農家の経営を維持するために相互に結合するものであり、個別農家の存続のためのものである。その意味で日本の農村社会は、農家とその結合である村落とによって構成されている。

この農家同士の結合は、生産面にかぎられるのではなく、生活面においても相互の扶助がみられる。それは生産と生活の一体性という農家のあり方からいっても当然なのだが、親類関係や同族関係のつながり、伝統的な行事や子ども、老人を対象とした活動、娯楽やスポーツに至るまで、村落のまとまりのなかで営まれている。個人化が進んでいる現代でも、こうした村落のまとまりは、農家が維持存続していくとともに続いていくものといえるだろう。

第二節　農本意識と農本思想

本節では、前述した事例調査の結果をふまえて、農本意識、農本思想、農本主義の諸概念を整理し、それらの相互の関連をみていく。そのうえで、農本主義の問題性を指摘し、農本意識を農本思想へと構築する方向性を探る。

一　諸概念の再確定

分析枠組みの再確認

本書では、農本主義を分析するにあたって、まずは日常知、学知、イデオロギー知の営みをとらえる分析枠組みを示した。それらの知の営みの結果が、日常意識、思想、イデオロギーとしてとらえられる。日常意識は、人々が日々の生活を営むなかで眼前の事実に照応した意識であり、それは現実をあるがままに受容する意識である。思想は、日常意識に依拠しながらも、現実をそのままに受けとるのではなく、その背後で作動する社会の機構をとらえ、そこから眼前の事実を論理的に体系化して再構成する。イデオロギーは、日常意識を整合化しようと図りながらも、思想とは異なって背後で作動する機構をとらえそこねるために、現実から遊離した言説に陥る。

農本主義は、この三つの位相のなかのイデオロギーに位置づけられる。それとともに、農業者の「農」にかかわる日常意識を農本意識、それを論理的に体系化して構築された思想を農本思想と規定することができる。農本意識は、営農活動を営む農業者が、みずからの生産活動と日常生活のなかでもつ意識であり、眼前の事実をあるがままに受け入れる。したがって農本意識は日々の流動的な生産と生活のなかで変化する。農本思想は、この農本意識に含まれる諸契機を整序して包括し、論理的に体系化させたものである。農本思想は、変化する農本意識を取り込むことで、みずから不断に規定し直して自己再生産する。農本主義は、農本意識に依拠しながらも、現実の諸現象から遊離して、農本意識の諸契機を恣意的に取捨選択し歪曲する。

以上をふまえて諸概念を整理すると、農本意識、農本思想、農本主義、それらに共通する現実的基盤をも含めて、四つの位相で規定することができる。

現実的基盤——自然、勤労、家族、村落

すでに述べてきたように、人間は自然的存在として外的自然を不可欠としていて、その外的自然を加工して変形させ、みずからの欲求充足に適合的な形態へ変換して享受している。この営みを基底的に担っている産業が農業である。

農業は、第二次、第三次産業とは異なる。それは有機的自然を活動の対象とする生物管理生産によって営まれている。無機的自然を加工する、あるいは生産物とその情報を流通させるのとは異なって、対象となる生命有機体へ働きかけるという独自な関係が存在する。この農業生産では、人間が自然にたいして意識的、社会的に働きかける生産活動が基幹であり、それは自然にたいする主体的な活動である。そうした自己労働によって農業を営む。ここに勤労という契機が存在する。

農業者が営む小経営的生産を、小農あるいは家族農業経営とする規定もあるが、本書では、雇用労働力を用いないということ、すなわち家族労働力だけで農業生産を営むということを重視して農家経営と呼んでいる。基本的には、自己所有する耕地や家畜と家族労働力を用いて農業生産を営み、その成果は家族生活の維持に役立てる。家族労働力によって生産を営み、生活をともにするのだから、家族内が緊密に結ばれることになる。労働力の配分、家計の統合、生活の便宜などのさまざまな局面で、家族員の相互的な補完によって、家族員全体の生活の維持が図られる。この場合、家族員内の役割分担によって、指揮監督と実労働とが分割されることにもなる。しかし、そのことがただちに支配－従属関係を意味するのではない。家族内のリーダーは実質的な管理能力に長じた者が務め、一方的な命令系統ではなく合議によって、家族員の能力に応じた役割分担が設定される。細谷昂が言うように、「協業組織としての家における秩序は、まさにその協業組織における役割によって決まるのであって、『伝統』やイデオロギーによるのではないのである」（細谷　二〇一二、三七頁）。

この農家経営は、他人の労働力を用いて経営するのではないので、地主－小作関係による経営とも、資本－賃労働関係による経営とも異なる。ここに、反地主制、反資本制という農本意識の根拠がある。それは、封建的とか前近代的というものではなく、単純な反近代でもない。近代社会は資本制的生産が支配的な社会なので、農家経営といえども商品市場にかかわっていて、原材料や生産手段の購入、生産物の販売はおこなうけれども、それは資本制の機構としてではない。その意味では農家経営の農業者は小商品生産者である。

さらに、村落という契機が見いだされる。農業とくに土地利用型農業は、周囲の状況や条件と関係なく個別農業者が単独で営めるものではない。水利施設の建設や運用の調整や農薬散布などで農家間の共同した取り組みが必要である。

とくに水稲作などでは、品種や肥料農薬などの栽培方法をめぐって、圃場での相互調整が不可欠である。

　こうして、農家経営の現実的基盤として、自然、勤労、家族、村落という諸契機を規定することができる。

農本意識の諸契機――自然への信頼、勤労の重視、家族の融和、村落の結合

　農本意識を構成している諸契機として、次の四つを指摘できる。

　第一の契機は、自然への信頼である。農業生産という営みすなわち営農活動は有機的自然を活動の対象とする生物管理生産である。このことに、農業者が外的自然との関係を工業や商業などよりも直接的に感じとる根拠、農業者が自然とくに生物を重視し信頼感をもつ根拠がある。農業者が山、川、海、空、さらには天候や季節といった風土に特別の感情を抱くのも、その風土が生物を育む基礎だからである。

　第二に、これも営農活動から抽出されるのだが、農業者は自然にたいして主体的に働きかける。それは自然に埋没してしまうのではなく、みずからの意志にもとづいて活動の対象や手段、自らの目的や諸力を動員する主体的な活動である。そうした自己労働によって家族生活を維持することができる。ここから勤労の重視という契機が出てくる。

　第三は、家族の融和という契機である。農業者は営農活動を家族経営のなかでおこなう。みずから所有する土地や家畜で、家族労働力を用いて農業生産を営み、それによって家族生活を維持するという、いわば家族農業経営を営む自作農、本書でいう農家経営である。家族労働力によって生産を営み、生活を維持するのだから、家族内が緊密に結ばれることになる。労働力の配分、家計の統合、生活の便宜などのさまざまな局面で、家族員の融和が意識される。家族員内の役割分担が意識されるとともに、家族員全体がまとまることが強調される。

　第四に、村落の結合という契機が見いだされる。農業とくに土地利用型農業は、周囲の状況や条件と関係なく個別農業者が単独で営めるものではない。水利施設の建設や運用の調整、農薬散布などで、農家同士での相互調整や相互補完が不可欠である。また、生活の側面でも冠婚葬祭をはじめとする相互扶助が必要である。そこで、村落の範囲のなかでの結合が求められる。いわゆる「ムラ意識」という契機が農本意識に含まれる。

農業者の農本意識は以上の四つの契機が組み合わされて、農業を生業（なりわい）とし、農家経営を基本として生活していくという日常意識として成り立っている。この諸契機は、本書で詳述した「営農志向調査」や個別農業者の事例調査のなかからつかみとられたものである。

この農本意識における四つの契機は、これまでみてきたように農本主義論のなかですでに指摘されてきているが、農業と農家経営という現実的基盤から導き出されるものとして明確に示されてはいなかった。他方で、こうした農本意識にもとづきながら、そこから農業者の日常意識としての妥当性を脱落させると、それは固定化されて現実から遊離したイデオロギーすなわち農本主義となる。そこに農本主義が現実から遊離した虚偽性や幻想性を帯びる根拠がある。だが、これまでの農本主義論では、農本意識と農本主義との区別が明確ではなく、農本主義の特徴であるべきものが農本意識に混入されてしまったりしていた。農業者の日常意識として日々の営みに妥当している農本意識と、現実から遊離した農本主義とは区別されなければならない。

農本主義の諸契機——自然没入主義、勤労至上主義、家父長主義、共同体主義

農本意識を農本主義者が加工して農本主義が形成される。農本意識を整合化しようとする農本主義にあっては、農本意識の四つの契機が変質されている。

第一は、自然没入主義である。農業は、生命有機体である自然に働きかけ、生物管理生産をおこなうことによって、有機的な生産物を得る、という生産活動を営むので、自然への信頼は農業者にとっては日常的にもつ意識なのだが、それが農本主義にあっては没主体的な自然との一体化となってしまう。生産活動を営む主体という農業者の位置づけが脱落してしまい、無作為の自然にみずからを溶け込ませることが望むべきものとなる。

第二に、勤労至上主義が唱えられる。農本意識は、自然にたいする主体的な働きかけである自己労働によって収入が得られることから勤労を重視するのだが、自分の労働の対価を計算せずに生産活動に投入するという、いわゆる自家労働評価をしない態度をとるので、無制限に労働することが農業者の美徳なのだという農本主義の主張が出てくる。

第三に、家父長主義である。家族の融和という農本意識は、家族員間の役割分担によって家族生活の維持を図るというものだが、農本主義では、そこでの家族相互の補完関係という側面が脱落してしまい、家長が絶対的な権限を振るう家父長制的な家族関係が主張される。夫婦関係や親子関係で夫や父の主導権が強調され、妻の服従や子の孝行が要請される。

第四に、共同体主義である。農家経営は、農業生産という技術上の理由や巨大な商品市場に立ち向かうということから、単独で存立することは難しく、相互に協同して補完しあわざるをえない。また生産活動と一体となった生活面でも相互に補完しあわなければ、家族生活が成り立たない。農本意識は、これを村落での結合として重視するが、農本主義は、個々人が地域的な関係への個人の埋没となる共同体的な結合に溶け込んで一体化することを美徳とする。いわゆる個人主義を排して、血縁や地縁を重視する村落の集団的結合と一体となったあり方を望むべきものとする。

農本意識は、農業者の日常の生産活動や生活に密接して現実に妥当するものとなっているが、それが生産や生活から引き離されて、それ自体が自存する理念とされると、それは固定化されて現実から遊離した農本主義となる。農本主義は、農業者の農本意識にもとづきながらも、それから遊離して固定化したイデオロギーなのである。この農本主義が農業者に受容されて、イデオロギーとしての社会的機能がはたされる。このように農本主義を位置づけることによって、農本主義がもつ現実から遊離した主張や、にもかかわらずそうした農本主義が農業者に受容されうる事態が理解できるだろう。農本主義は、農本主義者が外在的なイデオロギーを外部から注入して扇動し信じ込ませるというものではなく、農本意識にもとづきながら整合化を図ったものである。だからこそ農業者にも受け入れられうる。

農本思想の諸契機——自然との共生、勤労の尊重、家族の相互補完、村落の協同

農本主義のように日常意識の整合化を図るだけではなく、学知の視角から農業、農村、農業者をとらえ直すのが農本思想である。この農本思想は、社会の背後で作動する機構を把握するが、固定化したイデオロギーである農本主義とは異なって、農本意識を不断にとらえ直してみずからを再構成する。農本思想は、農業者の日々の実践的な活動に、いわばつねに裏打ちされつつ、不断に自己再生産している。しかも、日常意識批判すなわち農本意識の批判をおこないつつ、社会諸事象の背後で不可視となっている機構を可視化することで、農本意識の積極的な意義をも把握する。そしてそのことによって資本制社会における農家経営の将来の展望を指し示す。

第一に、農本思想は自然との共生を重視する。農業という生産活動は人間存在のあり方と密接に関連していて、自然という活動の対象と主体的な活動そのものとが人間存在の根源をなしている。人間は自然を不可欠としつつ自然に主体的に働きかける。農業は、人間にとって不可欠の自然諸対象に意識的、社会的に働きかける活動であるからこそ、そこでは、自然への埋没でも自然の破壊でもなく、自然との共生が求められる。

第二に、農本思想は勤労を尊重する。資本制的生産のもとで疎外された労働に従事する賃労働者にとっては、労働は苦痛であり、報酬を得るための手段、我慢すべきものでしかない。しかし、農本思想からすれば、農業を営む小経営的生産は、自然を加工しつつみずからを陶冶するものであり、そうした相互的な関連のなかに勤労の意義が存在する。自然への主体的なかかわりあいが勤労に喜びをもたらす。また、自然は当然ながら人間にたいして厳しい側面を見せる。そうした自然との応答のなかで、人間がもつ勤勉さ、克己心が陶冶される。

第三に、自然との共生、勤労の尊重は、家族経営のもとでのことである。そこでは、家族を単位とした生産と生活が一体として営まれるので、家族内の相互補完が重視される。経営と生活の両面で、家族員のそれぞれの役割が分担され、日常の維持存続がめざされる。それは農本意識では自家労働を評価しないために長時間の過重労働をもいとわないという不合理な点をもちうるが、農本思想では、家族経営として家族員の特性に応じた労働力配分をおこない、短期的な目標達成ではなく、長期的な経営と生活の維持存続がめざされる。日々の営みが安定してくり返されること、それが世代を超えて存続していくことが重要なのであり、そのために家族の一体性が求められる。日常生活のなかで家族員相互の協力や扶助が当然のこととなる。

第四に、そうした家族の営みは個別の家族だけで完結できるものではなく、周囲、近隣の家族との連携が必要である。それは農家の相互の協同による村落の維持である。農業生産面での共同作業や互助など、また生活面での交流や相互扶助など、農家間の多様な社会的諸関係が村落を形成している。そこで村落の協同が重視される。各農家間の協同を尊重することによって、それぞれの農家の維持存続がめざされる。したがって、いわば個別の農家のために村落があるとされるのであって、その逆ではない。

このような、自然との共生、勤労の尊重、家族の相互補完、村落の協同を諸契機とした農本思想が、現実のなかで農業者の行動規範、価値観として機能することが、今日の農村社会における困難な諸状況を突破する主体的な起動力となりうるのではないだろうか。しかしそれには、現実のそれぞれの状況や条件に即して農本思想の内実がより具体化されなければならないし、現実の変化とともに農本思想も不断に再構成されなければならないだろう。

まとめると、本書では、これまでの農本主義論を検討するなかで、四つの契機を抽出した。それは、現実的基盤としての自然、勤労、家族、村落であり、農本意識においては、それに照応した自然への信頼、勤労の重視、家族の融和、村落の結合の諸契機となっている。この農本意識に依拠した体系として構成される農本思想では、自然との共生、勤労の尊重、家族の相互補完、村落の協同という諸契機として包括される。農本主義では、四契機が自然没入主義、勤労至上主義、家父長主義、共同体主義という主張として現れる。

二　農本主義の問題性

農本主義の虚偽性

本書では、農本主義について戦前の加藤完治と現代の宇根豊の所論を検討してきた。時代背景が異なる加藤と宇根では当然に主張に違いがある。しかし、両者には農本主義としての共通点もみられる。それは、現実の営農とはかけ離れた虚偽的なものだという点である。

加藤と宇根に共通するのは、前述した四契機のうち、まずは自然没入主義である。自然との一体感を強調し、みずからを自然に溶け込ませる。農耕を通して忘我の境地に到達することがめざされる。加藤にあっては、それは農耕そのものが目的となる勤労至上主義につながる。ただひたすらに鍬をふるい、農作業にいそしむことが求められる。宇根では勤労そのものは強調されないが、自然と一体となる境地をめざすという点では同じである。

このような農本主義の主張は、現実の営農のあり方、したがって農本意識からはかけ離れているといわざるをえない。農業者の自然にたいする態度を本書で検討した事例でみてみれば、開拓の記憶にある開墾作業、果樹栽培での剪定作業や収穫作業などを通して、自然にたいする働きかけが、ひたすら農耕に打ち込むなどといったものではなく、生物を対象とする営農活動として、生物それ自体のもつ特性を生かしつつ、みずからの目的を達成しようとしている。また、他産業に従事した経験から、自然に働きかけることによる喜びや手ごたえを語り、生物を対象とする営農活動を生きがいとしている。ここから言えるのは、農業者にとっては、農耕そのものが自己目的となるのではなく、収穫という目的のために勤労が重んじられるのであって、やみくもに働くというのではない。自然へ没入するのではなく、自然を信頼しながらも生計を維持するために合理的な態度をとることは当然だということである。こうした合理性が農本主義とは異なっている。農業者は、自然にたいして働きかけるが、それは農耕によって収益を得て家族生活を維持するためであり、そのために合理的な営農活動をおこなっている。もちろん勤労を惜しむものではないが、盲目的な過重労働をよしとするわけではない。そうした点をまったく顧みずに、自然没入主義と勤労至上主義を唱えるのが、農本主義の虚偽性なのである。

家族生活については加藤と宇根ではほとんど言及されていない。家族は大切だというような言葉はあるが、それが深められていない。だが現実の農業者にあっては、家族が不可欠な存在として意識されていて、それが営農にとっても、生活の維持にとっても基盤となっている。経営上での労働力配分、生活を維持するための家族員の相互の協力など、さまざまな点で家族を中心にして生産と生活が成り立っている。家族生活が維持され、世代が継承されていくことが、農家経営を営む農業者にとって重要であり、家族を重視する考え方が農本意識の契機の一つになっている。

同様のことは、農家同士が相互に結びついて形成される村落についても言えるのであり、農業者にとっては、集落が村落の結合の基本的な枠組みである。とくに開拓村の農業者にとっては、集落は各農家と同時に成立した不可分の存在であり、集落内のまとまり、各農家の相互の協力は、必要不可欠のものと意識されている。また、古くから続いている集落では、その集落に世代を超えて定住してきたことが各農家を結びつけている。

農本主義では、このような家族や村落の重要性が具体的な事実と関連されていない。家族や村落のあり方を国家や社会全体と直結し、たとえば日本の国家体制を家族主義的な存在だと主張するような虚偽に陥ったり、一個人が全体社会にかかわりあう側面だけが強調される。

農本主義の幻想性

イデオロギーは、日常意識がもっている現実との照応を、みずからの整合化を図って切り捨て、日常生活から遊離したものとなる。そして、みずからを理念化して逆に現実を裁断する。つまり、理念からいわば演繹して現実を説明しようとする。そこに論理の飛躍が生じて、イデオロギーは幻想性を帯びる。

農本主義もまた、そのイデオロギーとしての性格から幻想性を帯びざるをえない。農本主義は「農」そのものがまず前提されていて、その農から論理を演繹して、現実の農耕や農業生産を説明しようとする。そこに、たとえば加藤のいうひたすらの「打ち込み」や、宇根のいう「情感の共同体」という幻想的な言説が出てくる。さらに、前述したように個々人と社会全体を直結させるために、国家あるいは宗教的な境地への帰依が唱えられる。こうして、農本主義は農業者の現実の営農活動や農本意識とはまったくかけ離れたものとならざるをえない。

三　現実的基盤と農本意識

人間と自然、人間と人間

農本思想は、農本主義とは異なって、眼前の事実から論理を出発させる。まずは人間存在の自然性である。それは人間にとっての外的なものではない。人間そのものが自然の一部をなしているということ、すなわち生命有機体としての人間ということである。人間は自然を内在し、かつ外部の自然を不可欠とする存在である。このことは、われわれが自身をふり返ればすぐにわかることである。われわれは、つねに生活していくなかで欲求を満たすために外的な自然に働きかけ、その成果である産物を摂取して欲求を充足させる。社会的分業体系が高度に発達した現代においては、それが日常意識では見透せなくなっているが、自然なくして生きていくことのできる人間はいない。

しかも人間は、意識ある存在として自然に働きかける。自己に潜在する諸力を用いて自然を加工し、その加工物を享受する。これは人間の対自然関係である。しかもこの関係は、人間が孤立した個々人として単独に営むものではない。さらに、人間は社会をなす存在として自然に働きかける。人間と人間とが相互に働きかけあって社会を構成しつつ自然に働きかける。人間は相互関係を結びつつ対自然関係を結んでいる。現代社会は、この対自然関係と相互関係が多様に展開しているが、社会を総体的にとらえれば、分業体系を通して、人間が自然に働きかけていることは否定しようもない。

「農」の意味と位置

人間存在の基底に対自然関係があるが、この営みのなかで有機的自然とりわけ動物であれ植物であれ陸上の生物を対象とする営みを「農」ということができる。「農」はいわゆる衣食住のなかでとくに食糧にかかわる営みだから、その意味でも人間存在の根源をなしている。

また、人間は現にあるがままの有機的自然で欲求を充足することはできず、それに働きかけて加工することで、その成果を享受する。したがって、「農」の営みは自然にたいして自らの諸力を用いて働きかける活動であり、これが生産活動、勤労である。つまりは、勤労もまた人間存在の根源をなしている。

眼前の事実である現代社会では、根源的な営みである「農」から他の活動が分化し多様化している。こうした分化した諸活動は、さまざまな諸産業として自立化し、農業は他の産業と並列した一産業となっている。したがって、この現象をそのまま受けとると、「農」が人間存在の根源だという規定は農業に偏っている顚倒した考え方だと非難することになる。しかし、農業の重視を非難するのは、いわば現実の表面における事柄の背後で作動する機構を把握しそこなっている視点からのものにすぎない。

家族の相互補完

日本農業の担い手は、農家すなわち家族農業経営を営む家族である。これを本書では農家経営と名づけている。農家経営の特徴は、経営の目的が家族生活の維持にあり、経営の担い手はこの家族労働力だということである。企業的経営とは異なって、労働力商品を購入し、その労働力を用いて生産活動を営むのではない。営農活動に必要な資材や原材料などを購入し生産物を販売することはあっても、労働力商品を売買することはない。つまり、他人を雇ってみずからの指揮監督のもとで生産活動に従事させるという経営形態ではない。経営主体がみずから生産活動に従事し、その生産物をみずからも消費し、市場でも販売する。

農家経営では、家族員が経営の担い手となって営農活動を営み、その経営もまた家族生活の維持という目的のために営まれるのだから、ここでは、企業的経営における資本家や労働者とは異なって、生産活動と消費生活とは一体となっている。生産と生活の一体性が農家経営の特徴である。この点で、企業的経営が支配的な現代社会すなわち資本制社会にあっては、農家経営はいわばオルタナティヴな存在である。

農家経営では、家族員によって経営が営まれ、生活が維持される。したがってそこでは、経営と生活を維持するために家族員相互の相互補完がおこなわれる。家族生活の維持とは家族員の基本的福祉が保障されることにほかならず、そのために家族が相互に補完しあっている。家族生活の維持のために営まれているのだから、経営面においても家族の相互補完が必然となる。他方で農家経営は、家族周期に合わせて家族労働力が配分される。農繁期は一家総出で営農活動に従事し、農閑期でも各自がみずからの適性に応じて働く。農外就労もこうした労働力配分の一環としておこなわれる。しかも、営農活動だけではなく、生活面での家事や育児、さまざまな雑用にも、家族員の特性に応じて役割が配分される。こうして、家族の相互補完が「農」を営む家族のあり方なのである。

村落の協同

農家経営は単独で経営していくことには大きな困難がともなう。とくに土地利用型の営農形態の場合は、地形や気象などの自然環境の要因があり、耕地が分散錯圃のために他の農家と地続きとなって自分の経営だけの判断で営農していくことは難しい。そこでたとえば共同防除などが必要となる。また、機械化、装置化、化学化などが進んで、経営資金が大きくなり単独で負担することも難しい。そこで共同購入や共同利用が工夫される。さらには、現代の資本制社会における巨大な市場経済のなかで、個別農家が単独で農産物を販売することはきわめて不利な条件にさらされる。そこで共同出荷が選択される。

こうして、農家が相互に協同する必要に迫られ、そのための場として地域的な枠組みが活用される。現代日本では集落がそれに対応することが多い。個別では不利あるいは不足するさまざまな問題を、集落を場とした協同によって解決する。そこに村落のまとまりという枠組みが存在する。村落のもとで多様な協同が組み合わされて、農家経営が成り立っている。また、生産面での協同とともに、生活面での協同も多様に取り組まれる。農耕行事や冠婚葬祭をはじめとして、神事などの伝統的な行事、子どもや老人、女性にかかわる各種の組織や催事など、生活上のさまざまな側面で村落の協同が展開する。

農本意識と農本思想

農本思想を展開していく出発点は、眼前の事実としての「農」の営みである。この「農」の営みの基盤となっているのが、農家経営と村落および有志組織である。そして、そのなかで現に活動している農業者は、日々の営農活動のなかで農本意識をもっている。この農本意識は四つの契機を内包している。それは、自然への信頼、勤労の重視、家族の融和、村落の結合である。

農本意識の四契機は、それぞれが並列しているのではなく、相互に関連しあっている。この四契機を包括して総体としての「農」の営みを再構成するのが農本思想である。農本思想においては、四契機を相互に規定しあうものとしてとらえることによって、それらは自然との共生、勤労の尊重、家族の相互補完、村落の協同と規定し直される。

自然とのかかわりは、自然にたいする働きかけである営農活動とその成果である農産物の享受ということだが、営農活動する農業者自身が自然的存在として自然との共生を志向する。自然への働きかけである勤労が、農本思想では盲目的に自然に没入するのではなく、合理性をもった活動として尊重される。農本意識では家族が大切だという家族の融和を重視する契機は、家族の相互補完として規定し直される。農家経営は家族が担い手となるが、家族周期のなかで労働力配分を適切に運用していくことが求められる。それは生産面だけではなく生活面も同様である。そこで、家族員が相互に補完しあうという契機が農本思想に位置づけられる。さらに、村落のあり方には、各農家が相互に結びつくことで農家同士で協同しあうという契機がある。こうして、農本意識の四契機が規定し直されて農本思想が構成される。

四　農本思想の展望

自己再生産する農本思想

農本思想は、無前提な理念から出発するのではなく、現実の農業者がもつ農本意識をとらえ直すことで構成される。この農本意識は農業者の日常意識であり、現実的基盤に照応していて、日常生活に妥当している。農業者の現実的基盤は、日々の生産と生活のなかで新たにされていて、農本意識もまた不断に変化している。

日々変化している農本意識を論理的に体系化することで構成される農本思想は、農本意識を不断に取り込むことによって、農本意識と同様に不断に新たに展開していく。農本意識に含まれる諸契機に対応しつつ、それらをとらえ直し、さらに諸契機の関連を論理的に体系化する。したがって農本思想は、体系化しつつも固定化することなく、自己の諸契機を更新し、それらを包括する全体の体系もまた更新される。農本思想は自己再生産する思想である。

農本思想の具体化

本書では、農本思想を具体的な形で提示する用意はできていないが、農本思想を構築していくうえで、具体的にはどのような位置づけが必要で、どのような課題があるのかを考える糸口をとりあえず示すことにしたい。その作業をするとすれば、ある特定の時期と特定の地域をふまえたものとなるだろう。その意味では、農本思想は超歴史的で抽象的な一般理論ではなく、特殊歴史性をもつものとして構築され、さらに、固定化されずに現実の動向に照応させて不断に再構築されるものである。

前述した農本思想の四契機に対応した課題を考えると、まずは自然との共生をいかに図るかという論点が浮かびあがる。自然に埋没するのではなく、また自然がもつ独自性を無視せずに、自然との不断のかかわりあいのあり方を示さなければならない。次に、農業者として主体的な営農活動をおこなう起動力となりうる指針を示さなければならない。それは、現代の困難な状況をふまえながらも農業生産の展望を示すということである。さらに、家族のあり方を見直すことが論点となる。男性優位という視点ではなく、家族員同士がお互いに補完しあいながら生活をともにするということの具体化である。そして、村落における諸活動の位置づけである。「地域力」の衰退がいわれるなかで、少子高齢化のなかでの老人や子どもの保護、災害時の助けあいなど、地域社会の役割の見直しが必要となっている。農本思想は農家同士の村落の協同を重要な契機としているが、非農家も含めての村落のまとまりと相互の協同に、農本思想がはたすべきものは多いと思われる。

農本思想が現代社会において立ち向かう一例として、「食」の問題があげられるだろう。食品の安全・安心の問題、地球規模では人口増加による食糧危機の問題、さらに視野を拡げると食品生産の担い手をめぐるフェアトレードの問題、日本国内では本書でも詳述した後継者問題、などである。またほかの例としては、自然環境の保全という問題がある。環境問題を考える際には、人間と自然との関係が根本的な論点となる。人間は自然にたいしてどのように向きあうべきか、この問題に自然との共生という契機をはじめとする農本思想が応答できるだろう。さらには、農業者と非農業者との交流、都市と農村の分断の克服なども対象となるだろう。農本思想は、こうした問題を体系的に整理し、解決の方向性を指し示すことをみずからの課題とする。それは、現代社会における効率優先、利益追求、目的の手段化に対抗するものとなるだろう。

以上のように、農本思想は「農」をめぐる社会の諸事象に向かいあうにとどまらず、社会全体のさまざまな問題についても応答することになる。それは、「農」の営みが人間存在の根本にかかわるということからきている。だがこのことは、農本思想が万能だということではない。農本思想は現実を自由自在に裁断する至上命題などではない。むしろ、現実的基盤に照応した農本意識にもとづいているのであって、そのかぎりで人間がかかわるさまざまな問題に応答しつつ、みずからの立論を不断に再構築している。

それでは、二十一世紀の現代日本の社会状況のなかで、どのような農本思想を具体的に構築することができるだろうか。基本となるのはやはり日々の生産と生活を営む農業者の農本意識である。現実にある農本意識を詳細かつ正確に把握しなければならない。その農本意識を分析し再構成して論理的に体系化していく。その際の手がかりは、本書で示した四契機である。現実的基盤と農本意識のそれぞれに含まれる諸契機を相互に関連づけながら、農本思想を構築することが求められるだろう。

最後に一言すれば、こうした農本思想に依拠して、さまざまな農本主義に応対することになる。農本主義批判の要点もまた本書で示した四契機である。これによって農本主義を分析し位置づけることができるだろう。

あとがき

本書を執筆したのには、私自身のこれまでの研究の経緯が背景にある。学生のころからイデオロギー論に関心をもっていた。人はなぜ本人の社会的なあり方とは異なる理念を受け入れるのか、そしてその理念のために行動するのか、という素朴な疑問を感じていたからである。

当初はマルクスの「土台－上部構造論」になるほどと思ったが、しかし「土台が上部構造を規定する」という命題には違和感があった。というのは、意識が社会的存在に照応するという点は一般的には肯定できるものの、上部構造としての思想やイデオロギーが土台である経済に反作用するとしても「究極的には」経済的土台が思想やイデオロギーを規定する、という通説には、やはり「硬直化」している感じがまぬがれなかったからである。だが逆に、いわゆる英雄史観というわけではないが、思想やイデオロギーが歴史の基底的な原動力となるとも思えなかった。となれば、人間存在のあり方を生産活動すなわち自然への働きかけから解明し、思想やイデオロギーをそれと照応するものとして位置づけるマルクスのとらえ方は納得できるように考えられた。そこで、マルクス自身の立論を再読するという作業に長い時間を費やすことになった。そのつたない成果は他のところで発表している。

他方で、大学院生のときに偶然ながら農村調査の現場に入ることになった。それまで農村社会学や社会調査の知識や経験がほとんどなかったので、いきなり現実の農村社会のなかで農業者へのインタビューに同席することになり、鮮烈な印象をもった。営農活動にいそしみながら、農業や社会情勢に深い知識と関心をもち、家族、地域社会、全体社会、さらには文化活動についての認識と意見を的確に示す農業者の応答に驚かされた。それとともに、人間や社会にとって不可欠の生産活動と日常生活の実態をまのあたりにして、農業者と農村社会の現実をとらえたいと思うようになった。そこで、山形県庄内地方、中国の河北省と山東省、そして山形県東根市で、インタビューを基本とした事例調査を続けてきた。その成果もこれまでに発表している。

こうして理論研究と調査研究とに取り組んできたが、これは、両者を安易に結びつけて理論的な命題を現実に適用して分析するということではない。自分では「二足の草鞋を履く」と称していたが、理論と調査とを拙速に直結することはせず、それぞれを別の研究領域としていた。できあがっている命題のたんなる検証としての調査というのは、極端にいえば、当該の調査フィールドに特定の関心をもっていないわけで、個別の調査対象がもつ固有の特質は捨象されてしまう。調査の成果は前提された命題の確認だというのでは、調査対象の現実が浮かびあがってこない。そこで理論と調査を分別してきた。別々といっても同一人が携わるのだから、そこに通底するものはあるはずだが、それを命題化して理論の適用としての調査とするのは避けてきた。

だが近年になって、理論研究と調査研究を農本主義というテーマで媒介することができるのではないか、と思うようになった。農本主義に着目したのは、現代日本の農業、農村、農家の困難な状況がある。これについては本書で詳述したが、こうした苦境を脱するために、農業者にとって主体的な起動力になりうるものとして、農業を重視する思想に光を当てようと考えた。また、日本社会が、高度経済成長期、バブル期、「失われた二〇年」を経て、「戦後の終わりと戦前の始まり」とでもいうべき情勢をはらみつつあることへの危機感もあって、戦前の日本農本主義とくに昭和農本主義の批判的な再検討が必要だと考えた。

さらに、虚偽と幻想をまとったイデオロギーである農本主義とは異なり、農本思想は、農業の担い手の起動力である精神的な支柱となるはずだという思いがある。それはまた、農業者にとどまらず、国民全体にとって、どのように「農」とかかわったらよいのかについての指針となりうるだろう。もちろん、農本思想をふりまわして「農」へ取り組むように号令をかけるというようなことでは毛頭ないが、自分の経験だけを絶対視する実感主義や、一見すると大所高所からの議論のようにみせかける机上の空論があふれている現状では、今日の農本思想を、農業者がもつ農本意識を基底として堅実に考えていくことは重要だろう。本書で、日本農村をとりまく理念と現実を包括的に把握する視角をなんとか示すことができるように努めたつもりである。

以上の問題意識のもとで本書を執筆したのだが、もともと不勉強だったこともあって、なかなか進展できなかった。本書で理論と調査とがうまくかみあっているかどうか心もとないし、なによりも理論的にも実証的にも底が浅く詰めが甘いという思いがぬぐえない。本書は完成したとはいえない不十分な点をいろいろと抱えているが、なかでも農本思想の展望が具体的に描けなかったことには私の力不足を認めるしかない。本書では、農本思想の四つの契機を示したが、基本的な規定を示すにとどまり、それが二十一世紀の現代日本の現実に照応して、どのような具体的な内実をもつのかについて言及できなかった。次の課題である。

これまでと同様に、さまざまな方々のご厚意によって本書ができあがったことは言うまでもない。だが、とくに実証調査にあたって現地でお世話になりご教示をいただいた行政や各種機関の方々、何回もの長時間におよぶインタビューに快く応じてくださった農業者の方々には、心から感謝を申し上げたい。ご期待にそえる結果になったか心もとないが、本書の刊行がなんらかのお礼になれば望外の幸せである。なお、地域を対象にしているので集落までは実名を記述せざるをえなかったが、農業者の方々は匿名にさせていただいた。

最後に、御茶の水書房の橋本盛作社長、小堺章夫氏に心からお礼申し上げる。中国農村調査の成果の刊行では、たびたびお世話になったが、日本農村研究で筆者が御茶の水書房から単著を刊行するのは初めてである。ご厚情をいただいたことに深く感謝したい。

二〇一九年六月

小林 一穂

引用文献

安達生恒　一九五九、「農本主義論の再検討」、『思想』第四二三号、岩波書店。

――――　一九八〇、『伝統農民の思想と行動』日本経済評論社。

安孫子麟　一九七八、「地主的土地所有の解体過程」、菅野俊作・安孫子麟編『国家独占資本主義下の日本農業』農山漁村文化協会。

飯沼二郎、一九八一、『思想としての農業問題――リベラリズムと農本主義――』農山漁村文化協会。

伊藤淳史　二〇一三、『日本農民政策史論――開拓・移民・教育訓練』京都大学学術出版会。

岩崎正弥　一九九七、『農本思想の社会史――生活と国体の交錯』京都大学学術出版会。

岩本由輝　一九八九、『村と土地の社会史　若干の事例による通時的考察』刀水書房。

宇根　豊　二〇一四a、『農本主義が未来を耕す』現代書館。

――――　二〇一四b、『農本主義へのいざない』創森社。

――――　二〇一五、『愛国心と愛郷心』農山漁村文化協会。

――――　二〇一六、『農本主義のすすめ』筑摩書房。

梅津保一　一九七八、「解説」、『東根市史編集資料　第三号「若木開拓史」』東根市。

奥谷松治　一九五八、「日本における農本主義思想の流れ」、『思想』四〇七号、岩波書店。

若木支所　二〇〇二、農業協同組合史編纂委員会『若木農業協同組合史』ＪＡさくらんぼひがしね若木支所。

若木郷開拓七十周年記念実行委員会　二〇〇七、『若木郷開拓七十周年記念誌』若木郷開拓七十周年記念実行委員会。

若木昭和会　二〇一四、『山形県営若木郷開拓七七周年』ＪＡさくらんぼひがしね若木支所。

若木昭和会・若木郷開拓八〇周年記念式典実行委員会　二〇一七、『山形県営若木郷開拓八〇年の歩み』ＪＡさくらんぼひがしね若木支所。

加藤完治　一九六七ａ、「自叙伝」、『加藤完治全集　第一巻』加藤完治全集刊行委員会。

――　一九六七ｂ、『加藤完治全集　第三巻下巻』加藤完治全集刊行委員会。

――　一九六七ｃ、『加藤完治全集　第四巻上巻』加藤完治全集刊行委員会。

――　一九六七ｄ、『加藤完治全集　第四巻下巻』加藤完治全集刊行委員会。

――　一九八〇、『加藤完治全集　第五巻』加藤完治全集刊行委員会。

河相一成　一九七八、「自作農創設維持政策の性格」、菅野俊作・安孫子麟編『国家独占資本主義下の日本農業』農山漁村文化協会。

菅野　正　一九七八、『近代日本における農民支配の史的構造』御茶の水書房。

――　一九九二、『農民支配の社会学』恒星社厚生閣。

――　一九九六、「農本主義について考える」、『村落社会研究ジャーナル』第三巻第一号、農山漁村文化協会。

菅野正・田原音和・細谷昂　一九七五、『稲作農業の展開と村落構造――山形県西田川郡旧京田村林崎の事例――』御茶の水書房。

――　一九八四、『東北農民の思想と行動――庄内農村の研究』御茶の水書房。

北崎幸之助　二〇〇九、『戦後開拓地と加藤完治――持続可能な農業の源流――』農林統計出版。

朽木新一　二〇一三、「若木のちょっと昔のこぼれ話し」若木昭和会。

小林一穂　一九九九、『稲作生産組織と営農志向』多賀出版。

――　二〇〇五、「現代日本農村の女性集団――東北庄内地方における年序集団と仲間集団――」、北原淳編『東アジアの家族・地域・エスニシティ――基層と動態――』東信堂。

――　二〇一一、『イデオロギー批判の視角』創風社。

――　二〇一三、『社会をとらえる』創風社。

桜井武雄［一九三五］一九七四、『日本農本主義』合同出版。
――一九五八、「昭和の農本主義」、『思想』四〇七号、岩波書店。
佐藤繁実　一九七三、『山形県史　本篇3　農業編下』山形県。
地主範士　一九五五、『京田村史』西田川郡京田村役場。
庄内支庁　二〇一五、『庄内地域の概況　平成二六年度版』山形県庄内総合支庁。
祖田修・大原興太郎　一九九四、『現代日本の農業観：その現実と展望』富民協会。
武田共治　一九九九、『日本農本主義の構造』創風社。
武田清子　一九六五、「加藤完治の農民教育思想――国民高等学校運動と満州開拓団」、『教育研究』第一一号。
――一九六七、『土着と背教』新教出版社。
――一九七五、『増補　天皇制思想と教育』明治図書出版。
綱澤満昭　一九六九、『近代日本の土着思想――農本主義研究』風媒社。
――一九八〇、『日本の農本主義〈新装版〉』紀伊國屋書店。
鶴岡市　『農家のみなさんへ』各年次。
鶴岡市農政課　二〇一七、『鶴岡の農林水産業』鶴岡市農政課・農山漁村振興課。
鶴岡市農業協同組合　一九八三、『合併一〇周年記念　鶴岡市農協一〇年のあゆみ』。
――一九八五、『京田穀物乾燥調製施設計画書』。
――二〇〇三、『合併三〇周年記念　耕不尽』。
東海林泰　一九五七、『若木開拓史』若木郷農業協同組合。
戸坂　潤［一九三二］一九六六、『イデオロギー概論』、『戸坂潤全集　第二巻』勁草書房。
――［一九三四］一九六六、『現代哲学講話』、『戸坂潤全集　第三巻』勁草書房。
――［一九三六］一九六六a、『日本イデオロギー論［増補版］』、『戸坂潤全集　第二巻』勁草書房。
――［一九三六］一九六六b、『現代唯物論講座』、『戸坂潤全集　第三巻』勁草書房。

――――［一九三六］一九七九a、『現代哲学辞典』、『戸坂潤全集　別巻』勁草書房。
――――［一九三六］一九七九b、『教育学辞典』、『戸坂潤全集　別巻』勁草書房。
――――［一九三七］一九六七a、『世界の一環としての日本』、『戸坂潤全集　第五巻』勁草書房。
――――［一九三七］一九六七b、『現代日本の思想対立』、『戸坂潤全集　第五巻』勁草書房。
――――［一九三七］一九七九、「日本文化の特殊性」、『戸坂潤全集　別巻』勁草書房。
中房敏朗　二〇一六、「一九二〇年代から一九三〇年代における『日本体操』の展開過程について」、『体育学研究』第六一号、日本体育学会。
野本京子　一九九九、『戦前期ペザンティズムの系譜――農本主義の再検討――』日本経済評論社。
東　敏雄　一九八七、『勤労農民的経営と国家主義運動――昭和初期農本主義の社会的基盤――』御茶の水書房。
東根市　二〇〇二、『東根市史　通史篇下巻』東根市。
東根市史編集委員会　一九七八、『東根市史編集資料　第三号「若木開拓史」』東根市。
船戸修一　二〇〇九、「「農本主義」研究の整理と検討――今後の研究課題を考える――」『村落社会研究ジャーナル』第一六巻第一号、農山漁村文化協会。
細谷　昂　一九六八、「水稲集団栽培と「部落」――山形県庄内地方の一事例――」『村落社会研究　第四集』塙書房。
――――二〇一二、『家と村の社会学――東北水稲作地方の事例研究――』御茶の水書房。
細谷昂・小林一穂・秋葉節夫・中島信博・伊藤勇　一九九三、『農民生活における個と集団』御茶の水書房。
牧野友紀　二〇〇七、「開拓村における農業生産組織と農事研究集団の果たす役割――山形県東根市O地区を事例として――」『社会学研究』第八一号、東北社会学研究会。
――――二〇〇八、「移住指導員の「記録」から見た昭和恐慌期開拓村の形成過程の特質――山形県東根市若木地区を対象として――」『社会学年報』第三七号、東北社会学会。
マルクス　一九六四、城塚登・田中吉六訳『経済学・哲学草稿』岩波書店（岩波文庫）。
――――一九七五、大内兵衛他訳『マルクス・エンゲルス全集　第四〇巻』大月書店。

――――　一九八三、資本論翻訳委員会訳『資本論』第一巻（全四分冊）新日本出版社。
――――　一九九八、渋谷正訳『草稿完全復元版　ドイツ・イデオロギー』新日本出版社。
森　武麿　二〇〇一、「満州移民――帝国の裾野――」歴史科学協議会編『歴史が動く時』青木書店。
森　芳三　一九九八、『昭和初期の経済更生運動と農村計画』東北大学出版会。
山形地理学会　一九七〇、『乱川扇状地』山形地理学会。
横山昭男　一九六九、「第三部　戦後若木開拓小史――開拓地をまもるたたかいのあと――」山形県国民教育研究所社会科教育研究班編『地域における戦後の農民闘争』山形県国民教育研究所。

著者紹介

小林　一穂（こばやし　かずほ）

1951年　生まれ
1975年　東北大学文学部卒業
1981年　東北大学大学院文学研究科博士課程後期単位取得退学
同　年　東北大学文学部助手
1987年　三育学院短期大学助教授
1989年　大阪外国語大学助教授
1993年　東北大学大学院情報科学研究科助教授
　　　　同教授を経て
2017年　退職

《主要著書》
『農民生活における個と集団』（共著）御茶の水書房、1993年。
『稲作生産組織と営農志向』多賀出版、1999年。
『イデオロギー論の基礎』創風社、2003年。
『中国農村の共同組織』（共著）御茶の水書房、2007年。
『イデオロギー批判の視角』創風社、2011年。
『中国華北農村の再構築』（共編著）御茶の水書房、2011年。
『社会をとらえる』創風社、2013年。
『中国農村の集住化』（共著）御茶の水書房、2016年。

農本主義と農業者意識――その理念と現実――

2019年８月30日　第１版第１刷発行

著　者　小　林　一　穂
発行者　橋　本　盛　作
〒113-0033 東京都文京区本郷5-30-20
発行所　株式会社　御茶の水書房
電話：03-5684-0751

組版・印刷／製本　モリモト印刷㈱

ISBN 978-4-275-02110-6　C3036

事項・人名索引

カ

キ

ク

ケ

コ

サ

シ

ト

ナ

ニ

ノ

ハ

ヒ

フ

ホ

マ

メ

モ

ヤ

ヨ

リ

レ

ロ